U0794156

国家级实验教学示范中心
"电气工程基础实验中心"系列实验教材
西南交通大学"323实验室工程"系列教材

电子综合性实习教程

主　编　王　英
副主编　何圣仲　谢美俊
参　编　曾欣荣　曹保江　陈燕灵　张艳丽
　　　　宋小青　洪　川　甘　萍　何朝晖
主　审　西南交通大学实验室及设备管理处

西南交通大学出版社
·成　都·

内 容 简 介

全书共分8章：安全用电知识、电子元器件、读电子电路图的一般方法、电子电路仿真软件简介、印刷电路板的设计与制造、焊接技术、电子工艺实习项目、常用电子仪器设备的使用。

本教材适用面广，可作为高等工科院校各专业本科生电子综合性实习教材，也可作为职业大学、成人教育大学、电视大学和网络教育等院校相关专业的电子工艺实习教材或辅助教材，还可作为相关专业工程技术人员的学习和参考资料。

图书在版编目（CIP）数据

电子综合性实习教程 / 王英主编. —成都：西南交通大学出版社，2008.11（2018.7 重印）
（“电气工程基础实验中心”系列实验教材. 西南交通大学“323 实验室工程”系列教材）
ISBN 978-7-81104-680-9

Ⅰ. 电… Ⅱ. 王… Ⅲ. 电子技术－高等学校－教材 Ⅳ. TN

中国版本图书馆 CIP 数据核字（2007）第 113752 号

国家级实验教学示范中心
“电气工程基础实验中心”系列实验教材
西南交通大学“323 实验室工程”系列教材
电子综合性实习教程
主编 王 英
*
责任编辑 万 方
特邀编辑 李芳芳
封面设计 本格设计
西南交通大学出版社出版发行
四川省成都市二环路北一段 111 号西南交通大学创新大厦 21 楼
邮政编码：610031 发行部电话：028-87600564
http: //www.xnjdcbs.com
四川森林印务有限责任公司印刷
*
成品尺寸：185 mm×260 mm 印张：12.375
字数：308 千字
2008 年 11 月第 1 版 2018 年 7 月第 4 次印刷
ISBN 978-7-81104-680-9
定价：26.00 元

图书如有印装质量问题 本社负责退换
版权所有 盗版必究 举报电话：028-87600562

前　言

电子技术是高等工科院校的一门重要的技术基础课，具有很强的实践性。本实验中心于2000年建设为四川省实验教学示范中心，2003年首批成为西南交通大学“323实验室工程”建设单位，于2007年被评为国家级实验教学示范中心。培养创新人才是本实验中心教学改革的方针，不断建设和更新教学理念，不断改革实验教学方法和实验装置，目的是以学生为本，加大对学生的能力培养。学生通过电子技术实验，通过电子综合性实习，通过理论与实践的不断磨合与探索，可使理论在实践中得到完善，实践能力在理论分析中得到提高。本实验中心力求在理论转化为生产力之间架起一座桥梁，培养一批勇于实践、勇于创新、勇于挑战自我的新一代科学研究者。

编者根据多年的电子实习教学经验，在编写中注重学生的能力和综合素质的培养。对基本电子元件特性参数、读电子电路图的方法、焊接技术、印刷电路板的设计与制造、电子电路的调试方法与测量、电子电路仿真软件、部分综合性电子技术实习项目等作了深入浅出的阐述。学生可根据理论课所学习的内容，在电子实习与工程设计、实施等过程中，进行系统性的学习、实践、提高，迅速了解电子工程实践中常用的调试方法、测量技术、基本技能和故障处理，为后续课程设计奠定基础。

本书由西南交通大学王英主编，主要负责确定教材的体系和编写的内容、统编和修订整部教材；何圣仲、谢美俊为副主编；何圣仲负责第1章、第2章、第3章、第4章、第6章、第7章部分内容的编写工作，谢美俊负责第5章、第7章部分内容、第8章的编写工作；曾欣荣参编第2章、第3章，陈燕灵参编第4章，甘萍、何朝晖、洪川参编第5章、第6章，宋小青、曹保江参编第7章、第8章。

本书可作为高等工科院校大学本科各专业的实习课程教材，也可作为职业大学、成人教育大学、电视大学和网络教育等院校相关专业的电子实习教材，还可作为工程技术人员的学习和参考资料。

由于作者水平有限，书中难免存在不足之处，请读者批评指正，提出宝贵意见。

编　者

2008年10月

目　　录

第一章　安全用电知识

安全用电知识是关于如何预防用电事故以及保障人身安全、设备安全的专业知识。在电子工艺实习过程中，要使用各种工具和电子仪器进行安装调试，同时还需接触对人体有危险的高电压，如果不具备必要的安全用电知识，在安装调试过程中缺乏足够的警惕，就可能导致人身、电子设备事故。因此，必须了解操作过程中存在哪些不安全的因素以及必要的防范措施。本章将对安全用电知识进行全面的介绍。

第一节　触电方式及对人体的危害

人体接触带电体时，如有电流通过人体，称为人体触电。人体触电一般分为直接触电和间接触电两种主要方式。此外还有静电感应、高压电场、高频电磁、雷击等对人体造成触电。

一、触电方式

1. 直接触电

直接触电指人体直接触及或过分靠近电器设备正常带电部分导致的触电，是正常情况下的触电。如单相触电、两相触电和跨步电压触电等。直接触电示意图如图 1.1 所示。

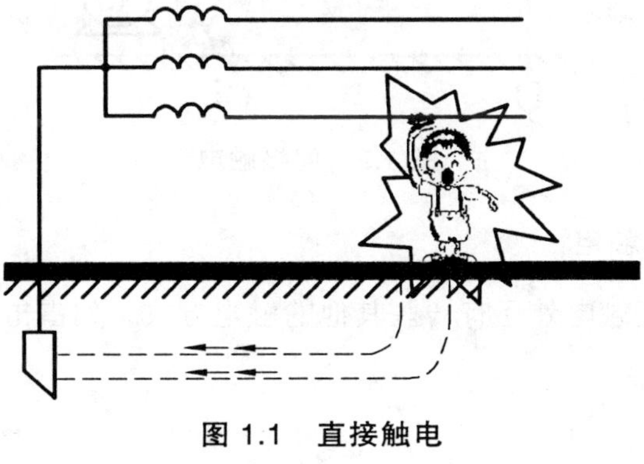

图 1.1　直接触电

1）单相触电

当人体直接碰触带电设备其中的一相时，电流通过人体流入大地，这种触电现象称为单相触电。对于高压带电体，人体虽未直接接触该带电体，但由于超过了安全距离，高电压对人体放电，造成单相接地而引起的触电，也属于单相触电。在 380 V/220 V 低压供电系统中，人体在无绝缘的情况下，直接触及三相火线中任何一相时，在中心点接地系统中，人体将承受 220 V 电压，引起单相触电。

2）两相触电

人体同时接触带电设备或线路中的两相导体，或在高压系统中，人体同时接近不同相的两相带电导体，而发生电弧放电，电流从一相导体通过人体流入另一相导体，构成一个闭合回路，这种触电方式称为两相触电。在 380 V/220 V 低压供电系统中，人体直接接触到两根裸露的火线时，人体将承受 380V 电压，引起两相触电。发生两相触电时，作用于人体上的电压等于线电压，这种触电是最危险的。

3）跨步电压触电

当带电设备发生某相接地时，接地电流流入大地。在距接地点不同的地表面产生不同的电位，距离接地点越近，电位越高。当人的两脚同时踩在带有不同电位的地面两点时，就会产生跨步电压。跨步电压超过人体允许的安全电压时就会造成触电。由于地面电位分布很复杂，而且跨步电压受很多因素的影响，所以不同人在同一故障接地点附近遭到跨步电压触电时，可能会出现截然不同的后果。

2. 间接触电

间接触电指人体触及正常情况下不带电而故障情况下变为带电的设备外露导体（如触及漏电设备的外壳）引起的触电，是故障状态下的触电。在大多数情况下，间接触电容易被忽视，因此需要特别注意。间接触电示意图如图 1.2 所示。

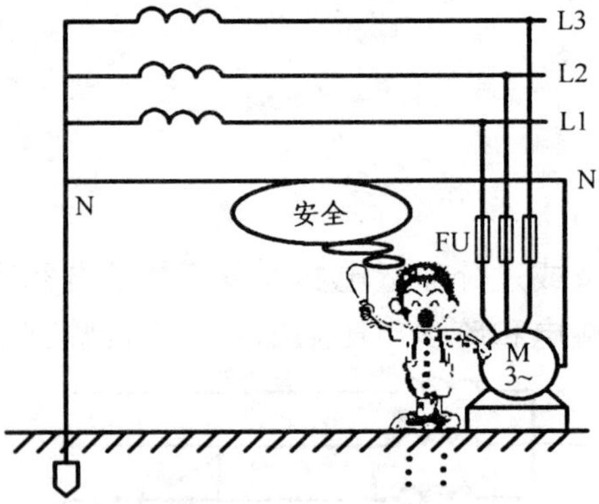

图 1.2 间接触电

3. 其他原因引起的触电

除了直接触电和间接触电外还有一些其他的触电方式，如雷击触电、大电容放电触电，等等。

二、触电对人体的危害

触电对人体的危害主要分为电击和电伤两类。

1. 电　击

电击主要是指电流通过人体内部，影响人体呼吸系统、心脏和神经系统，造成人体内部组织破坏，甚至导致死亡的触电事故。由于人体触及带电体、雷击以及大电容放电等都可能导致电击，所以大部分触电事故都是由电击造成的，通常说的触电事故都是指电击。

2. 电　伤

电伤主要是指电流的热效应、化学效应、机械效应等对人体表面或外部造成的局部伤害。电伤包含电烧伤、电光眼等。大多数触电死亡事故是电击造成的，但其中大约70%的含有电伤成分。

第二节　安全用电常识

一、电气设备的保护措施

接地和接零是常见的两种安全保护措施。

1. 接地保护

在电源的中性点不接地的三相三线制供电系统中，将用电设备的金属外壳通过接地装置与大地作良好的导电连接，这种保护措施称为接地保护。在设备外壳不接地时，如果设备发生故障使设备中的火线碰及机壳，人体接触机壳就会与地构成回路，形成间接触电。由于绝缘破坏或其他原因而可能呈现危险电压的金属部分，都应采取接地保护措施。如电机、变压器、开关设备、照明器具及其他电气设备的金属外壳都应予以接地。一般低压系统中，保护接电的电阻值应小于 4 Ω。

2. 接零保护

在电源的中性点接地的三相四线制供电系统中，将用电设备的金属外壳与供电网络中的零线可靠连接，这种保护措施称为接零保护。当设备带电部分与金属外壳发生漏电时，通过设备的外壳形成对零线的短路，短路电流会使线路上的保护装置迅速动作，从而起到保护的作用。需要注意的是零线回路中不允许装设熔断器和开关。

为了保证电力系统安全正常运行，除了在电源中性点进行工作接地外，还要在零线的一定间隔距离及终端进行多次接地，称为重复接地。

3. 其他用电保护

漏电开关是漏电电流保护装置的简称，主要用于低压供电系统，防止直接和间接接触的单线触电事故，同时还能起到防止由漏电引起的火灾以及监测或切除各种单相接地故障的作用。有的漏电开关还兼有过载、过压或欠压、缺相等保护功能。另外，加强设备绝缘性能也是有效的保护方法。

二、安全知识

1. 人身安全

如果通过人体的电流在 0.05 A 以上时，就有生命危险。一般来说，接触 36 V 以下的电压，通过人体的电流不会超过 0.05 A，所以把 36 V 的电压作为安全电压。安全电压的大小与用电环境有关，如在潮湿的场所，安全电压规定得低一些，通常是 24 V 或 12 V。

2. 设备安全

在电子工艺实习过程中，需要使用大量的仪器仪表，有些仪器仪表比较昂贵，因此在注意人身安全的同时，还需要注意设备安全。

1）设备用前检查

在使用设备时，必须注意设备的使用电源，不同的设备其使用的电源也有所不同。我国的工频电源是 AC220 V/50 Hz，但在其他国家和地区还有不同的电源标准，电压有 AC110 V，AC240 V 等，频率有 50 Hz，60 Hz 两种。

有的设备使用交流电源，有的使用直流电源；有的使用单相交流电压，有的使用三相交流电压等。所以在使用设备前一定要做好以下检查：

① 检查设备铭牌数据。按照国家标准，任何设备均应在醒目的地方标注设备电源电压、频率等重要参数，有些小型设备会在说明书中给出。

② 检查环境电压。检查电压、容量等是否符合设备要求。

③ 检查设备本身。用万用表检查电源线是否正常，外壳是否漏电等。

2）设备异常处理

(1) 设备在使用过程中可能会出现以下异常情况：

① 开机或使用中保险丝烧断。

② 声音异常。

③ 设备外壳漏电或手持部位有触电感觉。

④ 出现异味，如绝缘层被烧焦等。

⑤ 设备内出现电火花。

⑥ 仪表指示异常。

(2) 对设备异常情况处理如下：

① 断开电源，对设备进行检修。

② 对保险丝烧断情况一定要查明原因，将故障排除后再换上相同容量的保险丝。

③ 对漏电情况，一定要彻底检修，避免引起更大的安全隐患。

④ 对故障进行记录，以备维修和对使用提供警示。

3. 触电急救

发生触电事故后，千万不要惊慌失措，一般情况下可以按照下面的步骤进行触电急救处理。

(1) 脱离电源。救护者应立即拉下电源开关或拔掉电源插头，若无法及时找到或断开电源时，可用干燥的竹竿、木棒等绝缘物挑开电线，要使触电者迅速脱离电源。必须注意：触电者在未脱离电源时，触电者的身体就是带电体，不能直接接触，否则救护者也会发生触电事故。

（2）通风干燥。将脱离电源的触电者迅速移至通风干燥处仰卧。

（3）送医院抢救。立即检查伤员全身情况，施行人工急救，及时拨打急救电话，尽快送医院抢救。

第三节　电子焊接与调试中的安全知识

1. 电子焊接过程中的安全问题

① 避免触电。电烙铁在没有确定已断开电源时，不要用手触摸。

② 焊锡伤人。不要乱甩烙铁头上的焊锡，避免焊锡伤人。

③ 小心火灾。电烙铁要远离易燃物品。

④ 正确拆焊。拆焊弹性元件时不要离焊点太近，避免焊锡被弹出。

⑤ 插头断电。插拔电烙铁时，要用手直接拿住插头，不能拉扯电源线。

⑥ 规范操作。焊接过程中，不用电烙铁时，一定要将其妥善放在烙铁架上。

2. 电子调试过程中的注意事项

① 电源。调试前，一定要注意电源是否带电。

② 安全断电。不要认为断开电源开关就没有触电危险，只有拔下插头，并且将高电压大容量的电容器进行放电处理后，才是安全的。

③ 正确连接电源线。不要随意改动电源线。

④ 带电检测。需要带电检查与调试时，要先用试电笔检查外壳和金属件以及裸露线是否带电，用万用表测电压时，注意一定要测对地电压。

⑤ 小心触电。洗手后或手出汗时，不要带电作业。

⑥ 带电操作。带电操作时，尽量使用单手操作。

习　　题

1.1　什么是触电？触电的方式有哪些？

1.2　安全电压是多少？是不是在任何情况下，安全电压均不会造成人体伤害？

1.3　安全用电应采取哪些安全措施？

1.4　断开电源的情况下，是否一定不会触电？

1.5　使用电子设备时，应怎样保证设备安全？

1.6　发生触电事故时，应采取怎样的急救措施？

第二章　电子元器件

电子元器件是在电路中具有独立电气功能的基本单元，是组成电子电路、电子产品的基础。正确选择、使用各类电子元器件是保证电子产品的质量及可靠性的关键。因此，熟悉和掌握各类电子元器件的性能、特点及其用途，对设计和安装调试电子产品有着非常重要的作用。本章主要针对一些常用的元器件，对其性能、用途及判别方法进行介绍。在设计电子产品时，若需要详细地了解某种电子元器件的性能指标，必须查阅相应的资料手册。

第一节　电阻器与电位器

电阻器（简称电阻）和电位器的作用主要是分压（改变电压大小）或分流（控制电流的大小），在电路图中通常用英文缩写 *R* 来表示。

一、电阻器的分类、型号命名及图形符号

电阻器的种类有很多，通常分为两大类：固定电阻器和可变电阻器（即电位器）。根据国家标准 GB 2470 — 81 规定，电阻器和电位器的型号命名如图 2.1 所示。

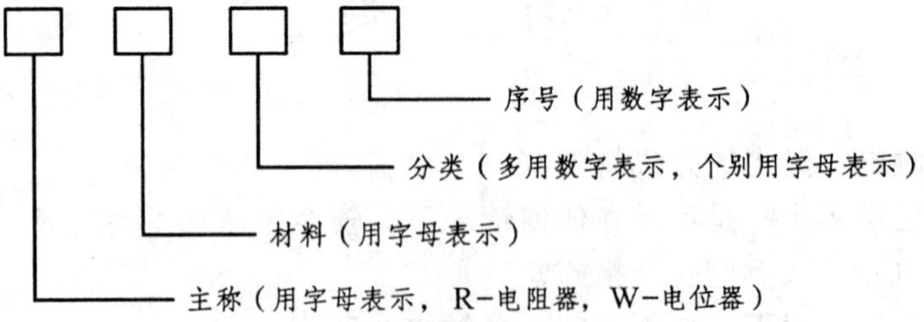

图 2.1　电阻器型号命名法

电阻器和电位器的主称、材料和分类代号及其意义如表 2.1 所示。

表 2.1 电阻器和电位器的主称、材料、分类代号及其意义

第一部分（主称）		第二部分（材料）		第三部分（分类代号）		
符号	意 义	符号	意 义	符号	意 义	
					电阻器	电位器
R	电阻器	T	碳 膜	1	普 通	普 通
W	电位器	J	金属膜	2	普 通	普 通
		Y	氧化膜	3	超高频	
		H	合成膜	4	高 阻	
		C	沉积膜	5	高 温	
		S	有机实心	6		
		N	无机实心	7	精 密	精 密
		X	线 绕	8	高 压	特殊函数
		I	玻璃釉膜	9	特 殊	特 殊
				G	高功率	
				T	可 调	
				W		微 调
				D		多 圈
				X		小 型

几种常见的电阻器的图形符号如图 2.2 所示。

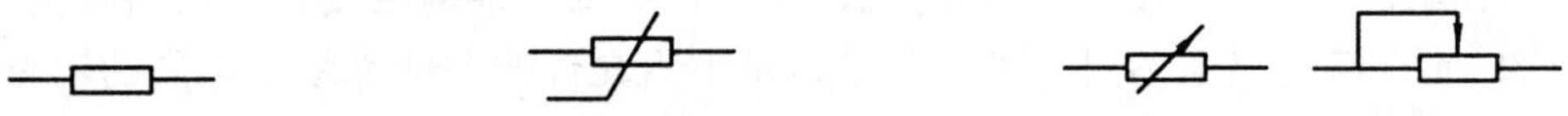

（a）电阻器（一般符号） （b）热敏电阻器 （c）电位器（可调电阻器）

图 2.2 常见电阻器的图形符号

二、电阻器

电阻器简称电阻。其定义为：导体加上 1 V 电压时，产生 1 A 电流所对应的阻值。电阻上的电压与电流关系满足欧姆定律，即

$$U = RI$$

式中，电阻的基本单位是欧姆，用希腊字母“Ω”表示。电阻阻值的常用单位还有千欧（kΩ）、兆欧（MΩ）。

电阻在电路中用“*R*”加数字表示，如：*R*15 表示编号为 15 的电阻。电阻在电路中的主要作用为分流、限流、分压、偏置、滤波（与电容器等组合使用）和阻抗匹配等。

1．电阻的主要技术指标及标志方法

电阻的主要技术指标有标称阻值、允许偏差（精度等级）、额定功率、温度系数、稳定性等，使用中通常只考虑标称阻值、允许偏差和额定功率等参数。

1）标称阻值及允许偏差

为了便于批量生产，并且让使用者能够在一定范围内选用合适的电子元器件，规定一系列的数值作为产品的标准值，称为标称值。电阻器上所标注的阻值称为标称阻值。实际生产出来的电阻器阻值与标称阻值不可能完全一致，电阻标称值与实际值之间允许的最大偏差称为电阻器的允许偏差。

（1）标称阻值。阻值是电阻器的主要参数之一。不同类型的电阻器，阻值范围不同；不同精度等级的电阻器，其阻值系列也不尽相同。普通电阻标称值系列见表 2.2。表 2.2 中的标称值可以乘以 10，100，1 000，10 k，100 k；例如，1.0 这个标称值，就有 1.0 Ω，10.0 Ω，100.0 Ω，1.0 kΩ，10.0 kΩ，100.0 kΩ，1.0 MΩ，10.0 MΩ。如果没有与设计阻值完全一致的电阻，只能根据精度要求选择相应系列接近的规格。例如，没有允许偏差±5%的 4 kΩ的电阻，就只能选择 3.9 kΩ的电阻。在设计参数时，为了满足更高的精度必须考虑实际器件的标称值。

表 2.2 普通固定电阻器标称阻值系列

标称值系列	允许偏差	标称阻值系列
E24	Ⅰ级±5%	1.0，1.1，1.2，1.3，1.5，1.6，1.8，2.0，2.2，2.4，2.7，3.0 3.3，3.6，3.9，4.3，5.1，5.6，6.2，6.8，7.5，8.2，9.1
E12	Ⅱ级±10%	1.0，1.2，1.5，1.8，2.2，2.7，3.3，3.9，4.7，5.6，6.8，8.2
E6	Ⅲ级±20%	1.0，1.5，2.2，3.3，4.7，6.8

（2）允许偏差（精度等级）。不同的允许偏差也称为数值的精度等级（简称精度）。对于不同的系列，允许偏差值也不同。表 2.3 是常用电阻允许偏差的等级。不同的电路对电阻的误差有不同的要求。一般电子电路，采用Ⅰ级或者Ⅱ级即可。

表 2.3 常用电阻允许偏差的等级

允许偏差	±0.5%	±1%	±2%	±5%	±10%	±20%
级 别	005	01	02	Ⅰ	Ⅱ	Ⅲ

（3）标志方法。由于电阻表面积有限，以及用户对参数的关心程度不同，对于 1/8～1/2 W 的小功率电阻，通常只将电阻标称值和允许偏差标注于电阻体上。电阻的参数标志方法有 3 种，即直标法、色标法、文字符号和数标法。

① 直标法。将电阻器的主要参数直接印制在电阻体表面上，如图 2.3 所示。如果未标出阻值单位，则阻值单位为Ω。如果未标出允许偏差，则允许偏差为±20%。

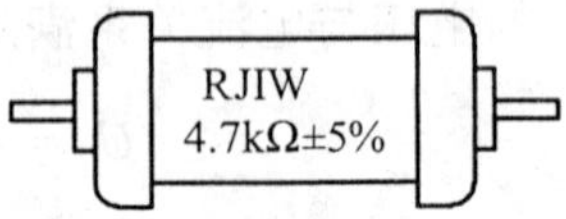

图 2.3 电阻值的直标法

② 文字符号法。用阿拉伯数字和文字符号的有规律的组合来表示电阻阻值和允许偏差的方法称为文字符号法，基本标注单位为Ω。随着电子工艺的发展，大批量生产的时候，电阻

器阻值的偏差很容易控制在±5%以内，故允许偏差不再表示出来。

对于十个基本标注单位以下的电阻，用文字符号法来表示：第一位数字表示阻值的整数部分；第三位数字表示阻值的小数部分；第二位用字母表示阻值的单位，即“R 或（Ω）”表示欧姆，“k”表示千欧，“M”表示兆欧。例如：4k7 表示其阻值为 4.7 kΩ，5R1 表示其阻值为 5.1 Ω，Ω33 表示其阻值为 0.33 Ω。

③ 数标法。数标法是指用三位数字表示电阻器标称值的方法。

对于十个基本标注单位以上的电阻，用三位数的数标法表示，从左到右，前两位数字表示阻值的有效数字，第三位数字表示数值的倍率。

例如：472 表示 $47\times10^2\,\Omega$（即 4.7 kΩ）；104 表示 $10\times10^4=100$ kΩ。

采用直标法和文字符号法标注比较直观，适用于体积较大的电阻。

④ 色环标注法。用颜色表示电阻的阻值和允许偏差的方法称为色环标注法。不同的颜色代表不同的数值。表 2.4 列出了各种颜色代表的数值。

表 2.4　色环颜色代表的数值及意义

颜　色	有效数字	倍　率	允许偏差（%）
银　色	/	10^{-2}	±10
金　色	/	10^{-1}	±5
黑　色	0	10^0	/
棕　色	1	10^1	±1
红　色	2	10^2	±2
橙　色	3	10^3	/
黄　色	4	10^4	/
绿　色	5	10^5	±0.5
蓝　色	6	10^6	±0.2
紫　色	7	10^7	±0.1
灰　色	8	10^8	/
白　色	9	10^9	+5～−20
无　色	/	/	±20

直接标注的电阻，在新买来的时候，很容易识别规格。可是在装配电子产品的时候，必须考虑到为以后检修方便，应将标注面朝向易于看到的地方。所以在安装的时候要特别注意。电阻器元件越做越小，直接标注的标记难以看清。因此，国际上惯用“色环标注法”。事实上，“色环电阻”占据着电阻器元件的主流地位。“色环电阻”顾名思义，就是在电阻器上用不同颜色的环来表示电阻的规格。常用的色环电阻有 4 个色环表示的四色环电阻和 5 个色环表示的五色环电阻（精密电阻）。四色环电阻，一般是碳膜电阻，用前三个色环来表示阻值，用第四个色环表示允许偏差。五色环电阻一般是金属膜电阻，为更好地表示精度，用前四个色环表示阻值，第五个色环表示允许偏差。

“四色环”读数规则：第一、二环表示两位有效数字，第三环表示数字后面添加“0”的个数，第四环表示允许偏差。

“五色环”读数规则：第一、二、三环表示三位有效数字，第四环表示数字后面“ 0 ”的个数，第五环表示允许偏差。现在市场上以五色环为主。色环电阻表示法如图 2.4 所示。

（a）阻值：27 kΩ，允许偏差 5%　　（b）阻值：5.1 Ω，允许偏差 1%

图 2.4　色环电阻表示法

一般在四色环和五色环电阻器上，表示允许偏差的色环的特点是该环与其他环的距离较远。较标准的表示应是表示允许偏差的色环的宽度是其他色环的 1.5～2 倍。有些色环电阻由于厂家生产不规范，无法用上面的特征判断，这时只能借助万用表判断。

2）额定功率

当电流通过电阻的时候，电阻由于消耗功率而发热。如果电阻发热的功率大于它能承受的功率，电阻就会被烧坏。电阻长时间工作时允许消耗的最大功率叫做额定功率。电阻消耗的功率为

$$P = UI = RI^2 = \frac{U^2}{R}$$

电阻的额定功率也有标称值，常用的有 1/8 W，1/4 W，1/2 W，1 W，2 W，3 W，5 W，10 W，20 W 等。在电路图中，常用图 2.5 所示的符号来表示电阻的标称功率。选用电阻时，要留一定的余量，应选标称功率比实际消耗的功率大一些的电阻。如实际负荷 1/4 W 可以选用 1/2 W 的电阻；实际负荷 3 W，可以选用 5 W 的电阻。常见的是 1/8 W 的“色环碳膜电阻”，它是电子产品和电子制作中用得最多的。当然，在一些微型产品中，会用到 1/16 W 的电阻，它的体积小得多。再者就是微型片状电阻，它属于贴片元件，以前多见于进口微型产品中，现在国内电子市场也可以买到。由于贴片元件在实习中很少使用，故此处不作介绍，有兴趣者可查阅相关资料。

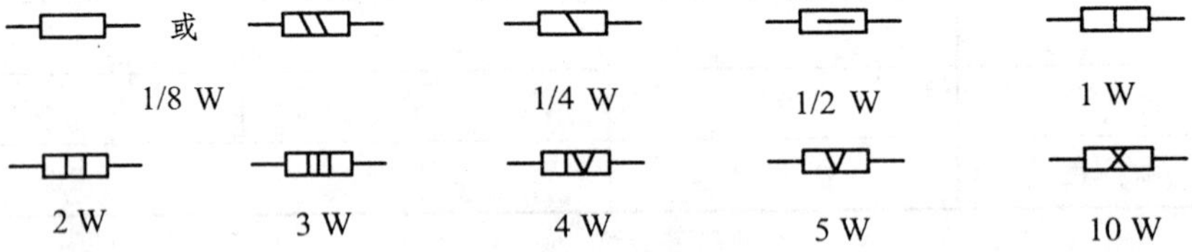

图 2.5　电阻的功率标志

2. 常用电阻器

电阻的种类有很多，通常分为两大类：固定电阻和特殊电阻。

1）固定电阻

在电子产品中，以固定电阻应用得最多。而固定电阻按其制造材料不同又可分为很多类，但常用、常见的有碳质电阻、RT 型碳膜电阻、RJ 型金属膜电阻和 RX 型线绕电阻等，还有近年来开始广泛应用的片状电阻。表 2.5 给出了几种常用电阻的结构及特点。

表 2.5　常用电阻的结构及特点

电阻种类	结构和特点
碳质电阻	把碳黑、树脂、黏土等混合物压制后经过热处理制成。在电阻上用色环表示其阻值。这种电阻成本低，阻值范围宽，但性能较差，很少采用
碳膜电阻	气态碳氢化合物在高温和真空中分解，碳沉积在瓷棒或者瓷管上，形成一层结晶碳膜。改变碳膜厚度和用刻槽的方法变更碳膜的长度，可以得到不同的阻值。碳膜电阻成本较低，性能一般
金属膜电阻	在真空中加热合金，合金蒸发，使瓷棒表面形成一层导电金属膜。刻槽和改变金属膜厚度可以控制阻值。这种电阻和碳膜电阻相比，体积小、噪声低、稳定性好，但成本较高
线绕电阻	用康铜或者镍铬合金电阻丝，在陶瓷骨架上绕制而成。这种电阻分固定和可变两种。其特点是工作稳定，耐热性能好，误差范围小，适用于大功率的场合，额定功率一般在 1 W 以上

固定电阻的型号命名很有规律，其中，R—电阻，T—碳膜，J—金属，X—线绕，为拼音的第一个字母。固定电阻的类型标志如图 2.6 所示。

图 2.6　固定电阻的类型标志

金属膜电阻虽然精度高，温度特性好，但制造成本高，而碳膜电阻特别价廉，且能满足民用产品要求。不同类型的电阻，其技术特性也有所不同。表 2.6 给出了几种常用电阻的技术特性。

表 2.6　常用电阻的技术特性

电阻类别	额定功率(W)	标称阻值范围	温度系数（1/°C）	噪声电势(μV/V)	运用频率
RT 型 碳膜电阻	0.05 0.125 0.25 0.5 1.2	10 Ω ~ 100 kΩ 5.1 Ω ~ 510 kΩ 5.1 Ω ~ 910 kΩ 5.1 Ω ~ 2 MΩ 5.1 Ω ~ 5.1 MΩ	$-(6\sim20)\times10^{-4}$	1 ~ 5	10 MHz 以下
RU 型 硅碳膜电阻	0.125，0.25 0.5 1.2	5.1 Ω ~ 510 kΩ 10 Ω ~ 1 MΩ 10 Ω ~ 10 MΩ	$\pm(7\sim12)\times10^{-4}$	1 ~ 5	10 MHz 以下
RJ 型 金属膜电阻	0.125 0.25 0.5 1.2	30 Ω ~ 510 kΩ 30 Ω ~ 1 MΩ 30 Ω ~ 5.1 MΩ 30 Ω ~ 10 MΩ	$\pm(6\sim10)\times10^{-4}$	1 ~ 4	10 MHz 以下
RXYC 型 线绕电阻	2.5 ~ 100	5.1 Ω ~ 56 MΩ	—	—	低　频

2）特殊电阻

除了一般常用的电阻外，还有一些具有特殊性能的电阻，如敏感电阻和熔断电阻。

（1）敏感电阻。采用不同的材料和制作工艺的半导体电阻，其电阻值具有对光照强度、温度、湿度、压力等物理量反应敏感的特性，将这类电阻称为敏感电阻。利用这类敏感电阻可以制作成能检测相应物理量的传感器。下面就以最常用的光敏电阻和热敏电阻为例进行介绍。

① 光敏电阻是一种电阻值随外界光照强弱（明暗）变化而变化的元件，光越强阻值越小，光越弱阻值越大。如果把光敏电阻的两个引脚接在万用表的表笔上，用万用表的 R×1k 挡测量在不同的光照下光敏电阻的阻值：将光敏电阻从较暗的抽屉里移到阳光或灯光下，万用表读数将会发生变化；在完全黑暗处，光敏电阻的阻值可达几兆欧以上（万用表指示电阻为无穷大，即指针不动），而在较强光线下，阻值可降到几千欧，甚至 1 kΩ以下。利用这一特性，可以制作各种光控的小电路，如可以用来制作智能窗帘、路灯自动开关、照相机快门时间自动调节器等。现在街边的路灯大多是用光控开关自动控制的，其中一个重要的元器件就是光敏电阻（或者是光敏三极管，一种功能相似的带放大作用的半导体元件）。光敏电阻是在陶瓷基座上沉积一层硫化镉（CdS）膜后制成的，实际上也是一种半导体元件。光敏电阻外形结构及电路符号如图 2.7 所示。

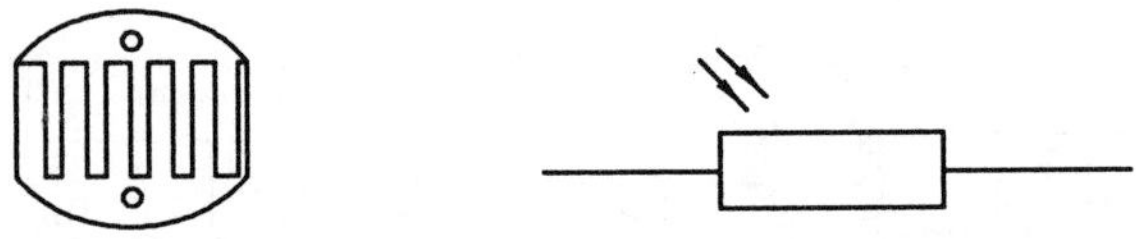

（a）外形结构　　（b）电路符号

图 2.7　光敏电阻

② 热敏电阻是一个特殊的半导体器件，电阻值随着其表面温度高低的变化而变化。热敏电阻是为了使电子设备在不同的环境温度下正常工作而使用的，因此，可以用在电子温度表、超温报警器、自动温度控制装置中等。如新型的电脑主板都有 CPU 测温、超温报警功能，就是利用了热敏电阻。热敏电阻的外形结构及电路符号如图 2.8 所示。

（a）外形结构　　（b）电路符号

图 2.8　热敏电阻

（2）熔断电阻。熔断电阻是近年来采用的一种新型的电阻，在电路图中起着保险丝和电阻的双重作用，主要应用在电源电路输出和二次电源的输出电路中。熔断电阻一般以低阻值（几欧姆至几十欧姆）、小功率（1/8～1 W）为多，其功能就是在过流时及时熔断，保护电路中的其他元件免遭损坏。在电路负载发生短路故障，出现过流时，熔断电阻的温度在很短的时间内就会升高到 500 ℃～600 ℃，这时电阻层便受热剥落而熔断，起到保护的作用，达到提高整机安全性的目的。熔断电阻的熔断是不可恢复的。熔断电阻的电路符号及外形如图 2.9 所示。

（a）电路符号　　（b）外形结构

图 2.9　熔断电阻

熔断电阻的特点：

① 与一般电阻的标注明显不同，在电路图中很容易判断。

② 一般用于电源电路的电流容量较大或二次电源产生的低压或高压电路中。

③ 一般熔断电阻上面只有一个色环，色环的颜色表示阻值。

④ 熔断电阻是长脚焊接在电路板上（一般电阻是紧贴电路板焊接），与电路板距离较远，便于散热和区分。

熔断电阻的常用规格标准：

① RN1/4W，10 Ω熔断电阻，色环为黑色，功率为 1/4 W。当 8.5 V 直流电压加在保险电阻两端时，60 s 以内电阻增大为初始值的 50 倍以上。

② RN1/4W，2.2 Ω熔断电阻，色环为红色，功率为 1/4 W。当 3.5 A 电流通过时，2 s 之内电阻增大为初始值的 50 倍以上。

③ RN1/4W，1 Ω熔断电阻，色环为白色，功率为 1/4 W。当 2.8 A 交流电流通过时，10 s 内电阻增大为初始值的 400 倍以上。

（3）排阻。特种电阻除了敏感电阻和熔断电阻外，随着电子产品小型化的发展，出现了集成电阻，也称为排阻。在数字显示电路、计算机硬件电路中比较常用。排阻的外形及内部结构如图 2.10 所示。图中，BX 代表产品型号，紧接着的三位数字是电阻的数字表示法，即前两位表示有效数字，第三位表示有效数字后边加“0”的个数，如 103 即 10 000（10 k）Ω，半字线“-”后面的数字表示排阻的引脚数，其中有一个引脚是公共引脚，一般都在两边，用色点标志。

排阻适用于多个电阻阻值相同，且其中一个引脚都连接在电路的同一位置的场合。排阻与分离电阻相比，其体积小，安装方便，只是价格稍贵。

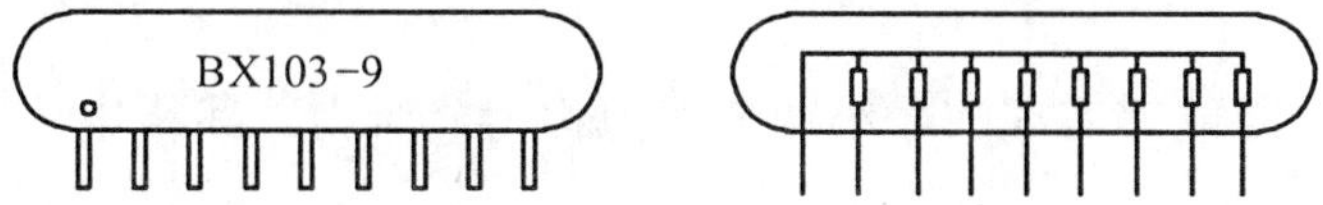

（a）外形　　（b）内部结构

图 2.10　排阻的外形及内部结构

三、电位器

1. 电位器的结构和接法

可变电阻又称电位器，电子设备上的音量电位器就是可变电阻。但是一般认为电位器都是可以被手动调节的，而可变电阻一般都较小，装在电路板上不经常调节。电位器有三个引脚，其中两个引脚之间的电阻值固定，并将该电阻值称为这个可变电阻的阻值。第三个引脚与这两个引脚间的电阻值可以随着轴臂的旋转而改变，从而调节电路中的电压或电流，达到调节的效果。电位器的结构和电路中的连接方法如图 2.11 所示。

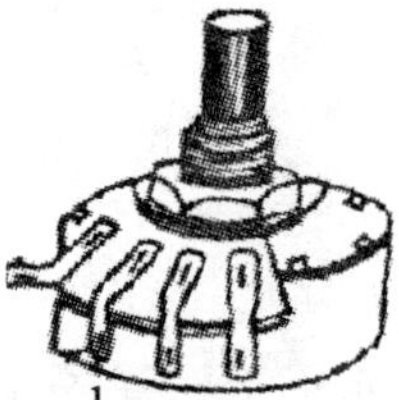

（a）外形图

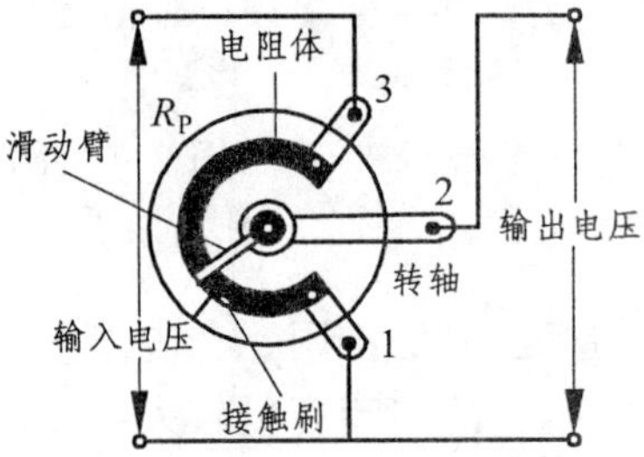

（b）连接方法

图 2.11 电位器的结构和接法

2. 电位器的主要技术指标

描述电位器的技术指标有很多，但对一般电子产品而言，使用者最关心的基本指标是：标称阻值、允许偏差、额定功率、滑动噪声、分辨力、阻值变化规律等。

1）标称阻值和允许偏差

(1) 标称阻值。标在产品上的阻值，其系列与电阻的系列相同。

(2) 允许偏差。实测阻值与标称阻值之间的误差范围，根据不同的精度等级可允许为：±1%，±2%，±5%，±5%，±10%，±20%，精密电位器精度可以达到±0.1%。

2）额定功率

电位器两个固定端允许耗散的最大功率称为电位器的额定功率。应该注意，电位器的额定功率不等于滑动端与固定端的功率。

3）滑动噪声

当电刷在电阻体上滑动时，电位器中心端与固定端的电压出现无规律的起伏现象，称为电位器的滑动噪声。滑动噪声是由于电阻率分布不均匀，电刷滑动时接触电阻无规则的变化引起的。

4）分辨力

电位器对输出电阻能够实现的最小调节能力称为分辨力。线绕电位器比非线绕电位器的分辨力低。

5）阻值变化规律

阻值变化规律指阻值与滑动片触点旋转角度（或滑动行程）之间的变化关系，这种变化关系可以是任何函数形式，常用的有直线式、对数式和反对数式（指数式）。

常用电位器的技术特性如表 2.7 所示。

表 2.7 常用电位器的技术特性

电位器类别	额定功率（W）	标称阻值范围（Ω）	温度系数（1/°C）	滑动噪声（μV/V）	运用频率
WTH 型碳膜电位器	0.5～2	$470\sim4.7\times10^6$	5～10	5～10	几百千赫以下
WX 型线绕电位器	1～3	$10\sim20\times10^3$	—	—	低 频

在使用中，直线式电位器适合作分压器；反对数式（指数式）电位器适合作收音机、录音机、电唱机、电视机中的音量控制器。

四、电阻器与电位器的检测方法

1. 固定电阻器的检测

1）普通电阻的检测

万用表调试到测电阻挡后，将两表笔（不分正负）分别与电阻的两端引脚相接即可测出实际电阻值。为了提高测量精度，应根据被测电阻标称值的大小来选择量程。由于欧姆挡刻度的非线性关系，其中间一段分度较为精细，因此应使指针指示值尽可能落到刻度的中段位置，即全刻度起始的 20%～80%弧度范围内，以使测量更准确。根据电阻偏差等级不同，读数与标称阻值之间分别允许有±5%，±10%或±20%的偏差。如不相符，超出偏差范围，则说明该电阻已损坏。

注意：测试时，特别是在测几十千欧以上阻值的电阻时，手不能触及表笔和电阻的导电部分；被检测的电阻必须从电路中焊下来，至少要焊开 1 个头，以免电路中的其他元件对测试产生影响，造成测量误差；色环电阻的阻值虽然能以色环标志来确定，但在使用时最好还是用万用表测试一下其实际阻值。

2）特殊电阻的检测

（1）热敏电阻的检测：

① 正温度系数热敏电阻（PTC）的检测。检测时，用万用表 R×1 挡，具体可分两步操作：

- 常温检测（室内温度接近 25 ℃）：将两表笔接触 PTC 热敏电阻的两引脚测出其实际阻值，并与标称阻值进行对比，两者相差在±2 Ω内即为正常。实际阻值若与标称阻值相差过大，则说明其性能不良或已损坏。
- 加温检测：在常温测试正常的基础上，即可进行第二步测试——加温检测，将热源（如电烙铁）靠近 PTC 热敏电阻对其加热，同时用万用表监测其电阻值是否随温度的升高而增大，若是，说明热敏电阻正常；若阻值无变化，说明其性能变劣，不能继续使用。注意不要使热源与 PTC 热敏电阻靠得过近或直接接触热敏电阻，以防将其烫坏。

② 负温度系数热敏电阻（NTC）的检测。测量标称电阻值 R_t，用万用表测量 NTC 热敏电阻的方法与测量普通固定电阻的方法相同，即根据 NTC 热敏电阻的标称阻值选择合适的电阻挡可直接测出 R_t 的实际值。但因 NTC 热敏电阻对温度很敏感，故测试时应注意以下几点：

- R_t 是生产厂家在环境温度为 25 ℃ 时测得的，所以用万用表测量 R_t 时，也应该在环境温度接近 25 ℃ 时进行，以保证测试的可信度。
- 测量功率不得超过规定值，以免电流热效应引起测量误差。
- 注意正确操作。测试时，不要用手捏住热敏电阻体，以防人体温度对测试产生影响。

③ 估测温度系数 α_t。先在室温 t_1 下测得电阻值 R_{t1}，再用电烙铁作热源，靠近热敏电阻，测出电阻值 R_{t2}，同时用温度计测出此时热敏电阻表面的平均温度 t_2，再进行计算。

（2）光敏电阻的检测：

① 用黑纸片将光敏电阻的透光窗口遮住，此时万用表的指针基本保持不动，阻值接近无穷大。此值越大说明光敏电阻性能越好。若此值很小或接近为零，说明光敏电阻已烧穿损坏，不能再继续使用。

② 将光源对准光敏电阻的透光窗口，此时万用表的指针应有较大幅度的摆动，阻值明显减小，阻值越小说明光敏电阻性能越好。若阻值很大甚至无穷大，表明光敏电阻内部开路损坏，不能再继续使用。

③ 将光敏电阻透光窗口对准入射光线，用小黑纸片在光敏电阻的遮光窗上部晃动，使其间断受光，此时万用表指针应随着黑纸片的晃动而左右摆动。如果万用表指针始终停在某一位置不随纸片晃动而摆动，说明光敏电阻的光敏材料已经损坏。

（3）压敏电阻的检测。用万用表的 R×1k 挡测量压敏电阻两引脚之间的正、反向绝缘电阻，应均为无穷大，否则，说明漏电流大。若所测电阻很小，说明压敏电阻已损坏，不能使用。

（4）熔断电阻的检测。在电路中，当熔断电阻熔断开路后，可根据经验作出判断：若发现熔断电阻器表面发黑或烧焦，可断定是其负荷过重，是由于通过它的电流超过额定值很多倍所致；如果其表面无任何痕迹而开路，则表明流过的电流刚好等于或稍大于其额定熔断值。对于表面无任何痕迹的熔断电阻器好坏的判断，可借助万用表 R×1 挡来测量，为保证测量准确，应将熔断电阻器一端从电路上焊下。若测得的阻值为无穷大，则说明此熔断电阻器已失效开路，若测得的阻值与标称值相差甚远，表明电阻变值，也不宜再使用。在维修实践中发现，也有少数熔断电阻器在电路中被击穿短路的现象，检测时应予以注意。

2. 电位器的检测

检查电位器时，首先要转动旋柄，看看旋柄转动是否平滑，开关是否灵活，开关通、断时“喀哒”声是否清脆，并听一听电位器内部接触点和电阻体摩擦的声音，如有“沙沙”声，说明质量不好。用万用表测试时，先根据被测电位器阻值的大小，选择万用表的合适电阻挡位，然后再按下述方法进行检测。

（1）电位器好坏的检测。用万用表的欧姆挡测图 2.11 中“1”、“2”两端，其读数应为电位器的标称阻值。如测量时，万用表的指针不动或阻值相差很多，则表明该电位器已损坏。

（2）检测电位器的活动臂与电阻片的接触是否良好。用万用表的欧姆挡测“1”、“2”（或“2”、“3”）两端，将电位器的转轴按逆时针方向旋至接近“关”的位置，此时电阻值越小越好。再顺时针慢慢旋转轴柄，电阻值应逐渐增大，表头中的指针应平稳移动。当轴柄旋至极端位置“3”时，阻值应接近电位器的标称值。如万用表的指针在电位器的轴柄转动过程中有跳动现象，说明活动触点有接触不良的故障。

第二节 电容器

电容器简称电容，顾名思义，电容器就是“储存电荷的容器”。电容器能够存储电场能量，是电子产品中的主要元器件之一，在电路中通常用其英文缩写 C 来表示。电子产品中需要用到各种各样的电容器，它们在不同的电路中起着不同的作用。

一、电容器的分类、型号命名及图形符号

根据国家标准规定，电容器的型号一般由四部分组成，如图 2.12 所示。

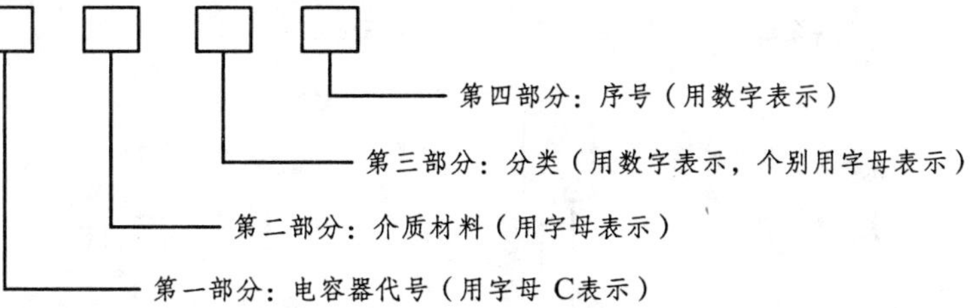

图 2.12　电容器型号命名法

电容器型号中的介质材料代号如表 2.8 所示，分类代号如表 2.9 所示。

表 2.8　电容器型号中的介质材料代号

字母代号	电容介质材料	字母代号	电容介质材料
A	钽电解质	L	聚酯等极性有机薄膜
B	聚苯乙烯等非极性有机薄膜	N	铌电解质
C	高频陶瓷	O	玻璃膜
D	铝电解质	Q	漆　膜
E	其他材料电解	T	低频陶膜
G	合金电解	V	云母纸
H	纸膜复合	Y	云　母
I	玻璃釉	Z	纸　介
J	金属化纸质		

表 2.9　电容器型号中的分类代号

数字代号	瓷介电容	云母电容	有机电容	电解电容	字母	意义
1	圆　形	非密封	非密封	箔　式	G	高功率型
2	管　形	非密封	非密封	箔　式		
3	叠　片	密　封	密　封	烧结粉非固体	J	金属膜型
4	独　石	密　封	密　封	烧结粉非固体		
5	穿　心		穿　心	—	Y	高压型
6	支　柱	—	—	—		
7	—	—	—	无极性	W	微调型
8	高　压	高　压	高　压			
9	—	—	特　殊	特　殊	—	—

电容器的种类很多，按其结构来分，有固定电容器、可变电容器、微调电容器。电容器的电性能和用途在很大程度上取决于其所用的电介质，按电介质不同可分为电解电容器、瓷片电容器、纸介电容器、油质电容器、薄膜电容器、贴片电容、独石电容、钽电容和涤纶电容等。常见的是固定电容器，使用最多的是电解电容器和瓷片电容器。

几种常用电容器的外形及电路符号如图 2.13 所示。

（a）外形　　（b）电路符号

图 2.13　常用电容器的外形及电路符号

二、常用电容器及主要参数

电容在电路中一般用“*C*”加数字表示，如 *C*25 表示编号为 25 的电容。电容带电时，两极之间要产生电压，电极上所带电荷量越大，两极之间的电压也越大，而电荷量跟电压成正比，比值是个恒量，即 $C=Q/U=$常数，称为电容量。电容储存电荷的能力用电容量来表示，基本单位是法拉，用 F 表示。由于法拉的单位太大，因此电容量在工程中的常用单位是μF（微法）、nF（纳法）和 pF（皮法）。换算关系如下

$$1\,\mathrm{F}=10^{6}\,\mu\mathrm{F}=10^{9}\,\mathrm{nF}=10^{12}\,\mathrm{pF}$$

尽管电容器种类很多，但其基本结构和原理都是相同的。两片相距很近的金属中间被某物质（固体、气体或液体）所隔开，就构成了电容器。两片金属称为极板，中间的物质称为电介质。电容器也分为容量固定的电容器与容量可变的电容器。常见的是容量固定的电容器，最多见的是电解电容器和瓷片电容器。

1. 电容器的作用

在电子电路中，电容用来通过高频交流而阻隔直流，也用来存储和释放电荷以充当滤波器，使输出脉动信号平滑。小容量的电容，通常在高频电路中使用，如收音机、发射机和振荡器中。大容量的电容往往是作滤波和存储电荷用。一般 1 μF 以上的电容均为电解电容，而 1μF 以下的电容多为瓷片电容。除电解电容和瓷片电容外也有其他的电容，如独石电容、涤纶电容、小容量的云母电容等。电解电容外面是铝壳，里面充满了电解质，并引出两个电极，作为正（+）、负（−）极。与其他电容不同，电解电容的正、负极在电路中的极性不能接错，而其他电容则没有极性。电解电容极性接反，时间过长或反向电压过大会产生爆裂。

把电容器的两个电极分别接在电源的正、负极上，过一会儿即使把电源断开，两个引脚间仍然会有残留电压，说明电容器储存了电荷。电容器极板间建立起电压，积蓄起电能，这个过程称为电容器的充电。电容器储存的电荷向电路释放逐渐减少的过程，称为电容器的放电。充放电的快慢与回路的参数有关。电容器一旦充电后，要想消除其储存的电荷，

必须要有放电回路。大容量的电容器在开路时通过空气回路放电比较缓慢，在使用时需注意安全。

电容器的特性主要是隔直流通交流(高频)，这一特性可近似用容抗来分析。直流电路中，只有在电容器充电过程中，才有电流流过，充电过程结束后，电容器是不能通过直流电的，在电路中起着“隔直流”的作用。电路中，电容器常被用作耦合、旁路、滤波等，都是利用其“通交流，隔直流”的特性。交流电之所以能够通过电容器，是因为交流电不仅方向往复交变，其大小也在按规律变化。电容器接在交流电源上，电容器连续地充电、放电，电路中就会流过与交流电变化规律一致的充电电流和放电电流。

电容容量的大小是表示其储存电能的大小，电容对交流信号的阻碍作用称为容抗，它与交流信号的频率和电容量有关。容抗 $X_C = 1/(\omega C) = 1/(2\pi f C)$，其中 f 表示交流信号的频率，C 表示电容容量。在直流电路中，理想电容的容抗为无穷大，相当于断路。

2. 电容器的主要参数

电容器的主要参数有标称容量与允许偏差、额定电压、绝缘电阻、漏电流、温度系数等。

1）标称容量与允许偏差

在电容体上标出的电容量称为标称容量。电容器的实际容量与标称容量存在一定的偏差，标称容量与实际容量之间允许的最大偏差范围称为电容器的允许偏差。

与电阻器类似，电容器的标志方法有直标法和色标法两种。

(1) 直标法。直标法是在电容表面直接用数字、字母和文字标出标称容量及允许偏差等参数，直标法又分为以下几种情况，分别如图 2.14 所示。

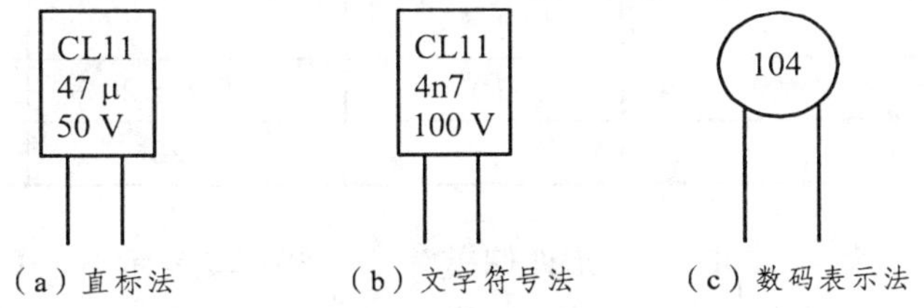

图 2.14 直标法

① 直标法。直接用数字和字母标注，如图 2.14（a）所示，47 μF 用 47μ标注。有时电容上不标注单位，其识别方法如下：容量大于 1 的无极性电容，其容量单位为 pF，如 4 700 表示 4 700 pF；有极性电容和容量小于 1 的无极性电容，其容量单位为μF，如 0.01 表示容量为 0.01μF，10 表示 10 μF。

② 文字符号法。用文字和数字符号两者有规律的组合来标注：将电容容量的整数部分标注在容量单位符号前面，小数部分标注在容量单位符号后面，如图 2.14（b）所示，4n7 表示容量为 4.7 nF。如果在数字前标注有 R，则容量为零点几微法，如 R47 表示容量为 0.47 μF。

③ 数码表示法。用三位数字表示电容容量的大小：前两位为电容容量的有效数字，第三位表示有效数字后面零的个数，电容量单位为 pF，如图 2.14 (c) 所示，104 表示容量为 10×10^4 pF。如果第三位数字为“9”，则有效数字应乘以 10^{-1}，如 229 就表示电容容量为 22×10^{-1} pF。

常用电容容量允许偏差字母表示如表 2.10 所示。

表 2.10 电容容量允许偏差

符 号	F	G	J	K	L	M
允许偏差	±1%	±2%	±5%	±10%	±15%	±20%

例如，某瓷片电容为 104J，表示容量为 0.1 μF，允许偏差为±5%。

(2) 色标法。色标法是指用不同颜色的色带和色点在电容器表面上标出其主要参数的方法。电容色标法原则上与电阻色标法相同，颜色意义也基本相同，识别顺序是从上到下，电容容量单位为 pF。各种颜色表示的意义如表 2.11 所示。

表 2.11 电容色标法各种颜色表示的意义

颜 色	有效数字	倍率	允许偏差（%）	工作电压（V）
银 色	—	10^{-2}	±10	—
金 色	—	10^{-1}	±5	—
黑 色	0	10^0	—	4
棕 色	1	10^1	±1	6.3
红 色	2	10^2	±2	10
橙 色	3	10^3	—	16
黄 色	4	10^4	—	25
绿 色	5	10^5	±0.5	32
蓝 色	6	10^6	±0.2	40
紫 色	7	10^7	±0.1	50
灰 色	8	10^8	—	63
白 色	9	10^9	+5～−20	—
无 色	—	—	±20	—

例如，电容标称值为 47 000 pF，允许偏差为±10%，其表示方法如图 2.15 所示。

电容的色标法现在很少采用。

2）额定工作电压

电容的额定工作电压是指电容在规定的温度范围内，能够持续可靠工作的最大电压，习惯上称为耐压值。有时分额定直流电压和额定交流电压，通常是指额定直流电压。额定工作电压大小与电容介质和使用环境温度有关。选用时，要根据其工作电压，使电容的耐压留有充分的裕度。

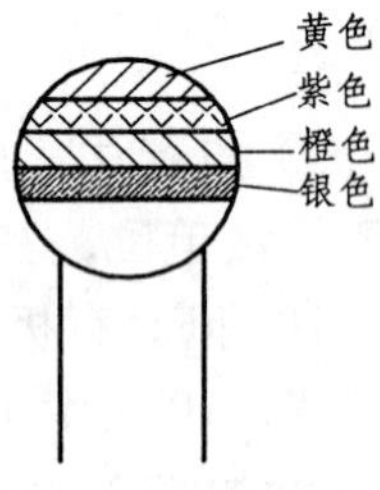

图 2.15 电容的色标法

3）电容的漏电流

由于电容的介质是非理想绝缘材料，总会存在漏电，从而产生漏电流，因此任何电容在工作时都会存在漏电流。一般电解电容的漏电流较大，其他电容漏电流很小。漏电流过大会使电容发热，从而使电容的工作性能变差，严重时会损坏电容。

4）电容绝缘电阻

电容绝缘电阻的值等于加在电容两端的电压与通过电容的漏电流的比值。一般电容的绝缘电阻都在数百兆欧到数吉欧。电容绝缘电阻的大小和变化会影响电子设备的工作性能，对一般的电子设备来说，选用绝缘电阻越大越好。

5）电容的温度系数

电容的容量会随温度的变化而变化，通常用温度系数来表示电容的这一特性。温度系数是指在一定的温度范围内，温度每变化 1 °C，电容容量的相对变化值。为使电路工作稳定，电容的温度系数应越小越好。

3. 几种常用的电容

几种常用的电容及其结构特点如表 2.12 所示。

表 2.12 常用电容的结构和特点

电容种类	电容结构和特点
纸介电容	用两片金属箔做电极，夹在极薄的电容纸中，卷成圆柱形或者扁柱形芯子，然后密封在金属壳或者绝缘材料（如火漆、陶瓷、玻璃釉等）壳中制成。其特点是体积较小，容量可以做得较大，但是其固有电感和损耗都比较大，适用于低频电路
云母电容	用金属箔或者在云母片上喷涂银层做电极板，极板和云母一层一层叠合后，再压铸在胶木粉或封固在环氧树脂中制成。其特点是介质损耗小，绝缘电阻大，温度系数小，适用于高频电路
陶瓷电容	用陶瓷做介质，在陶瓷基体两面喷涂银层，然后烧成银质薄膜做极板制成。其特点是体积小，耐热性好，损耗小，绝缘电阻高，但容量小，适用于高频电路 铁电陶瓷电容容量较大，但是损耗和温度系数较大，适用于低频电路
薄膜电容	结构和纸介电容相同，介质是涤纶或者聚苯乙烯。涤纶薄膜电容，介电常数较高，体积小，容量大，稳定性较好，适宜做旁路电容 聚苯乙烯薄膜电容，介质损耗小，绝缘电阻高，但是温度系数大，适用于高频电路
金属化纸介电容	结构和纸介电容基本相同。它是在电容器纸上覆上一层金属膜来代替金属箔，体积小，容量较大，一般用在低频电路中
油浸纸介电容	将纸介电容浸在经过特别处理的油中，能增强它的耐压性。其特点是电容量大、耐压高，但是体积较大
铝电解电容	由铝圆筒做负极，里面装有液体电解质，插入一片弯曲的铝带做正极制成。还需要经过直流电压处理，使正极片上形成一层氧化膜做介质。其特点是容量大，但是漏电流大，稳定性差，有正负极性，适用于电源滤波或者低频电路中。使用的时候，注意正负极不要接反
钽、铌电解电容	用金属钽或者铌做正极，用稀硫酸等配液做负极，用钽或铌表面生成的氧化膜做介质制成。其特点是体积小，容量大，性能稳定，寿命长，绝缘电阻大，温度特性好。用在要求较高的设备中
半可变电容	也叫做微调电容。由两片或者两组小型金属弹片，中间夹着介质制成。调节的时候改变两片之间的距离或者面积。它的介质有空气、陶瓷、云母、薄膜等
可变电容	由一组定片和一组动片组成，其容量随着动片的转动可以连续改变。将两组可变电容装在一起同轴转动，叫做双联。将四组可变电容装在一起同轴转动，叫做四联。可变电容的介质有空气和聚苯乙烯两种。空气介质可变电容体积大，损耗小，多用在电子管收音机中。聚苯乙烯介质可变电容做成密封式的，体积小，多用在晶体管收音机中

常用固定电容允许偏差的等级如表 2.13 所示。

表 2.13 常用固定电容允许偏差的等级

允许偏差	±2%	±5%	±10%	±20%	+20% ~ −30%	+50% ~ −20%	+100% ~ −10%
级　别	02	Ⅰ	Ⅱ	Ⅲ	Ⅳ	Ⅴ	Ⅵ

常用固定电容的标称容量系列如表 2.14 所示。

表 2.14 常用固定电容的标称容量系列

电容类别	允许偏差	容量范围	标称容量系列（μF）
纸介电容、金属化纸介电容、纸膜复合介质电容、低频（有极性）有机薄膜介质电容	±5% ±10% ±20%	100 pF ~ 1 μF	1.0，1.5，2.2，3.3，4.7，6.8
		1 ~ 100 μF	1，2，4，6，8，10，15，20，30，50，60，80，100
高频（无极性）有机薄膜介质电容、瓷介电容、玻璃釉电容、云母电容	±5% ±10% ±20%	—	1.1，1.2，1.3，1.5，1.6，1.8，2.0，2.4，2.7，3.0，3.3，3.6，3.9，4.3，4.7，5.1，5.6，6.2，6.8，7.5，8.2，9.1
		—	1.0，1.2，1.5，1.8，2.2，2.7，3.3 3.9，4.7，5.6，6.8，8.2
		—	1.0，1.5，2.2，3.3，4.7，6.8
铝、钽、铌、钛电解电容	±10% ±20% +50% ~ −20% +100% ~ −10%	—	1.0，1.5，2.2，3.3，4.7，6.8

常用固定电容直流工作电压系列有 1.6 V，4 V，6.3 V，10 V，16 V，25 V，32 V（*），40 V，50 V，63 V，100 V，125 V（*），160 V，250 V，300 V（*），400 V，450 V（*），500 V，630 V，1 000 V 等，其中有（*）的数值，只限电解电容用。

三、电容的测量方法及选用常识

1. 电容的检测

1）固定电容的检测

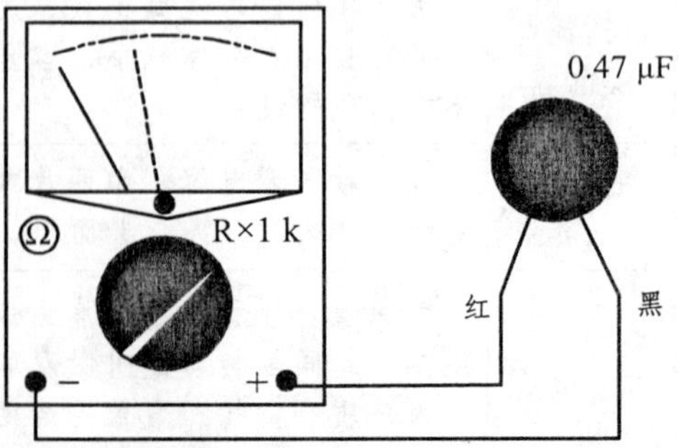

图 2.16 固定电容的检测

如图 2.16 所示，当万用电表的两根表棒与电容器的两引脚相接时，表针先向顺时针方向偏转一个角度，此时称为电容器的充电。当充电到一定程度时，电容器又开始放电，此时万用电表的指针便返回到∞位置。在测量过程中，表针摆动的角度越大，说明所检测的电容器容量越大。表针返回后越接近∞处，说明所检测的电容器漏电越小，即所检测的电容器的质量越高。检测 10 pF 以下的小电容时，因 10 pF 以下的固定电容容量太小，用万用表进行测量，只能定性地检查其是否有漏电、内部短路或击穿现象。测量时，可选用万用表 R×10k 挡，用两表笔分别任意接电容的两个引脚，阻值应为无穷大。若测出阻值（指针向右摆动）为零，则说明电容漏电损坏或内部击穿。检测 10 pF～0.01 μF 固定电容是否有充电现象，进而判断其好坏，万用表选用 R×1k 挡。对于 0.01 μF 以上的固定电容，可用万用表的 R×10k 挡直接测试电容器有无充电过程以及内部有无短路或漏电现象，并可根据指针向右摆动的幅度大小估计出电容器的容量。

2）电解电容的检测

检测电解电容时应注意电解电容的极性，一般正极引线较长。

测量电解电容时，由于其引脚有正、负极之分，应将红表棒接电容器的负极，黑表棒接电容器的正极，这样测量出来的漏电电阻才是正确的。一般反接时漏电电阻要比正接时小，利用这一点，还可判断出无极性标志的电解电容的极性。如果电容器的容量太小，如在 4 700 pF 以下，就只能检查它是否漏电或击穿，如果在测量中，表针摆动一下回不到∞处，而是停留在 0～∞处的中间某一位置上，说明该电容器漏电严重，也可采取图 2.17 所示的办法。在万用电表与被测小电容器之间加装一只 NPN 型硅三极管，要求其β值大于 100，集电极–发射极之间的耐压应大于 25 V，I_{CEO}越小越好。由于三极管 VT 的电流放大作用，较小容量的电容器也能引起表针较大幅度的摆动，然后返回到∞位置，如不能返回到∞处，则可估测出漏电电阻。

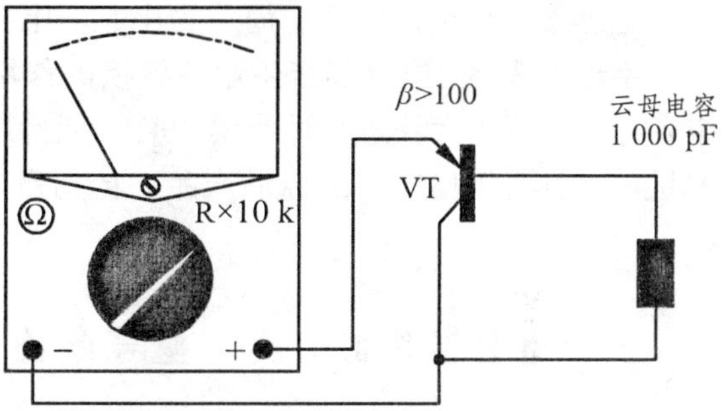

图 2.17　电解电容的检测

因为电解电容的容量较一般固定电容大得多，所以测量时，应针对不同容量选用合适的量程。根据经验，一般情况下，1～47 μF 间的电容，可用 R×1k 挡测量，大于 47 μF 的电容可用 R×100 挡测量。在测试中，若正向、反向均无充电的现象，即表针不动，则说明容量消失或内部断路；如果所测阻值很小或为零，说明电容漏电流大或已击穿损坏，不能再使用。

3）可变电容的检测

（1）检测转轴。用手轻轻旋动转轴，应感觉十分平滑，不应有时松时紧甚至卡滞现象。将转轴向前、后、上、下、左、右等各个方向推动时，转轴不应有松动的现象。

（2）检测动片。用一只手旋动转轴，另一只手轻轻触摸动片组的外缘，不应感觉有任何松脱现象。转轴与动片之间接触不良的可变电容，则不能再继续使用。

（3）检测导电性能。将万用表置于 R×10 k 挡，一只手将两个表笔分别接可变电容的动片和定片的引出端，另一只手将转轴缓缓旋动几个来回，万用表指针都应在无穷大位置不动。在旋动转轴的过程中，如果指针有时指向零，说明动片和定片之间存在短路点；如果转到某一角度，万用表读数不是无穷大，而是出现一定阻值，说明可变电容动片与定片之间存在漏电现象。

2. 电容的选用常识

电容在电路中实际要承受的电压不能超过它的耐压值。在滤波电路中，电容的耐压值不应小于交流有效值的 1.42 倍。使用电解电容的时候，还要注意正负极不要接反。

不同电路应该选用不同种类的电容。谐振回路可以选用云母、高频陶瓷电容；隔直流可以选用纸介、涤纶、云母、电解、陶瓷等电容；滤波可以选用电解电容；旁路可以选用涤纶、纸介、陶瓷、电解等电容。

在装入电路前要检查电容有没有短路、断路和漏电等现象，并且要核对其电容值。安装的时候，要使电容的类别、容量、耐压等符号容易看到，以便核实。

第三节　电 感 器

电感器又称电感线圈，简称为电感。电感是一种储能元件，储存磁场能量，在电路中常用大写字母 L 表示。电感起产生电磁转换的作用，是电子电路中重要的元件之一。将电感与电阻、电容、三极管等元件进行适当的组合，能构成放大器、振荡器等功能电路。与电阻、电容不同的是电感没有规格齐全的标准产品，特别是高频小电感，通常是根据要求自行设计制作。

一、电感器件的分类、型号命名及图形符号

电感的分类方法很多，按照电感线圈形式不同，可分为固定电感和可变电感；按照导磁体不同，可分为空心线圈电感、铁氧体线圈电感、铁芯线圈电感、铜芯线圈电感等；按工作性质不同，可分为天线线圈、振荡线圈、扼流线圈、陷波线圈、偏转线圈；按绕线结构不同，可分为单层线圈、多层线圈、蜂房式线圈。

按照国家标准，电感的型号命名一般由四部分组成，如图 2.18 所示。

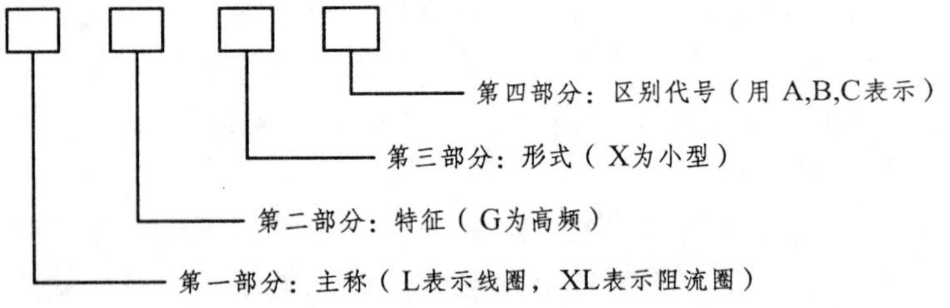

图 2.18　电感型号命名方法

电感的外形及电路符号如图 2.19 所示。

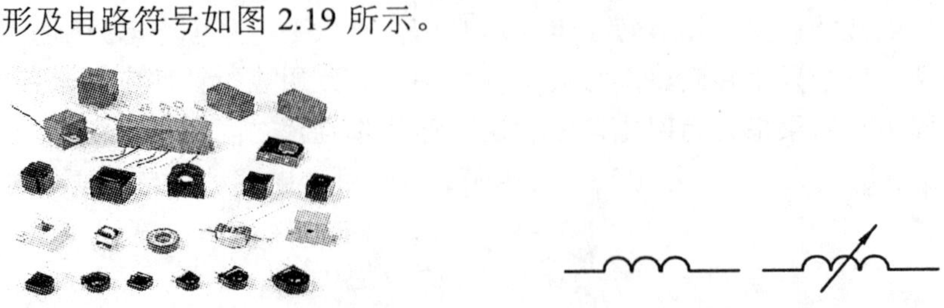

（a）外形　　（b）电路符号

图 2.19　电感外形及电路符号

二、常用电感器及主要参数

在电子制作中电感使用得不是很多，但在电路中与电容、电阻等同样重要。电感将电场能转变为磁场能，并在磁场中储存能量。电感的基本单位为亨利（H），常用毫亨（mH）、微亨（μH）为单位，换算关系为：1 H＝10^3 mH＝10^6 μH。在电路中电感与电容的组合可构成 *LC* 滤波器、*LC* 振荡器等。另外还利用电感的特性，制造了变压器、继电器等。

电感在电路中常用“*L*”加数字表示，如 *L*6 表示编号为 6 的电感。电感线圈是将导线一圈一圈地绕在绝缘管上，导线彼此互相绝缘，而绝缘管可以是空心的，也可以包含铁芯或磁芯。

直流可通过电感线圈，直流电阻就是导线本身的电阻，压降很小；当交流信号通过电感线圈时，线圈两端将会产生自感电动势，自感电动势的方向与外加电压的方向相反，阻碍交流的通过，所以电感的特性是通直流阻交流。频率越高，线圈阻抗越大。

1. 电感的主要参数

（1）电感量。电感量是表示线圈本身固有的特性，与电流大小无关。除专门的电感线圈（色码电感）外，电感量一般不标注在线圈上，而是以特定的名称标注。

电感标注一般有直标法和色标法。色标法与电阻类似。例如，棕、黑、金、金表示 1 μH（误差 5%）的电感。

（2）感抗。电感线圈对交流电流的阻碍作用的大小称为感抗，用 X_L 表示，单位为欧姆。感抗 $X_L = \omega L = 2\pi fL$，其中 f 表示交流信号的频率，L 表示电感容量。

在直流电路中，理想电感感抗为零，相当于短路。

（3）品质因数。品质因数是表示线圈质量的一个物理量，用 Q 表示：$Q=X_L/R$。Q 值反映线圈损耗的大小，Q 值越高，损耗功率越小，电路效率越高，选择性越好。

（4）额定电流。电感线圈允许流过的最大电流。

（5）分布电容。电感线圈的各匝绕组之间通过空气、绝缘层等存在着分布电容，线圈与屏蔽罩以及底板之间也存在分布电容。由于分布电容的存在，使线圈的 Q 值减小，稳定性变差，因此实际使用中要求分布电容越小越好。

2. 几种常用的电感

常用电感有小型固定电感、平面电感、中周电感和罐形磁芯电感。

1）小型固定电感

小型固定电感在结构上有卧式和立式两种，外形如图 2.20 所示。它是将漆包线直接绕制在棒形、工字形或王字形的磁芯上，外表裹有环氧树脂或封装在塑料外壳中。小型固定电感具有结构牢固、体积小、重量轻、防潮效果好、使用安装方便等优点。常用于滤波、延迟等电子电路中。

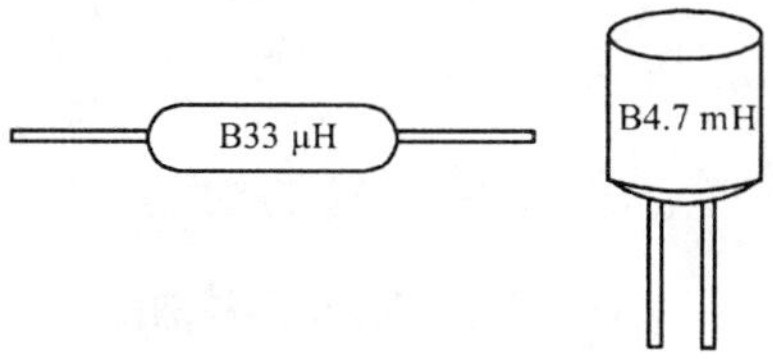

图 2.20　小型固定电感

2）平面电感

平面电感是在陶瓷或微晶玻璃基片上沉积金属导线而成，其稳定性、精度和可靠性都比较好。应用频率范围在几十兆赫到几百兆赫。平面电感外形如图 2.21 所示。

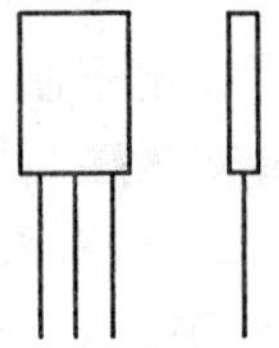

图 2.21 平面电感

3）中周电感

中周电感由磁芯、磁罩、塑料骨架和金属屏蔽壳组成。线圈绕组直接绕制在塑料骨架或直接绕制在磁芯上，其结构如图 2.22 所示。调整磁芯与磁罩的相对位置，能够在±10%的范围内改变中周线圈的电感量。中周电感广泛用于调幅、调频收音机、电视机等电子产品中。

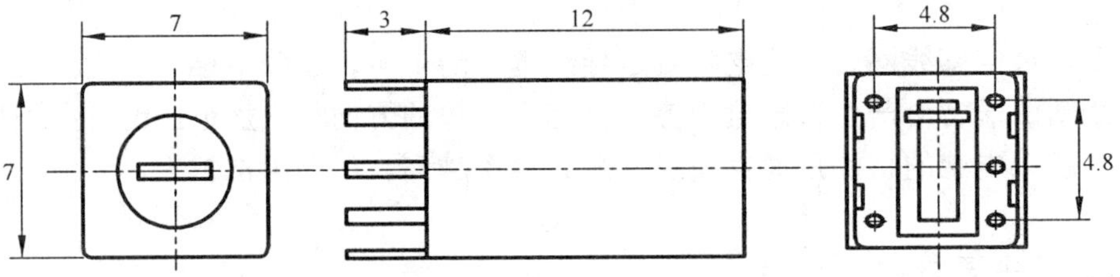

图 2.22 中周电感

4）罐形磁芯电感

罐形磁芯电感采用罐形铁氧体磁芯制作而成，其外形如图 2.23 所示。因罐形磁芯电感具有闭合磁路，有效磁导率和电感系数较高，所以体积小、电感量大。常用于 *LC* 滤波器、谐振回路、阻抗匹配回路等。

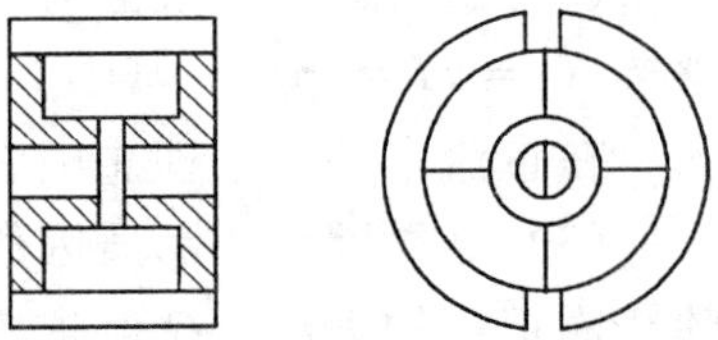

图 2.23 罐形磁芯电感

三、电感的检测

1. 固定电感的检测

利用万用电表对固定电感进行检测时，只能判断出它的直流电阻值。如果已经标明了数值的电感器，只要其直流电阻值符合，即可视为合格。将万用表置于 R×1 挡，红、黑表笔各接电感器的任一引出端，此时指针应向右摆动。根据测出的电阻值大小，可具体分下述三种情况进行鉴别：

① 短路故障。被测电感器电阻值为零，其电感器内部有短路性故障。

② 断路故障。被测电感器电阻值为无穷，其电感器内部有断路性故障。

③ 正常。被测电感器直流电阻值的大小与绕制电感器线圈所用的漆包线径、绕制圈数有直接关系，只要能测出电阻值，则可认为被测电感器是正常的。

2. 中周电感的检测

1）中周电感的检测

将万用表拨至 R×1 挡，按照中周变压器的各绕组引脚排列规律，逐一检查各绕组的通断情况，进而判断其是否正常。

2）绝缘性能的检测

（1）绝缘电阻测量。将万用表置于 R×10k 挡，测量以下三种状态的电阻值：① 初级绕组与次级绕组之间的电阻值；② 初级绕组与外壳之间的电阻值；③ 次级绕组与外壳之间的电阻值。

（2）判断绝缘性能。根据绝缘电阻测量值大小的情况，判断绝缘性能：① 测量电阻值为无穷大时，绝缘正常；② 测量电阻值为零时，绝缘层中有短路性故障；③ 测量电阻值小于无穷大，但大于零时，绝缘层中有漏电性故障。

四、变压器

变压器属于电感的范畴，它是变换交流电压、电流和阻抗的器件。当初级线圈中通有交流电流时，铁芯中便产生交流磁通，使次级线圈中感应出电压（或电流）。变压器由铁芯和线圈组成，线圈有两个或两个以上的绕组，其中接电源的绕组称为原边线圈，其余的绕组称为副边线圈。

1. 分　类

按铁芯或线圈结构分类有：芯式变压器（插片铁芯、C 型铁芯、铁氧体铁芯）、壳式变压器、环型变压器、金属箔变压器。按电源相数分类有：单相变压器、三相变压器、多相变压器。按用途分类有：电源变压器、调压变压器、音频变压器、中频变压器、高频变压器、脉冲变压器。按冷却方式分类有：干式（自冷）变压器、油浸（自冷）变压器、氟化物（蒸发冷却）变压器。按防潮方式分类有：开放式变压器、灌封式变压器、密封式变压器。

2. 电源变压器的特性参数

（1）工作频率。变压器铁芯损耗与频率关系很大，故应根据使用频率来设计和使用，这种频率称为工作频率。

（2）额定功率。在规定的频率和电压下，变压器能长期工作，而不超过规定温升的输出功率。

（3）额定电压。指在变压器的线圈上所允许施加的电压，工作时不得大于额定电压规定值。

（4）电压比。指变压器初级电压和次级电压的比值。有空载电压比和负载电压比之分。

（5）空载电流。变压器次级开路时，初级仍有一定的电流，这部分电流称为空载电流。空载电流由磁化电流（产生磁通）和铁损电流（由铁芯损耗引起）组成。对于 50 Hz 电源变压器而言，空载电流基本上等于磁化电流。

（6）空载损耗。变压器次级开路时，在初级测得的功率损耗。主要损耗是铁芯损耗，其次是空载电流在初级线圈铜阻上产生的损耗（铜损），这部分损耗很小。

（7）效率。次级功率 P_2 与初级功率 P_1 的百分比。通常变压器的额定功率越大，效率就越高。

（8）绝缘电阻。表示变压器各线圈之间、各线圈与铁芯之间的绝缘性能。绝缘电阻的高低与所使用的绝缘材料的性能、温度高低和环境潮湿程度有关。

第四节　开关及接插件

开关与接插件是指利用手动或电信号的作用完成电气接通或断开功能的元件，大多是串接在电路中的，其质量及可靠性直接影响电子系统或设备的可靠性。开关与接插件的种类繁多，因此，合理选择和正确使用开关及接插件，能够大大提高电子设备的可靠性。

一、开关与继电器

开关与继电器在电子设备中均能起到电气接通和断开的作用，但是，控制它们状态变化的因素不同。开关是利用手动或其他非电信号控制完成开关状态的转换，而继电器是利用电信号的控制作用来改变其在电路中的连接状态。

1. 开　关

开关在电子设备中起接通或切断电路的作用，大多采用手动机械结构，操作方便，价廉可靠，应用比较广泛。随着新技术的不断发展，各种非机械结构的开关器件不断涌现，如气动开关、水银开关、高频振荡式开关、电容式开关、霍尔效应开关等。

开关在电路中的图形符号如图 2.24 所示。

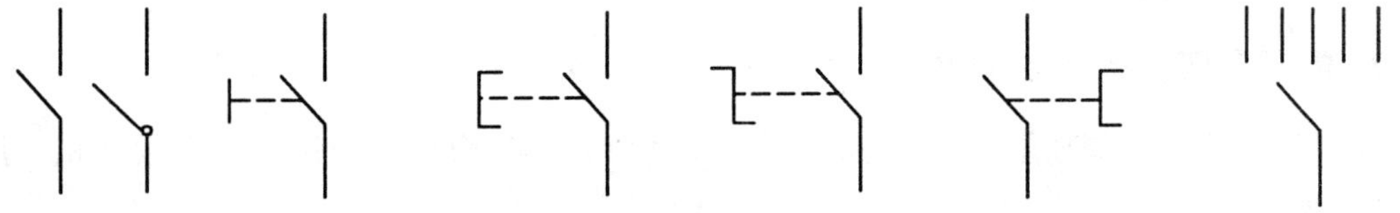

（a）一般开关　（b）手动开关　（c）按钮开关　（d）旋转开关　（e）拨码开关　（f）单刀多置开关

图 2.24　开关电路符号

1）开关的主要参数

（1）接触电阻。开关闭合时，两接通触点间导体的电阻值称为接触电阻。接触电阻要求越小越好，一般接触电阻应小于 20 mΩ。

（2）额定电流。额定电流指触点正常工作时允许通过的最大电流，在交流电路中指交流电流的有效值。

（3）耐压值。耐压值指开关不相导通的两触点所能承受的最大电压。超过耐压值就有可能使断开的开关触点被击穿。一般开关耐压值至少大于 100 V，电源（市电）开关要求大于 500 V（有效值）。

（4）绝缘电阻。断开的两触点间的电阻称为绝缘电阻。绝缘电阻要求越大越好，一般开关要求 100 MΩ以上。

（5）使用寿命。使用寿命指开关在正常工作条件下的有效使用次数。一般要求 10 000～50 000 次，有的可达到百万、千万次，微动开关甚至可以达到上亿次。

通常在电子设计制作中，对于开关参数的选择，只需考虑接触电阻、额定电流以及耐压值即可。

2）常用开关

下面介绍几种常用的开关。

（1）钮子开关。钮子开关是电子设备中最常用的一种开关类型，通常分为单极双位和双极双位开关，有些还带有指示灯，主要用于电源开关和电路转换开关。钮子开关外形结构如图 2.25 所示。

（2）拨动开关。拨动开关一般是水平滑动换位，常用于电路状态转换电路和电源电路。如收音机中的波段转换开关和调幅调频转换开关。拨动开关外形结构如图 2.26 所示。

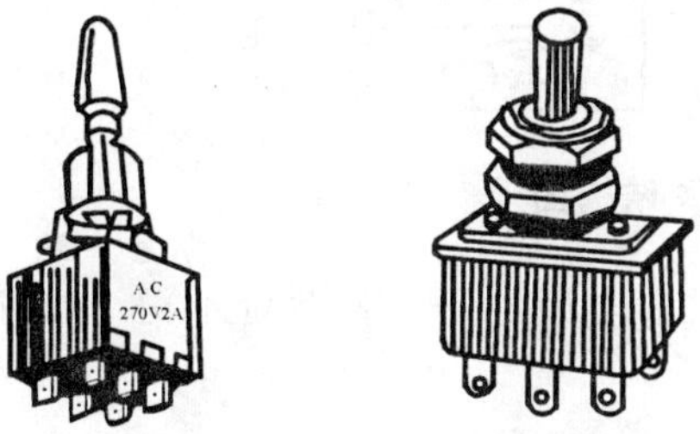

图 2.25　钮子开关外形图

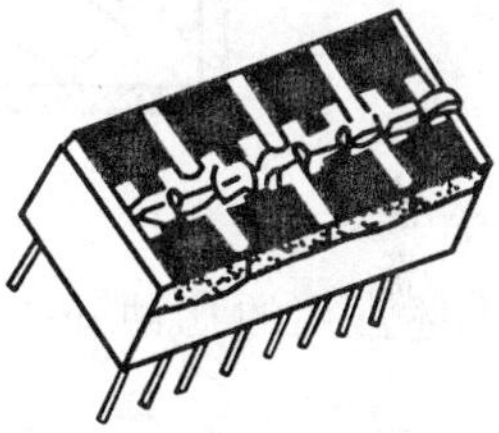

图 2.26　拨动开关外形图

（3）旋转开关。旋转开关又可分为波段开关和刷形开关两种，一般都是多级多位开关，有些开关位数多达十几位，主要用于老式万用表等各种仪器仪表中。旋转开关外形结构如图 2.27 所示。

（4）按键开关。按键开关是通过按动键帽使开关触点接通或断开，从而达到电路转换的目的。这种开关按一下接通自锁，再按一下断开复位。通常用于电信设备、计算机、家用电器等。按键开关外形结构如图 2.28 所示。

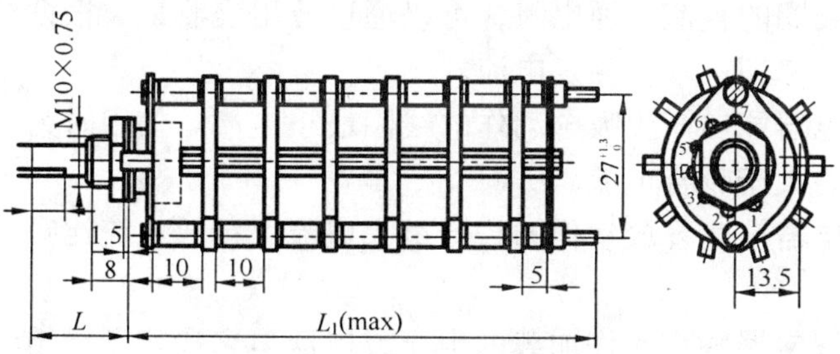

图 2.27　旋转开关结构图

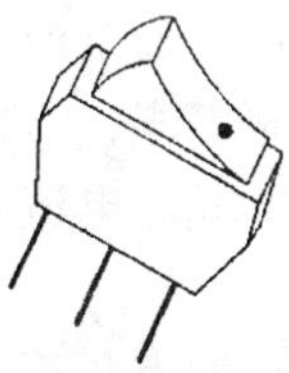

图 2.28　按键开关外形图

（5）薄膜开关。薄膜开关是一种新型的按键开关。与传统的机械式开关相比，具有密封性好、重量轻、体积小、低电压、低电流，且能防水、防尘、寿命长等优点，多用于办公设备、家用电器等电子产品中，如复印机、电子测量仪器仪表、医疗设备、程控机床、洗衣机、电冰箱等产品中。几种常见薄膜开关的结构如图 2.29 所示。

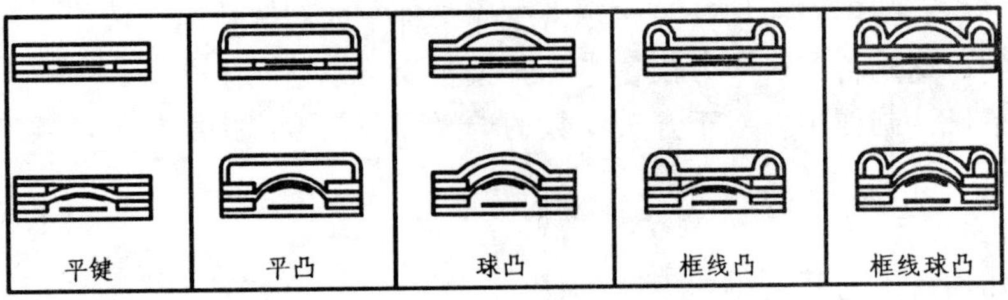

图 2.29　薄膜开关结构图

(6) 水银开关。水银开关是在玻璃管或金属管内装有规定数量的水银，再引出电极密封而成的。水银开关是根据水银导电以及流动的特点，利用方向的改变（通常采用倾斜方式）使水银球接通或断开开关引线，使用方便。通常用于玩具以及防盗报警等产品中。水银开关外形结构如图 2.30 所示。

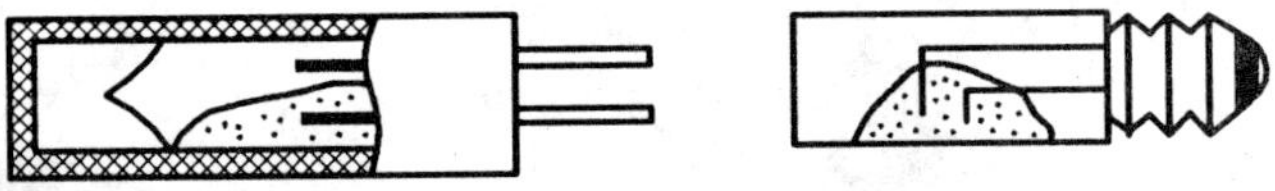

图 2.30　水银开关结构图

除了上述常用的几种开关类型外，还有许多其他类型的开关，此处不再一一介绍。

2. 继电器

继电器是一种利用小信号来控制较大信号的自动控制开关元件。在设备中起到自动调节、自动操作、安全保护及检测设备运行状态的作用。继电器是工业自动化设备中的主要元件之一。

1）继电器的主要参数

继电器的参数是正确选用继电器的基础，下面介绍继电器的几个主要参数。

(1) 额定电压。继电器正常工作时加在线圈上的电压即为额定电压。额定电压既可以是交流电压，也可以是直流电压，随型号的不同而不同。

(2) 直流电阻。直流电阻是指线圈的直流导通电阻，可以通过万用表测量。根据给出的额定电压和直流电阻，再根据欧姆定律即可求出额定电流。

(3) 吸合电流。吸合电流指继电器能够产生吸合动作的线圈最小电流。使用时为保证继电器可靠工作，给定的线圈电流应略大于吸合电流。

(4) 释放电流。释放电流是继电器产生释放动作的线圈最大电流。释放电流比吸合电流小很多。

(5) 触点负荷。触点负荷是指继电器触点允许加载的电压或电流。它决定了继电器所能够控制的电压或电流的大小。使用时不允许超过此数值，否则将损坏继电器的触点。

2）常用继电器

继电器的种类很多，分类方法也很多。本节主要介绍几种常用的继电器：电磁继电器、干簧继电器和固态继电器。

(1) 电磁继电器。电磁继电器是以电磁系统为主体构成的，是应用最早、最广泛的小型继电器。图 2.31 为电磁式继电器的典型结构。线圈不工作时，动触点与静触点 5 闭合（常闭触点)，与静触点 4 断开（常开触点）。线圈通电后，铁芯被磁化产生电磁力，吸引衔铁。电磁力足够大时，动触点与静触点 5 断开后与静触点 4 闭合，称为“吸合”。吸合改变了继电器在电路中的连接状态，起到电路的切换作用。当线圈断电后，电磁力消失，动触点恢复到线圈不工作时的位置，称为“复位”。

（a）电磁继电器结构　　（b）电路符号

图 2.31　电磁继电器的结构及电路符号

电磁继电器通常有交流和直流之分，选用时应根据实际使用需要，一般要首先考虑控制电路的电源电压，其次再考虑其他的继电器参数。除了考虑继电器的主要参数外，有时还需考虑尺寸以及在电路板中的安装等问题。

电磁式继电器是各种继电器中应用最为普遍的一种，其优点是触点接触电阻小，结构简单可靠。缺点是动作时间长，触点使用寿命短，体积比较大。

(2) 干簧继电器。干簧继电器是一种具有密封触点的电磁式继电器，在检测、自动控制、计算机控制技术等领域中应用广泛。干簧继电器主要由干式舌簧片与励磁线圈组成。干式舌簧片（触点）是密封的，由合金做成，舌簧片的接触部分通常镀有贵重金属，接触良好，具有优良的导电性能。触点密封在充有惰性气体的玻璃管中，减少了触点的腐蚀，提高了工作可靠性和使用寿命。簧片起着电路开关和导磁的双重作用。干簧继电器的外形结构及电路符号如图 2.32 所示。

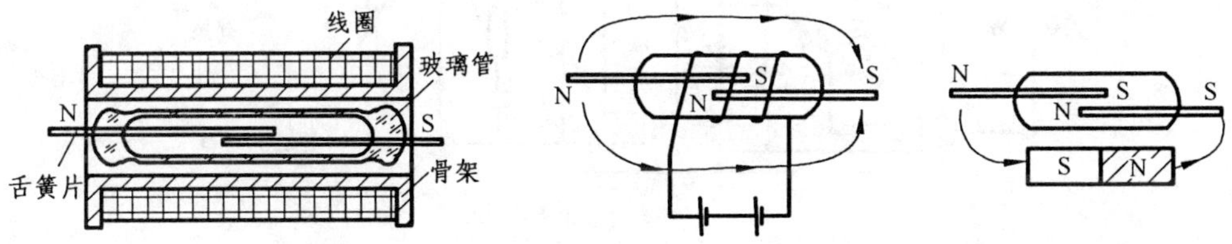

（a）结构示意图　　（b）电路符号

图 2.32　干簧继电器结构示意图及电路符号

如图 2.32（b）所示，当给线圈通电或者永久磁铁接近干簧管时，形成磁场，使簧片磁化，在两个簧片的端部形成极性相反的磁极而相互吸引。当吸力足够大时，使两个常开触点闭合。当磁场减弱或消失时，簧片的弹力又会使得两触点断开。

与电磁继电器相比，干簧继电器具有动作速度快、使用寿命长、体积小等优点，缺点是开关容量小，触点接触电阻较大。

(3) 固态继电器。固态继电器（Solid State Relay）简称 SSR，它是利用现代微电子技术与电力电子技术发展起来的一种新型无触点开关器件，其外形结构如图 2.33 所示。

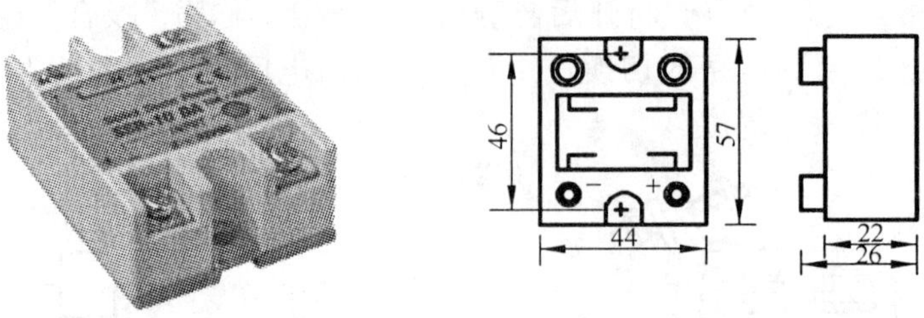

图 2.33　固态继电器外形结构图

SSR 是单相四端有源器件，有两个输入控制端和两个输出端，输入输出间为光电隔离。当输入端加上直流或脉冲信号时，输出端由“断态”转为“通态”，实现了相当于电磁继电器的功能。SSR 与电磁继电器的区别为：SSR 整个器件没有任何可动部件和触点。SSR 工作可靠、无触点、无火花、寿命长、无噪声、无电磁干扰、开关速度快，抗干扰能力强，且体积小，耐振动，防爆、防潮、防腐蚀，能与 TTL，DTL，HTL 等逻辑电路兼容，以微小的控制信号达到直接驱动大电流负载。

固态继电器目前已广泛应用于计算机外围接口装置，电炉加热恒温系统；数控机械、遥控系统，工业自动化装置；信号灯、交通灯、闪烁器、照明舞台灯光控制系统；仪器仪表、医疗器械、办公设备；自动消防、保安系统，等等。另外在一些要求耐振、耐潮、耐腐蚀、防爆的特殊装置和恶劣的工作环境中，以及要求工作可靠性高的场合中，SSR 具有传统的继电器无可比拟的优越性。由于固态继电器利用了双向晶闸管和三极管等电子元件的开关特性，与电磁继电器、干簧管继电器相比，具有体积小、开关速度快、无触点、无噪声、寿命长等优点。

按照使用场合的不同，固态继电器分为交流和直流两种类型，内部的电气结构分别如图 2.34（a），（b）所示。它们只能分别用作交流开关和直流开关，不能混用。固态继电器

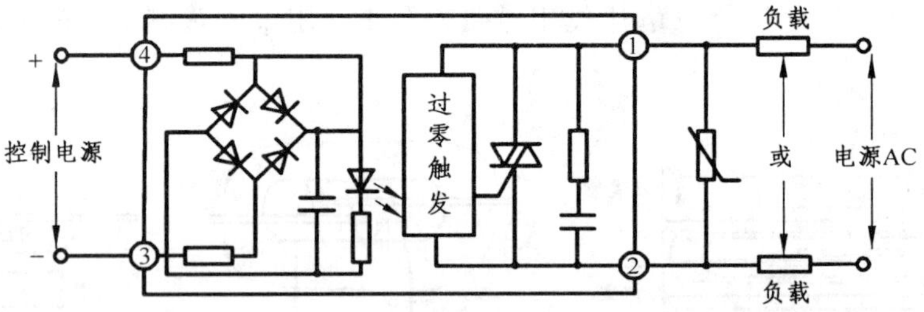

（a）交流继电器电气结构

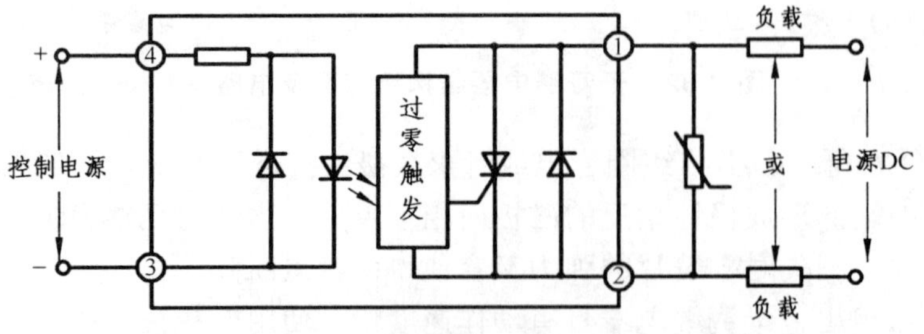

（b）直流继电器电气结构

图 2.34　固态继电器的电气结构

在电路中的图形符号如图 2.35 所示。

3）继电器的检测

（1）测触点电阻。用万用表的电阻挡，测量常闭触点与动点的电阻值，其阻值应为 0；而常开触点与动点的阻值应为无穷大。由此可以区别出哪个是常闭触点，哪个是常开触点。

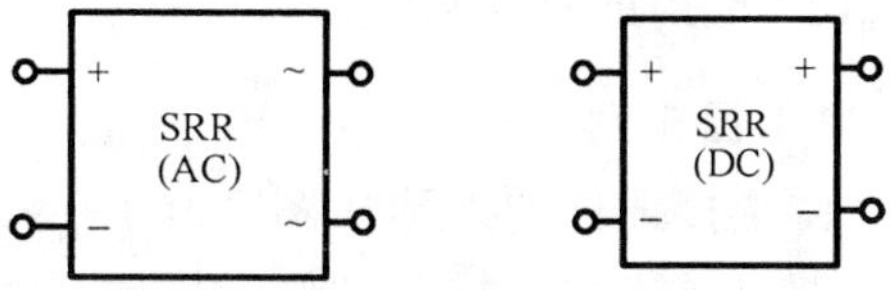

图 2.35 固态继电器的电路图形符号

（2）测线圈电阻。用万用表 R×10 挡测量继电器线圈的阻值，从而判断该线圈是否存在开路现象。

（3）测量吸合电压和吸合电流。用可调稳压电源给继电器输入一组电压，且在供电回路中串入电流表进行检测。慢慢调高电源电压，等到继电器吸合时，记下该吸合电压和吸合电流。为求准确，可以多试几次取平均值。

（4）测量释放电压和释放电流。当继电器发生吸合后，再逐渐降低供电电压，当继电器触点释放时，记下此时的电压和电流值，也可重复多次测量取平均释放电压和平均释放电流。一般情况下，继电器的释放电压约在吸合电压的 10%～50%，如果释放电压太小（小于吸合电压的 1/10），则不能正常使用，这样会对电路的稳定性造成威胁，工作不可靠。

4）继电器的触点形式

继电器的触点有三种基本形式。

（1）动合型（H 型）。线圈不通电时两触点是断开的，通电后，两个触点就闭合了。

（2）动断型（D 型）。线圈不通电时两触点是闭合的，通电后两个触点就断开了。

（3）转换型（Z 型、复合型）。这是触点组型。这种触点组共有三个触点，即中间是动触点，上下各一个静触点。线圈不通电时，动触点与其中一个静触点断开，与另一个静触点闭合；线圈通电后，动触点就移动，使原来断开的变为闭合状态，原来闭合的变多断开状态，达到转换的目的。实际上，转换型触点是一个动合型触点和一个动断型触点的组合，所以又称为复合型触点。

二、接插件

随着电子设备小型化，电子设备中使用的用于电气连接的接插件越来越多，集成电路与印制板之间、显示器与主机之间、音箱与功放之间等场合都需要接插件来进行电气连接。接插件在电子设备中起着连接各系统或各个电路模块的作用，其质量和可靠性会直接影响到电子设备的可靠性。

1. 接插件的分类

接插件的品种规格多，形式多样。

（1）按照工作频率分类有低频接插件（通常指 100 MHz 以下的连接器）和高频接插件（100 MHz 以上，通常采用同轴结构与同轴线相连，故又称同轴连接器）。

（2）按照结构特征分类有圆形接插件、矩形接插件、印制板接插件、带状电缆接插件等。

2. 常用的接插件

1）圆形接插件

圆形接插件的外形如图 2.36 所示。它有标准螺旋锁紧机构，具有接点多、插拔力大的特点，并且易连接，抗震性好，同时还容易实现防水密封、电磁屏蔽等要求。适用于大电流且不需要经常拔插的电路连接。连接点的数量最多可达上百个，额定电流可达数百安，工作电压在 300～500 V。

2）矩形接插件

矩形接插件外形如图 2.37 所示。矩形接插件体积较大，电流容量也较大。矩形排列可以充分利用空间，因此，矩形接插件被广泛用于机内连接，如印刷电路板上安培级电流信号的连接。一些带有金属外壳及锁紧装置的矩形接插件也用于机外的电缆和面板间的电气连接。

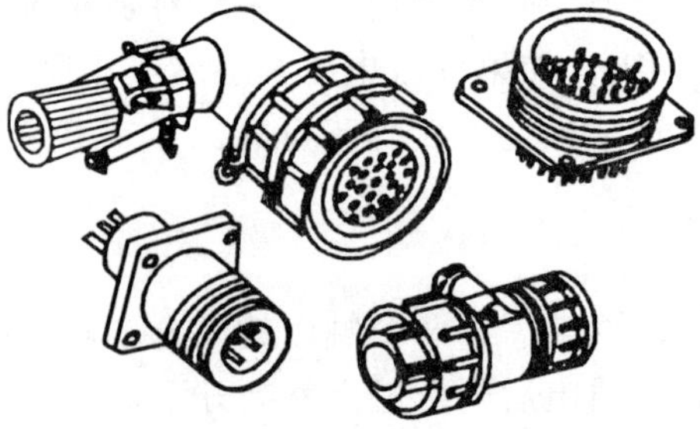

图 2.36　圆形接插件

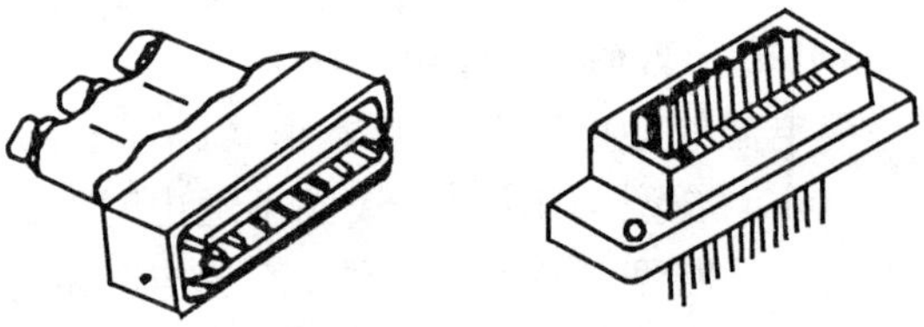

图 2.37　矩形接插件

3）印制板接插件

印制板接插件直接用于印刷电路板的连接，按照结构形式不同可分为直接型、插针型和间接型。其外形结构如图 2.38 所示。

4）带状电缆接插件

带状电缆是一种扁平的电缆，如图 2.39 所示。带状电缆占用空间小，布线方便，不易混淆。带状电缆接插件适用于低压、小电流的场合，能同时连接几路到几十路的小信号，多用于数字信号的传输。如微型计算机主板与硬盘、光驱和软驱等的连接均采用带状电缆接插件。

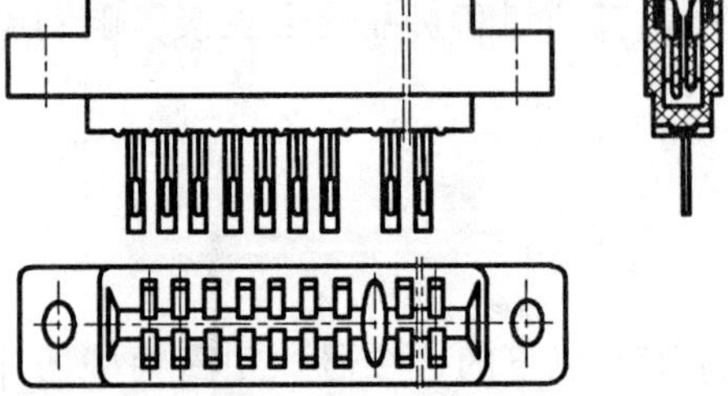

图 2.38　印制板接插件结构

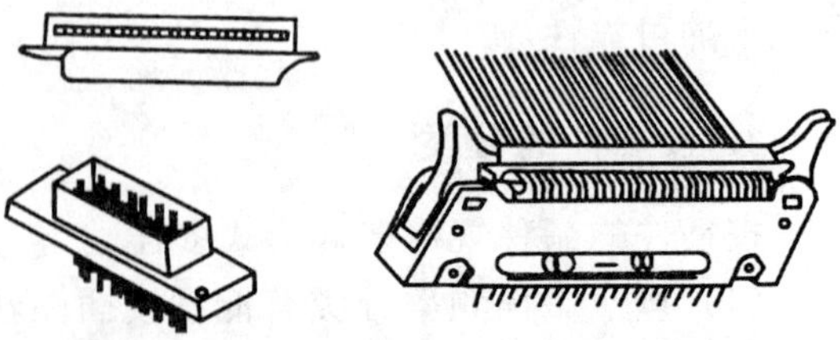

图 2.39　带状电缆接插件

其他类型的接插件还有很多，在此不再一一介绍。

第五节　半导体器件

半导体是一种具有特殊性质的物质，导电性能介于导体和绝缘体之间。半导体器件就是利用半导体材料（主要是硅和锗）制成的器件。半导体分立器件泛指半导体二极管、三极管以及半导体特殊器件。

一、半导体器件的命名

1. 国产半导体器件型号的命名

国产半导体器件型号一般由五部分组成，如图 2.40 所示。场效应器件、半导体特殊器件、复合管、PIN 型管、激光器件的型号命名只有第三、四、五部分。

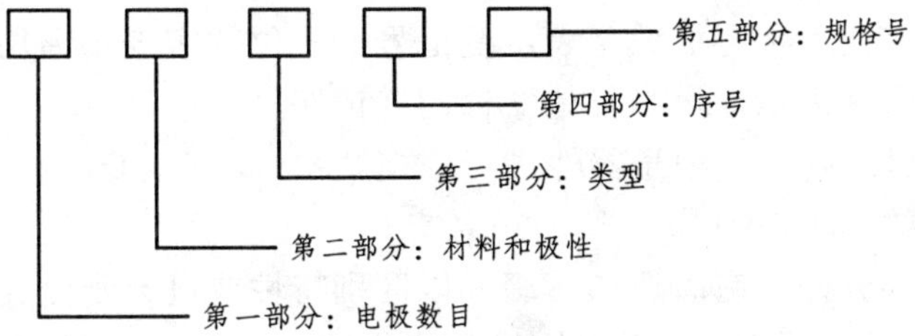

图 2.40　国产半导体型号的命名

图 2.40 中五个部分意义如下：

第一部分：用数字表示半导体器件有效电极数目，如 2 表示二极管，3 表示三极管。

第二部分：用汉语拼音字母表示半导体器件的材料和极性。

表示二极管时：A 表示 N 型锗材料；B 表示 P 型锗材料；C 表示 N 型硅材料；D 表示 P 型硅材料。

表示三极管时：A 表示 PNP 型锗材料；B 表示 NPN 型锗材料；C 表示 PNP 型硅材料；D 表示 NPN 型硅材料。

第三部分：用汉语拼音字母表示半导体器件的类型。

P 表示普通管；V 表示微波管；W 表示稳压管；C 表示参量管；Z 表示整流管；L 表示整流堆；S 表示隧道管；N 表示阻尼管；U 表示光电器件；K 表示开关管；X 表示低频小功率管（f< 3 MHz，P_c<1 W）；G 表示高频小功率管（f>3 MHz，P_c<1 W）；D 表示低频大功率管（f< 3 MHz，P_c>1 W）；A 表示高频大功率管（f>3 MHz，P_c>1 W）；T 表示半导体晶闸管（可控整流器）；Y 表示体效应器件；B 表示雪崩管；J 表示阶跃恢复管；CS 表示场效应管；BT 表示半导体特殊器件；FH 表示复合管；PIN 表示 PIN 型管；JG 表示激光器件。

第四部分：用数字表示序号。

第五部分：用汉语拼音字母表示规格号。

例如，3DG18 表示 NPN 型硅材料高频三极管。

2. 国际电子联合会半导体器件型号命名方法

德国、法国、意大利、荷兰、比利时以及匈牙利、罗马尼亚、南斯拉夫、波兰等欧洲国家，大都采用国际电子联合会半导体分立器件型号命名方法。这种命名方法由四个基本部分组成，各部分的符号及意义如下：

第一部分：用字母表示器件使用的材料。A 表示器件使用材料的禁带宽度：$Eg=0.6\sim1.0$ eV，如锗；B 表示器件使用材料的禁带宽度：$Eg=1.0\sim1.3$ eV，如硅；C 表示器件使用材料的禁带宽度：$Eg>1.3$ eV，如砷化镓；D 表示器件使用材料的禁带宽度：$Eg<0.6$ eV，如锑化铟；E 表示器件使用复合材料及光电池使用的材料。

第二部分：用字母表示器件的类型及主要特征。A 表示检波开关混频二极管；B 表示变容二极管；C 表示低频小功率三极管；D 表示低频大功率三极管；E 表示隧道二极管；F 表示高频小功率三极管；G 表示复合器件及其他器件；H 表示磁敏二极管；K 表示开放磁路中的霍尔元件；L 表示高频大功率三极管；M 表示封闭磁路中的霍尔元件；P 表示光敏器件；Q 表示发光器件；R 表示小功率晶闸管；S 表示小功率开关管；T 表示大功率晶闸管；U 表示大功率开关管；X 表示倍增二极管；Y 表示整流二极管；Z 表示稳压二极管。

第三部分：用数字或者字母加数字表示登记号。三位数字表示通用半导体器件的登记序号；一个字母加两位数字表示专用半导体器件的登记序号。

第四部分：用字母对同一类型号器件进行分挡。A，B，C，D，E…表示同一型号的器件按某一参数进行分挡的标志。

除以上四个基本部分外，有时还加后缀，以区别特性或进一步分类。常见后缀如下：

① 稳压二极管型号的后缀。其后缀的第一部分是一个字母，表示稳定电压值的允许偏差范围，字母 A，B，C，D，E 分别表示允许偏差为±1%，±2%，±5%，±10%，±15%；其后缀的第二部分是数字，表示标称稳定电压的整数数值；后缀的第三部分是字母 V，代表小数点，字母 V 之后的数字为稳压管标称稳定电压的小数值。

② 整流二极管后缀是数字，表示器件的最大反向峰值耐压值，单位是伏特。

③ 晶闸管型号的后缀也是数字，通常标出最大反向峰值耐压值和最大反向关断电压中数值较小的那个电压值。

例如，BDX51 表示 NPN 硅低频大功率三极管，AF239S 表示 PNP 锗高频小功率三极管。

3. 美国半导体分立器件型号命名方法

美国电子工业协会半导体分立器件命名方法如下：

第一部分：用符号表示器件用途的类型。JAN 表示军级；JANTX 表示特军级；JANTXV 表示超特军级；JANS 表示宇航级；（无）表示非军用品。

第二部分：用数字表示 PN 结数目。1 表示二极管；2 表示三极管；3 表示 3 个 PN 结器件；n 表示 n 个 PN 结器件。

第三部分：美国电子工业协会（EIA）注册标志。N 表示该器件已在美国电子工业协会（EIA）注册登记。

第四部分：美国电子工业协会登记顺序号。多位数字表示该器件在美国电子工业协会登记的顺序号。

第五部分：用字母表示器件分挡。A，B，C，D…同一型号器件的不同挡别。

例如，JAN2N3251A 表示 PNP 硅高频小功率开关三极管，JAN 表示军级，2 表示三极管，N 表示 EIA 注册标志，3251 表示 EIA 登记顺序号，A 表示 2N3251A 挡。

4. 日本半导体分立器件型号命名方法

日本的半导体分立器件命名，由五至七部分组成。通常只用到前五个部分，各部分的符号意义如下：

第一部分：用数字表示器件有效电极数目或类型。0 表示光电（即光敏）二极管、三极管及上述器件的组合管；1 表示二极管；2 表示三极管或具有两个 PN 结的其他器件；3 表示具有四个有效电极或具有三个 PN 结的其他器件……，依此类推。

第二部分：日本电子工业协会 JEIA 注册标志。S 表示已在日本电子工业协会 JEIA 注册登记的半导体分立器件。

第三部分：用字母表示器件使用材料极性和类型。A 表示 PNP 型高频管；B 表示 PNP 型低频管；C 表示 NPN 型高频管；D 表示 NPN 型低频管；F 表示 P 控制极可控硅；G 表示 N 控制极可控硅；H 表示 N 基极单结晶体管；J 表示 P 沟道场效应管；K 表示 N 沟道场效应管；M 表示双向可控硅。

第四部分：用数字表示在日本电子工业协会 JEIA 登记的顺序号。两位以上的整数，从“11”开始，表示在日本电子工业协会 JEIA 登记的顺序号；不同公司生产的性能相同的器件可以使用同一顺序号。数字越大，表示越是近期产品。

第五部分：用字母表示同一型号的改进型产品标志。A，B，C，D，E，F 表示这一器件是原型号产品的改进产品。

二、二极管

晶体二极管简称二极管，具有单向导电的特性。也就是在正向电压的作用下，导通电阻很小，而在反向电压作用下导通电阻极大或无穷大。晶体二极管在电路中常用“D”加数字表示，如 D5 表示编号为 5 的二极管。二极管结构及电路符号如图 2.41 所示。

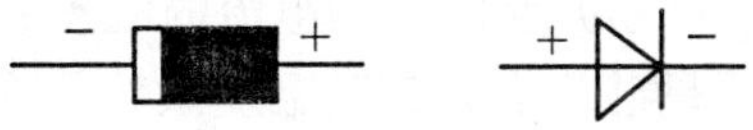

图 2.41　二极管结构及电路符号

1. 二极管的分类

按照结构工艺的不同，二极管可分为点接触型和面接触型。点接触型二极管 PN 结接触面积小，结电容小，适合于高频小电流电路，而且所能承受的反向电压较小。面接触型二极管 PN 结接触面积较大，结电容也大，适合于低频整流电路。

按照制作材料的不同可分为硅二极管和锗二极管。硅管的正向导通压降较高，约为 0.5～0.7 V，反向漏电流小；锗管的正向导通压降比硅管低，约为 0.3 V，但是反向漏电流比硅管大得多，温度稳定性也较差。

按照二极管的作用和功能不同，可分为整流二极管、检波二极管、稳压二极管、开关二极管等。

2. 二极管的主要参数

半导体二极管的参数包括最大整流电流 I_F、反向击穿电压 U_{BR}、最高反向工作电压 U_{RM}、反向电流 I_R、最高工作频率 f_{max} 和结电容 C_j 等。

（1）最大整流电流 I_F。二极管长期连续工作时，允许通过二极管的最大整流电流的平均值。

（2）反向击穿电压 U_{BR} 和最大反向工作电压 U_{RM}。二极管反向电流急剧增加时对应的反向电压值称为反向击穿电压 U_{BR}。为安全考虑，在实际工作时，最大反向工作电压 U_{RM} 一般只按反向击穿电压 U_{BR} 的一半计算。

注：不同的厂家对 U_{RM} 的规定有所不同。

（3）反向电流 I_R。在室温和规定的反向电压下，一般是最大反向工作电压下的反向电流值。硅二极管的反向电流一般在纳安（nA）级；锗二极管在微安（μA）级。

（4）正向压降 U_F。在规定的正向电流下，二极管的正向电压降。小电流硅二极管的正向压降约 0.6～0.8 V，计算时可取 0.7 V；锗二极管约 0.2～0.3 V，计算时可取 0.3 V。大功率的硅二极管的正向压降会随着工作电流的增加而增加。

以上四个参数都是直流参数，或称为静态参数。

（5）动态电阻 r_d。动态电阻的定义为

$$r_d = \left.\frac{\Delta U_F}{\Delta I_F}\right|_Q$$

动态电阻反映了二极管正向特性曲线斜率的倒数。显然，r_d 与正向电流的大小有关，也就是求正向曲线上某一点 Q 的动态电阻，所以动态电阻是一个交流参数。

（6）正向压降温度系数 α_{U_D}。不论是锗管还是硅管，其正向压降温度系数基本上都是一个常数，即

$$\alpha_{U_D} \approx -1.9 \sim -2.5\ \text{mV/°C}$$

正向压降温度系数反映了二极管正向压降随温度变化的规律，具有负温度系数。所以，二极管的正向特性曲线，当温度升高时，会向 Y 轴移动，若正向特性曲线画在第一象限，曲线向左移动。

（7）反向饱和电流的温度系数。反映了二极管反向饱和电流随温度变化的规律，不论锗管还是硅管都具有正温度系数，在数量上基本遵循温度每升高 10 °C，反向饱和电流增加 1 倍的规律。

3. 常用二极管

二极管种类繁多，下面介绍几种常用的二极管。

1）整流二极管

整流二极管是面结型二极管（多采用硅材料制成），利用二极管的单向导电特性将交流信号转化为脉动的直流信号。整流二极管有金属和塑料两种封装形式，二极管的阴极通常会用色圈表示出来。

2）检波二极管

检波二极管是指将调制信号从输入信号中检出来的二极管，通常是点结型二极管（多

采用锗材料制成)。正向压降小，结电容小，频率特性好。检波二极管通常采用玻璃和陶瓷封装。

3）开关二极管

开关二极管主要采用肖特基二极管，其特点是开关速度快。通常用于逻辑运算和小电流励磁等。

4）稳压二极管

利用硅二极管的反向击穿特性，可以制造出稳压二极管。一般的二极管是不允许工作在反向击穿区的，因为反向电流 I_R 大，击穿时的功耗 $P=I_RU_{BR}$ 很大，超过了二极管允许的最大功率损耗，二极管就会被永久性烧毁。稳压二极管的结面积制造得较大，允许功耗较大，只要在击穿时功耗不超过允许值，稳压二极管就不会烧毁，从而起到稳压的作用。

5）发光二极管

当管子加正向电压时，在正向电流激发下，管子发光，属电致发光。常用驱动电路有直流驱动电路和交流驱动电路。在交流驱动电路中，为了避免发光二极管发生反向击穿，通常要反相并联保护二极管。发光二极管是采用特殊材料制成的，体积小，加正向电压（大于开启电压）时发光。具有工作电压低、工作电流小、使用寿命长等优点。根据制造材料的不同，可以发出红、黄、绿三种单色光。发光二极管的外形及电路符号如图 2.42 所示。在使用前，发光二极管的正负极可从引脚长短来识别，长脚为正，短脚为负。

（a）外形

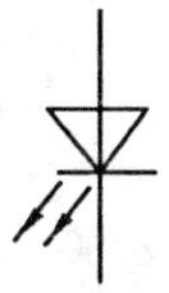

（b）电路符号

图 2.42　发光二极管的外形及电路符号

6）光电二极管

光电二极管是有光照射时，将有电流产生的二极管。利用光电效应工作，PN 结工作在反偏态，当光照射在 PN 结上时，束缚电子获得光能变成自由电子，形成光生电子–空穴对，在外电场的作用下形成光生电流。光电二极管是电路中大量使用的光敏器件。

除了以上介绍的种类外，还有很多其他种类的二极管，如变容二极管、红外线发送（接收）二极管等，此处不再介绍，需要时可以查阅相关资料。

4. 二极管的检测

用万用电表测量二极管时，可选用二极管挡或欧姆 R×1 k 挡。由于二极管具有单向导电性，它的正、反向电阻是不相等的，两者阻值相差越大越好。对于常用的小功率二极管，反向电阻应比正向电阻大数百倍以上。用红表笔接二极管的正极，黑表笔接负极，测得的是反向电阻。反之，红表笔接二极管的负极，黑表笔接正极，测得的是正向电阻。锗二极管的正向电阻一般在 100～1 000 Ω；硅二极管的正向电阻一般在几百欧至几千欧。如果测得它的正、反向电阻都是无穷大，说明该二极管内部已开路；如果它的正、反向电阻均为 0，说明该二极管内部已短路；如果它的正、反向电阻相差不多，说明二极管的性能变差失效。出现以上三种情况的二极管均不能再使用。

三、三极管

三极管是电子产品中的重要元件，它的质量优劣直接关系到电子设备工作的可靠性和稳定性。一般将三极管分为晶体三极管（有时也简称三极管）和场效应管。

1. 晶体三极管

1）晶体三极管外形及电路符号

晶体三极管根据工作原理又称为双极型三极管，内部含有两个 PN 结，具有电流放大功能。晶体三极管有三个电极，分别称为基极（B）、集电极（C）和发射极（E）。利用晶体三极管和一些辅助电路可以构成放大电路。晶体三极管的外形及电路符号如图 2.43 所示。发射极的箭头代表发射极电流的实际方向。

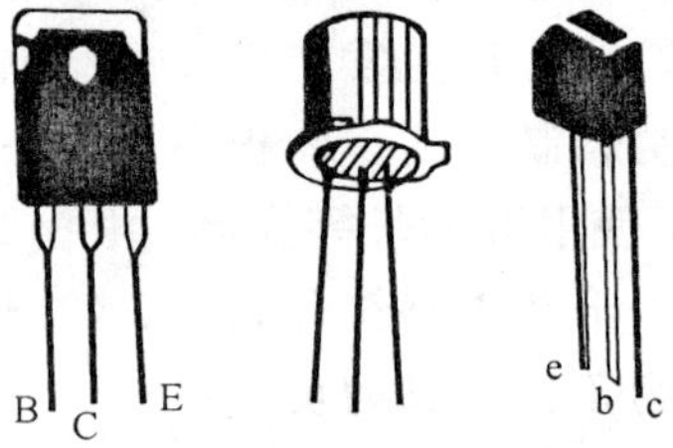

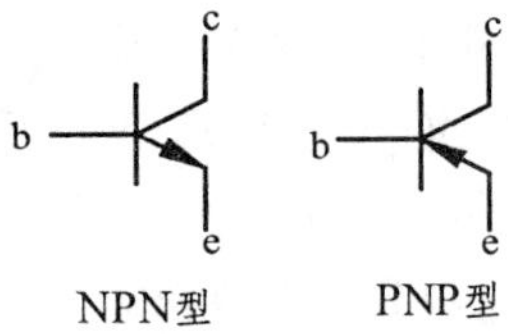

图 2.43 晶体三极管外形及电路符号

2）晶体三极管的分类

晶体三极管的种类很多，按照 PN 结的类型不同可分为 NPN 型和 PNP 型；按照制造材料不同可分为硅管和锗管；按照工作频率不同可分为低频管和高频管；按照功率不同可分为小功率管（小于 1 W）和大功率管（可达几十瓦）。

3）晶体三极管的主要参数

表征三极管特性的参数很多，主要有以下几种：

(1) 电流放大倍数（β）。当集电极电压与电流为规定值时，I_C 与 I_B 之比。

(2) 集电极反向饱和电流（I_{CBO}）。发射极开路，集电极与基极电压为规定值时的集电极电流。

(3) 集-射极反向穿透电流（I_{CEO}）。基极开路，集电极与发射极电压为规定值时的集电极电流。

(4) 集电极的最大允许电流（I_{CM}）。正常工作时，集电极允许流过的最大电流。

(5) 其他参数：

① f_0：特征频率。

② P_{CM}：集电极最大允许耗散功率。

③ U_{CBO}：发射极开路，集电极、基极的击穿电压。

④ U_{CEO}：基极开路，集电极、发射极的击穿电压。

⑤ U_{EBO}：集电极开路，发射极、基极的击穿电压。

4）晶体三极管的检测与代换

(1) 晶体三极管的检测：

① 管脚极性的判断。管脚极性的判断一般采用万用表检测，具体步骤如下：

第一步：首先确定基极。采用指针万用表与采用数字万用表判断方法有所不同。

采用指针万用表：将万用表置于 R×1 k 挡或 R×100 挡，将黑表笔接某一管脚，再用红表笔分别接其余两个引脚，直到出现测得的两个电阻值均很小或者均很大，那么黑表笔所接的引脚即为基极，且如果此时测得的两个电阻值均很小，表明此管为 NPN 型晶体三极管；若两个电阻值均很大，则为 PNP 型晶体三极管。

采用数字万用表：将万用表置于二极管挡，此时分两种情况：对 NPN 型晶体三极管，将红表笔接某一引脚，黑表笔分别连接另外两个引脚，直到两个电压均为 0.7 V（或 0.3 V）为止，则红表笔所接引脚即为基极；对 PNP 型晶体三极管，将黑表笔接某一引脚，红表笔分别接其余两个引脚，直至出现两个电压均为 0.7 V（或 0.3 V），则黑表笔所接引脚为基极。

第二步：确定集电极和发射极。对于小功率管，在确定了基极以及所属类型（NPN 或 PNP）后，分别假定其余两个电极，直接将管脚插入万用表（指针和数字均可）的三极管测量插孔，根据读出的放大倍数的值确定集电极和发射极：两个电极假设正确时，读出的放大倍数值较大，约几十至几百；反之，读出的放大倍数值较小，一般小于二十。

② 质量及性能检测。包括穿透电流的检测和电流放大倍数的检测两部分。

穿透电流的检测：在检查三极管的穿透电流大小时，可采用图 2.44 所示的测量法，图中被测的是 NPN 型三极管。如果是 PNP 型三极管，其测试表笔应与管脚对调。万用电表的量程一般选用 R×100 或 R×1 k 挡，要求测得的电阻值越大越好，对于中功率的锗管，此值应大于数千欧；对于硅管，此值应大于数百千欧。如果所测得的数值过小，说明管子的穿透电流大，管子的性能不好。如果测量时万用电表的表针摇摆不定，说明管子的稳定性很差。如果测得的阻值接近于零，说明管子内部已击穿短路，不能使用。

电流放大倍数的检测：在检查三极管的放大性能β值时，可以采用图 2.45 所示的估测法。如果被测管是 NPN 型，可按此方法测试，如果被测管是 PNP 型，则按虚线方式连接。测量时表针应向右偏转，其偏转角度越大，说明管子的放大倍数β越大。如果加上电阻 R 之后表针变化的角度不大或根本不变，则说明管子的放大作用很差或已经损坏。其 R 的阻值可在 51～100 kΩ范围内选取。也可以利用人手的电阻，用手捏位管子的 c–b 两极，但不要使它们短路，以手的皮肤电阻代替 R。

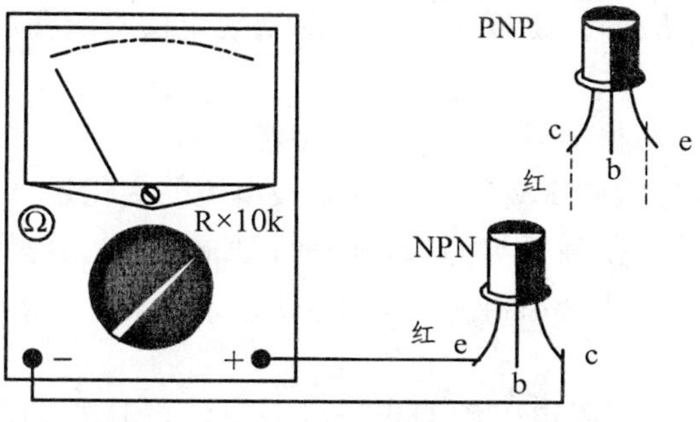

图 2.44　晶体三极管穿透电流的检测

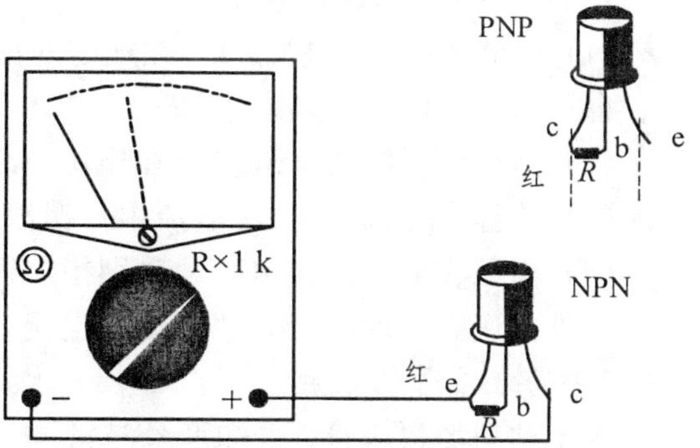

图 2.45　晶体三极管电流放大倍数检测

（2）晶体三极管的代换规则：

① 类型相同。材料相同，即硅管代换硅管，锗管代换锗管；极性相同，即 NPN 管代换 NPN 管。

② 特性相近。代换管的主要参数与原管的参数相近，一般用途的三极管，只要以下主要参数相近即可代换：P_{CM}，I_{CM}，U_{CEO}，f_0。在以上参数中，均要考虑代换管的参数大于或等于原管的参数。对于特殊用途的三极管，还要考虑相应的其他参数，如低噪声三极管等。

③ 外形相似。小功率管外形均相似，只要明确了各个电极的极性，即可代换；大功率管外形差异较大，最好选择与原封装相同的管子，以满足和接近原来的散热条件。

2. 场效应管

场效应晶体管是一种电压控制的单极型（仅有一种载流子参于导电）半导体器件，是一种用输入电压控制输出电流的半导体器件，其输出电流决定于输入信号电压的大小，基本不需要信号源提供输入电流，所以其输入电阻很高，可高达 $10^9\sim10^{14}\,\Omega$。普通双极型晶体管是电流控制器件，需要信号源提供一定的电流才能工作，因而其输入电阻仅有 $10^2\sim10^4\,\Omega$。此外，场效应管还有噪声低、热稳定性好、抗辐射能力强、耗电少等优点，因此被广泛地应用于各种电子线路中。场效应管同样有三个电极，分别称为栅极（G）、源极（S）和漏极（D）。

1）场效应管分类

场效应管主要分为结型场效应管和绝缘栅场效应管（MOS 管），近年又出现了 VMOS 管。VMOS 管的主要特点是功率大，电流可达几十安培。场效应管根据导电沟道的不同，可分为 P 沟道和 N 沟道。常见的一些场效应管的外形及符号如图 2.46 所示。

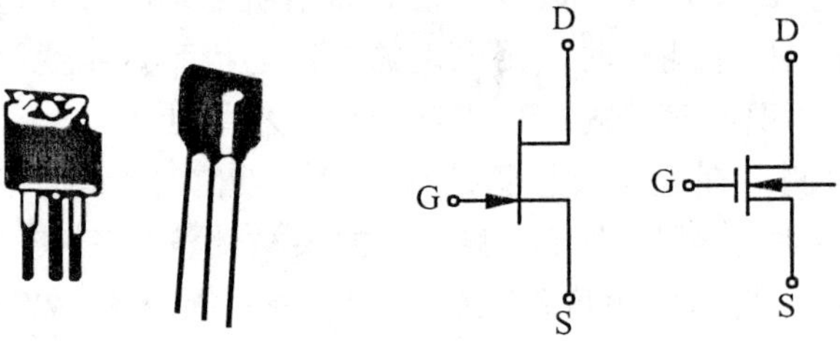

（a）外形　　（b）电路符号

图 2.46　场效应管外形及电路符号

2）场效应管的主要参数

(1) 夹断电压（$U_{GS\,(off)}$）。在规定的漏源电压下，使漏源电流下降到规定值时的栅源电压，也称为开启电压（$U_{GS\,(th)}$）。

(2) 饱和漏极电流（I_{DSS}）。在栅源短路时，漏极能够流过的最大电流。

(3) 跨导（g_m）。在共源电流中，栅源电压每增加 1 V 所引起的漏极电流的变化量。

(4) 栅源和漏源击穿电压。分别指栅极与源极和漏极与源极之间允许加载的最大电压。

此外，还有导通电阻、截至漏极电流等参数，此处不再一一介绍。

3）场效应管的检测

对于结型场效应管，已知型号与管脚，如果用万用电表测 G 与 S 之间、G 与 D 之间没有 PN 结电阻，说明管子已坏。用万用电表的 R×1 k 挡，其表棒分别接在场效应管的 S 极和 D 极上，然后用手碰触管子和 G 极，若表针不动，说明管子不好；若表针有较大幅度的摆动，说明管子可用。MOS 管的检测相对比较复杂，此处不作介绍。

四、晶闸管

晶闸管俗称可控硅，在电路中可作为可控导电开关，以小电流控制大电流。晶闸管动作快，使用寿命长，可靠性好，广泛用于整流、变流、调压、调速、调光、调温等控制电路中。

1. 晶闸管的主要参数

晶闸管的主要参数有额定正向平均电流、维持电流、控制极触发电压电流、反向阻断峰值电压等。

(1) 额定正向平均电流。在规定条件下，阴极和阳极之间允许连续通过的 50 Hz 正弦交流电流的有效值。

(2) 维持电流。在规定条件下，维持晶闸管导通的最小正向电流。

(3) 控制极触发电压电流。在规定条件下，晶闸管导通所需要的最小控制极电压电流值，通常控制电压不超过 10 V，控制电流不超过 1 A。

(4) 反向阻断峰值电压。在规定条件下，控制极开路时允许重复加在器件上的反向峰值电压，按照规定应为最高反向测试电压的 80%。

除了上述主要参数外，还有导通时间、关断时间等参数，如有必要可以查阅相关资料。

2. 常用的晶闸管

目前，应用最多的晶闸管是单向晶闸管和双向晶闸管，其外形及电路符号分别如图 2.47 (a)，(b) 所示。

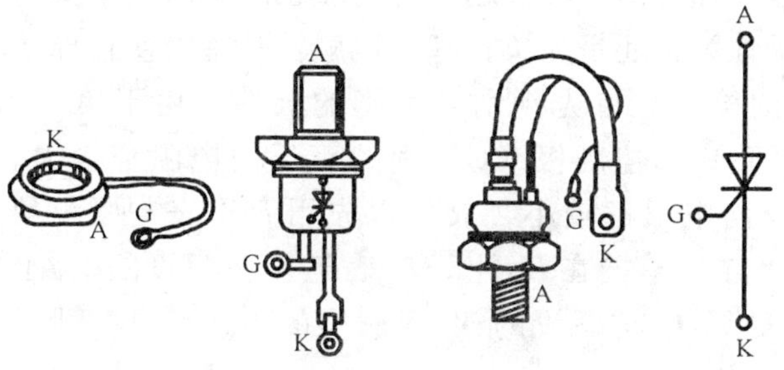

(a) 单向晶闸管外形及电路符号

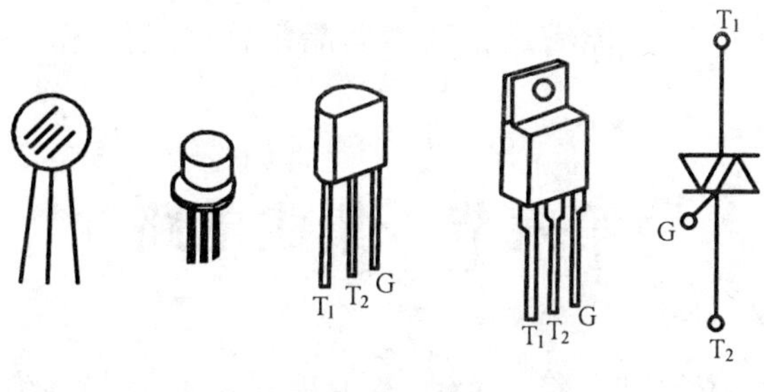

(b) 双向晶闸管外形及电路符号

图 2.47　晶闸管外形及电路符号

1）单向晶闸管

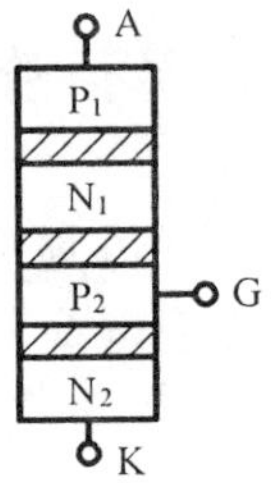

图 2.48　单向晶闸管结构

(1) 单向晶闸管结构如图 2.48 所示，有 3 个 PN 结，由 P_1，N_1，P_2，N_2 四层半导体构成，最外层的 P_1 极和 N_2 极引出两个电极，分别称为阳极（A）和阴极（K），由中间的 P_2 极引出控制极（G）。

单向晶闸管的工作原理：当阳极接反向电压，或阳极接正向电压但是控制极不加电压时，晶闸管均不导通；阳极和控制极同时接正向电压时，晶闸管才导通。晶闸管一旦导通后，控制极就失去控制作用。也就是说晶闸管导通后，不管控制极有没有控制电压，也不管控制电压极性如何，晶闸管始终导通。如果要关断晶闸管，必须在阳极加反向电压或将阳电压降低至某一临界值。

(2) 单向晶闸管的检测。首先判别各引脚的极性：将万用表置于 R×100 挡，分别测量各电极间的正反向电阻。如果测得两引脚间的正反向电阻差别较大，那么测得电阻较小时，黑表笔所接引脚为控制极（G），红表笔所接引脚为阴极，剩下的引脚为阳极（A）。

判别质量：在已知电极的情况下，用万用表 R×10 k 挡测 G–A–K 间的正反向电阻，A–K 间、G–A 间的正反向电阻均为无穷大。测试控制极的控制作用时，需外加控制电压。黑表笔接 A 极，红表笔接 K 极，当有外加控制电压时，测得 A–K 间的电阻阻值变小，测得控制电压后，万用表读数不发生变化，说明控制极工作正常。

2）双向晶闸管

(1) 双向晶闸管的结构：有 4 个 PN 结，由 N_1，P_1，N_2，P_2，N_3 五层半导体构成，相当于两个单向晶闸管反向并联而成。双向晶闸管同样有三个电极，分别为第一阳极（T_1）、第二阳极（T_2）和控制极（G）。

双向晶闸管的工作原理：两个阳极之间无论加正向电压还是反向电压，均可触发导通；控制极无论控制信号极性为正还是为负，都可以触发晶闸管使它导通。

(2) 双向晶闸管的检测。首先判别各引脚的极性：由于第二阳极（T_2）与第一阳极（T_1）以及第二阳极（T_2）和控制极（G）间的正反向电阻都较大，而第一阳极（T_1）与控制极（G）间的正反向电阻都较小，故可以先用万用表判断出第二阳极（T_2）。将万用表置于 R×1 挡，并将红表笔接在 T_2 上，黑表笔接在假设的 T_1 上；保持红表笔与 T_2 相接触，再与 G 相接，如果 T_2 与假设的 T_1 间测得的电阻变小，那么假设正确，T_1 与 G 极就被判别出来了。

质量判断：根据双向晶闸管具有双向触发导通的特点，外加控制电压，判断双向触发特性是否满足晶闸管的特性，若不能满足，则说明晶闸管已经损坏。

第六节　集成电路

集成电路是应用半导体工艺，将一个或多个单元电路及导线制造在一块半导体基片上的固体器件。按功能分为数字集成电路和模拟集成电路。与分立元件电路相比，模拟集成电路具有以下特点：① 电路结构与元件参数具有对称性；② 用有源器件代替无源器件；

③ 采用复合结构的电路；④ 多级放大电路中采取直接耦合方式；⑤ 二极管大都采用晶体管代替。

在电子工艺实习过程中，集成电路的应用是实习的重要组成部分。因此，掌握集成电路的基础知识对于初学者来说是必不可少的。

一、集成电路的分类及命名

集成电路在电路中通常用字母“IC”表示。由于集成电路形式千变万化，所以没有固定的电路符号，通常用一个方框、三角形或圆圈来代表，从上面引出几个管脚并注明管脚号来代表集成电路的引脚。对于某些常用的集成电路，如一些音频放大电路，通常有一定的习惯，也就存在着一些约定俗成的画法。为了看图方便，有的集成电路的电路符号就是它的外形图，如音乐集成电路。几种常用集成电路的外形和电路符号如图 2.49 所示。

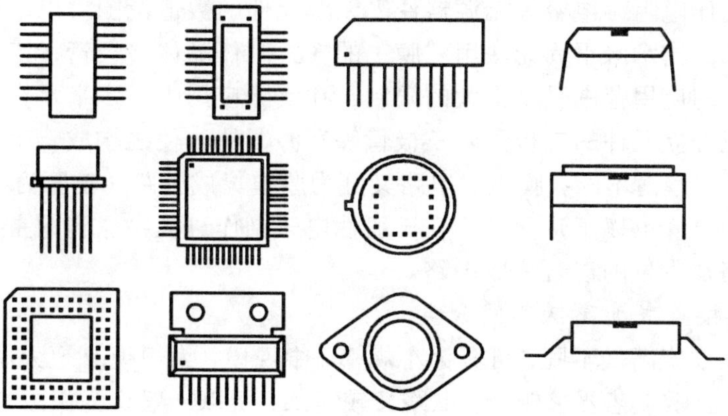

（a）外形

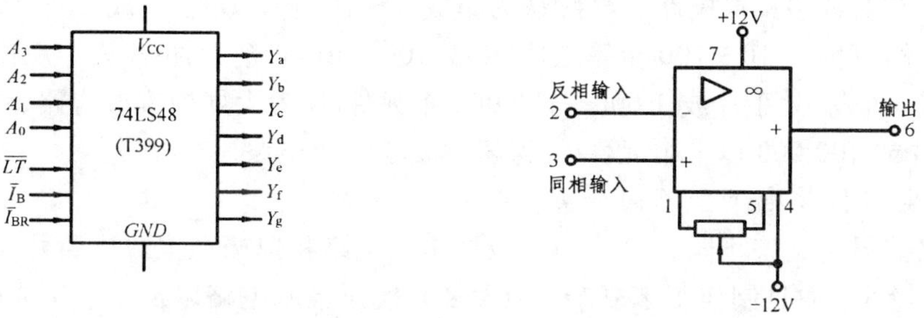

（b）电路符号

图 2.49　常用集成电路的外形及电路符号

1. 集成电路的分类

集成电路的种类非常繁多，常按其集成度、用途和制造工艺不同进行分类。集成电路的集成度通常是指它在一个芯片上集成了多少个元器件，集成元器件越多，集成度就越高。

1）集成电路按其功能不同分类

集成电路按其功能不同，可分为模拟集成电路和数字集成电路两大类。前者用来产生、放大和处理各种模拟电信号；后者则用来产生、放大和处理各种数字电信号。所谓模拟信号，是指幅度随时间连续变化的信号。例如，人对着话筒讲话，话筒输出的音频电信号就是模拟信号；收音机、收录机、音响设备及电视机中接收、放大的音频信号、电视信号，也是模拟信号。所谓数字信号，是指在时间上和幅度上离散取值的信号，例如，电报电码信号，按一下电键，产生一个电信号，而产生的电信号是不连续的。这种不连续的电信号，一般叫做电脉冲或脉冲信号，计算机中运行的信号都是脉冲信号。但这些脉冲信号均代表着确切的数字，因此又叫做数字信号。在电子技术中，通常又把模拟信号以外的非连续变化的信号，统称为数字信号。目前，一般性电子制作中，特别是有单片机控制的制作中，所遇到的电路都是既有模拟信号也有数字信号。

2）集成电路按其制作工艺不同分类

集成电路按其制作工艺不同，可分为半导体集成电路、膜集成电路和混合集成电路三类。半导体集成电路是采用半导体工艺技术，在半导体基片上制作包括电阻、电容、二极管、三极管等元器件并具有某种电路功能的集成电路；膜集成电路是在玻璃或陶瓷片等绝缘物体上，以“膜”的形式制作电阻、电容等无源器件。无源元件的数值范围可以做得很宽，精度可以做得很高。但目前的技术水平尚无法用“膜”的形式制作晶体二极管、三极管等有源器件，因而使膜集成电路的应用范围受到很大的限制。在实际应用中，多半是在无源膜电路上外加半导体集成电路或分立元件的二极管、三极管等有源器件，使之构成一个整体，这便是混合集成电路。根据膜的厚薄不同，膜集成电路又分为厚膜集成电路（膜厚为 1～10 μm）和薄膜集成电路（膜厚为 1 μm 以下）两种。在一般性电子制作过程中遇到的主要是半导体集成电路、厚膜集成电路及少量的混合集成电路。

3）集成电路按集成度高低不同分类

集成电路按集成度高低不同，可分为小规模、中规模、大规模及超大规模集成电路四类。对模拟集成电路，由于工艺要求较高，电路又较复杂，所以一般认为集成 50 个以下元器件为小规模集成电路，集成 50～100 个元器件为中规模集成电路，集成 100 个以上的元器件为大规模集成电路；对数字集成电路，一般认为集成 1～10 个等效门/片或 10～100 个元件/片为小规模集成电路，集成 10～100 个等效门/片或 100～1 000 个元件/片为中规模集成电路，集成 100～10 000 个等效门/片或 1 000～100 000 个元件/片为大规模集成电路，集成 10 000 以上个等效门/片或 100 000 以上个元件/片为超大规模集成电路。

4）集成电路按导电类型不同分类

集成电路按导电类型不同，可分为双极型集成电路和单极型集成电路两类。前者频率特性好，但功耗较大，而且制作工艺复杂，绝大多数模拟集成电路以及数字集成电路中的 TTL，ECL，HTL，LSTTL，STTL 型都属于这一类。后者工作速度低，但输入阻抗高、功耗小，制作工艺简单，易于大规模集成，其主要产品为 MOS 型集成电路。MOS 电路又分为 NMOS，PMOS，CMOS 型。NMOS 型是在半导体硅片上，以 N 型沟道 MOS 器件构成的集成电路，参加导电的是电子。PMOS 型是在半导体硅片上，以 P 型沟道 MOS 器件构成的集成电路，参加导电的是空穴。CMOS 型是由 NMOS 晶体管和 PMOS 晶体管互补构成的集成电路，称为互补型 MOS 集成电路，简写成 CMOS 集成电路。

除上面介绍的各类集成电路之外，现在又有许多专门用途的集成电路，称为专用集成电路，此处不再介绍。

2. 集成电路的命名

我国集成电路的命名方法采用与国际接轨的准则，国标 GB 3430—89 规定集成电路型号由五部分构成，各部分的含义如表 2.15 所示。

第一部分：字母 C 表示中国制造。

第二部分：用字母表示器件的类型。

第三部分：用数字表示器件的系列和代号。

第四部分：用字母表示工作温度范围。

第五部分：用字母表示封装形式。

表 2.15 集成电路命名方法

第一部分		第二部分		第三部分	第四部分		第五部分	
字母	含义	字母	含义	器件的系列和代号	字母	含义	字母	含义
C	中国制造	B	非线性电路	用数字（一般为四位）表示	C	0 °C ~ 70 °C	B	塑料扁平
		C	CMOS		E	−40 °C ~ 85 °C	D	陶瓷直插
		D	音响、电视电路		M	−55 °C ~ 125 °C	F	全密封扁平
		E	ECL		R	−55 °C ~ 85 °C	J	黑陶瓷直插
		F	线性放大器				K	金属菱形
		H	HTL				P	塑料直插
		M	存储器				T	金属圆形
		T	TTL				W	陶瓷扁平
		W	稳压器					
		μ	微处理器					

目前，采用国家标准命名的集成电路在市场上还很少见到。常用的集成电路多为美国 IEC、德国 DIN 或日本 JIS 标准系列。例如，74 系列集成电路大致可分为六大类：

- 74×× (标准型)；
- 74LS×× (低功耗肖特基)；
- 74S×× (肖特基)；
- 74ALS×× (先进低功耗肖特基)；
- 74AS×× (先进肖特基)；
- 74F×× (高速)。

近年来还出现了高速 CMOS 电路的 74 系列，该系列可分为三大类：

- HC 为 COMS 工作电平；
- HCT 为 TTL 工作电平，可与 74LS 系列互换使用；
- HCU 适用于无缓冲级的 CMOS 电路。

74 系列产品，只要后面的标号相同，其逻辑功能和管脚排列就相同。根据不同的条件和要求可选择不同类型的 74 系列产品，如电路的供电电压为 3 V，就应选择 74HC 系列的产品。

二、几种常用的集成电路

1. 集成运算放大器

集成运算放大器是一种高增益的直接耦合放大器，其内部包含数百个晶体管、电阻、电容，体积只有一个小功率晶体管那么大，功耗也仅有几毫瓦至几百毫瓦，但功能很多。它通常由输入级、中间放大级和输出级三个基本部分构成。运算放大器除具有＋、－输入端和输出端外，还有＋、－电源供电端、外接补偿电路端、调零端、相位补偿端、公共接地端及其他附加端等。它的放大倍数取决于外接反馈电阻，使用时很方便。其种类有通用型运算放大器，如μA709，5G922，FC1，FC31，F005，4E320，8FC2，SG006，BG305 等；通用Ⅲ型有 F748，F108，XFC81，F008，4E322 等；低噪声运算放大器，如 F5037，XFC88；低功耗放大器，如 UPC253，7XC4，5G26，F3078 等；高压运算放大器，国产的有 F1536，BG315，F143；高速运算放大器，如国产型号有 F715，F722，4E321，F318，国外的有μA702；还有单电源、电流型、静电型、跨导型、程控型运算放大器等。

2. 稳压集成电路

稳压集成电路又称集成稳压电源，其内部电路形式大多采用串联稳压方式。集成稳压器与分立元件稳压器相比，体积小、性能高，使用简便可靠。集成稳压器的种类有多端可调式、三端可调式、三端固定式及单片开关式集成稳压器。

多端可调集成稳压器精度高，价格低，但输出功率小，引出端多，给使用带来不便。多端可调式集成稳压器可根据需要加上相应的外接元件，组成限流和功率保护。国内外同类产品电路形式有区别，但基本原理相似。国产的有 W2 系列、WB7 系列、WA7 系列、BG11 等。

三端可调式输出集成稳压器精度高，输出电压纹波小，一般输出电压为 1.25～35 V 连续可调。其型号有 W117，W138，LM317，LM138，LM196 等。

三端固定输出集成稳压器是一种串联调整式稳压器，其电路只有输入端、输出端和公共端三个引出端，使用方便。其型号为：W78××表示正电压系列、W79××表示负电压系列。

开关式集成稳压器是一种新的稳压电源，其工作原理不同于上述三种类型，它是由直流变交流再变直流的变换器，输出电压可调，效率很高。其型号有 AN5900，HA17524 等，广泛用于电视机、电子仪器等设备中。

3. 音响集成电路

音响集成电路随着收音机、收录机、组合音响设备的发展而不断开发。对音响电路的要求是多功能、大功率和高保真度。例如，一块单片收音机、录音机电路，就必须具有变频、检波、中放、低放、AGC、功放和稳压等电路。音响集成电路工艺技术不断发展，采用数字传输和处理，使音响系统的各项电声指标不断提高。例如，脉冲码调制录音机、CD 唱机，能使信噪比和立体声分离度变好，失真度减到最小。

音响集成电路按本身的电路功能分有高、中频放大集成电路、功放集成电路、低噪前置放大集成电路、立体声解码集成电路、单片收音机、收录机集成电路、驱动集成电路及特殊功能集成电路。

高、中频放大器集成电路体积小而紧凑，自动增益高，控制特性好，失真小，在收音机、收录机中得到广泛应用。其中，调幅集成电路有 FD304，SL1018，SL1018AM，TB1018 等型号；调频集成电路有 TA7303，TDA1576，LA1165，LA1210，TDA1062 等型号；调幅、调频共用集成电路内设 AM 变频功能、AM 检波功能、FM 鉴频限幅功能；调频立体声接收机专用的立体声解码电路；后期（20 世纪 70 年代以后）产品有 LA3350，LA3361，HA11227，AN7140，BA1350，TA7343P 等型号。单片集成电路已成为世界流行的一种单片音响集成电路。用单片收音机集成电路装配收音机，其成本低，调试方便。其中 ULN2204 型 AM 收音机集成电路，功能齐全，能在 3～12 V 电压范围内工作，类似型号有 HA12402，TA7613，ULN2204A 等。

特殊功能集成电路有显示驱动电路、电动机稳速电路、自动选曲电路及降噪电路等。其中双列 5 点 LED 电平显示驱动集成电路可同时驱动 10 只发光二极管，它是中高档收录机、收音机、CD 唱机等音响设备中，用来作音量指示、交直流电平指示、交直流电源电压指示的常用集成电路。例如，我国生产的 SL322，SL325 等型号，国外的 LB1405，TA7666P 型号等。6、7、9 点 LED 电平显示驱动集成电路的型号有 SL326，SL327，LB1407，LB1409 等。

特殊功能的集成电路除上述外，还有自动选曲集成电路、降噪集成电路等。例如，有 NE464，LM1101，LA2730，μPC1180，HA12045，HA12028 等型号，有的电路型号具有一定的兼容性。

4. CMOS 集成电路

在数字集成电路中，我们只简单介绍 MOS 数字集成电路中的 CMOS 电路。因为在一些小制作中，CMOS 集成电路用得比较广泛。

1）CMOS 集成电路的特点

CMOS 电路的结构、制作工艺不同于 TTL 电路。CMOS 集成电路的功耗很低，一般小规模 CMOS 集成电路的静态平均功耗小于 10 μW，是各类实用电路中功耗最低的。例如，TTL 集成电路的平均功耗为 10 mW，是 CMOS 电路的 10 倍。但 CMOS 集成电路的动态功耗随工作频率的升高而增大。

CMOS 电路的输入特性用输入电流和输入电容表示，由于电路的输入电阻很高，输入电流一般小于 0.1 μA；输入电容是各种杂散电容的总和，一般在 5 pF 左右。

CMOS 电路的输出特性取决于输出线路形式和输出管的特性参数。大多数 CMOS 电路可用输出驱动电流、逻辑电平及状态转换时间来表示输出特性。

2）CMOS 集成电路的类型

CMOS 集成电路的类型很多，但最常用的是门电路。

CMOS 集成电路中的逻辑门有与门、或门、非门、与非门、或非门、异或门、同或门、施密特触发门、缓冲器、驱动器等。

三、集成电路的引脚识别及质量判别

1. 常用集成电路的封装及引脚识别

常用集成电路的封装均有方向标示（如用缺口或圆点等标明），然后按照逆时针方向对集成电路芯片管脚依次进行管脚编号。常用集成电路的封装及特点如表 2.16 所示。

2. 集成电路质量判别

集成电路的质量判别通常采用电压法和替换法。

1）电压法

分别测量集成电路各引脚的对地电压，与电路图或其他资料提供的参考电压相比较，若差别较大，外围电路又无损坏，则说明该集成电路已经损坏。

2）替换法

将相同型号的集成电路作替换试验，如果替换后电路恢复正常，说明原集成电路已经损坏。

表 2.16　常用集成电路封装及引脚识别

名　称	封装及引脚识别	特点及应用
双列直插 DIP，SDIP，DIPtab	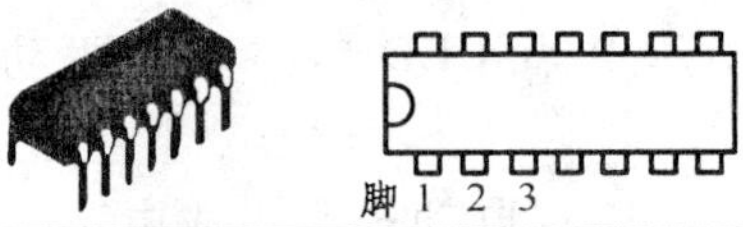	塑封成本低，应用广泛；陶封耐高温，成本高
单列直插 SIP，SSIP，SIPtab	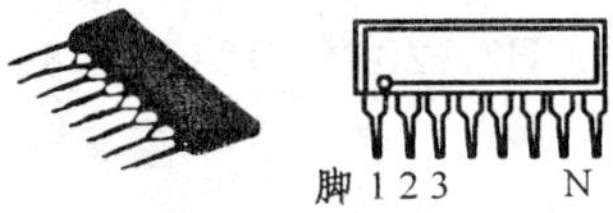	成本低且安装方便，大量用于民品
金属圆形 TOP-99	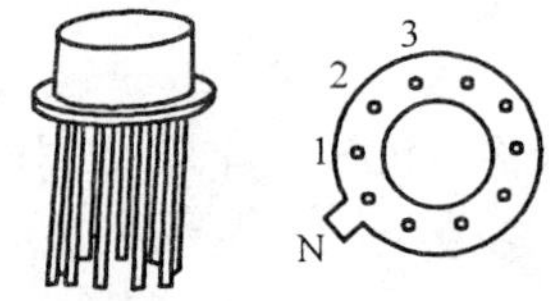	成本高，散热，屏蔽好，可靠性高，用于高端产品
功率塑封 ZIP		散热好，用于大功率器件
双列表面安装 SOP，SSOP	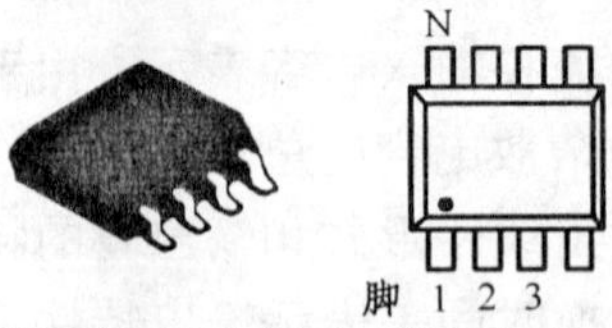	体积小，用于微型化产品
扁平矩形 QFP，SQFP	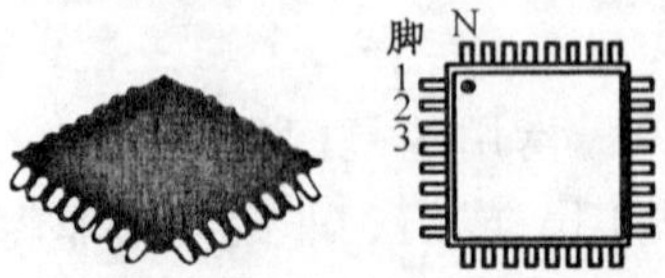	引脚多，用于大规模集成电路，如 CPU

四、使用集成电路注意事项

1. 正确选择工作电压及其极性

任何集成电路都有其对应的工作电压，电路原理图中通常不会标出，但在使用时必须正确接入电源电压，集成电路才能正常工作。在选择工作电压时，一定要注意不能超过电压的正常范围。以 CMOS 为例，选择时需要考虑以下问题:

1）工作电压极性的考虑

在使用 CMOS 集成电路时，工作电压的极性必须正确无误，如果颠倒错位，在电路的正负电源引出端或其他有关功能端上，只要出现大于 0.5 V 的反极性电压，就会造成电路的永久失效。

2）输出电压幅度的考虑

电路工作时，所选取的电源工作电压高低与电路输出电压幅度大小密切相关。由于 CMOS 集成电路输出电压幅度接近于电路的工作电压值，因此供给电路的正负工作电压范围可略大于电路要求输出的电压幅度。

3）电路工作速度的考虑

CMOS 集成电路的工作电压选择，直接影响电路的工作速度。对 CMOS 集成电路提出的工作速度或工作频率指标的要求往往是选择电路工作电压的因素。如果降低 CMOS 集成电路的工作电压，必将降低电路的速度或频率指标。

4）输入信号大小的考虑

工作电压将限制 CMOS 集成电路的输入信号的摆幅，对于 CMOS 集成电路来说，除非对流经电路输入端保护二极管的电流施加限流控制，输入电路的信号摆幅一般不能超过供给电压范围，否则将会导致电路损坏。

5）电路功耗的限制

CMOS 集成电路所选取的工作电压越高，则功耗就越大。但由于 CMOS 集成电路功耗极小，所以在系统设计中，功耗并不是主要考虑的设计指标。

2. 输入端和输出端使用规则

通常集成电路的所有管脚不会全部都使用，这时就需要对输入、输出管脚进行相应的处理。输入、输出管脚的使用规则仍以 CMOS 为例进行说明。

1）输入端的保护方法

在 CMOS 集成电路的使用中，要求输入信号幅度不能超过正负电源电压 $V_{DD}\sim V_{SS}$。输入信号电流绝对值应小于 10 mA。如果输入端接有较大的电容 C 时，应加保护电阻 R。

2）多余输入端的处理

CMOS 集成电路多余输入端的处理比较简单，下面以或门和与门为例进行说明。或门（或非门）的多余输入端应接至 V_{SS} 端；与门（与非门）的多余输入端应接至 V_{DD} 端。当电源稳定性差或外界干扰较大时，多余输入端一般不直接与电源（地）相连，而是通过一个上拉（下拉）电阻再与电源（地）相连，R 的阻值约为几百千欧。另外，采用输入端并联的方法来处理多余的输入端也是可行的。但这种方法只能在电路工作速度不高、功耗不大的情况下使用。

3）多余门的处理

在一般使用中，可将多余门的输入端接 V_{DD} 或 V_{SS}，而输出端可悬空不管。当用 CMOS 集成电路来驱动较大输入电流的元器件时，可将多余门按逻辑功能并联使用。

4）输出端的使用方法

在高速数字系统中，负载的输入电容将直接影响信号的传输速度，在这种情况下，CMOS 集成电路的扇出系数一般取 10～20。此时，如果输出能力不足，通常的解决方法是选用驱动能力较强的缓冲器（如四同相/反相缓冲器 CC4041），以增强输出端输出电流的能力。

3. 注意集成电路技术说明书

使用模拟集成电路前要仔细查阅它的使用说明书以及典型的应用电路，注意外围元件的配置，确保电路符合规范。

4. 注意使用温度

集成电路的使用温度范围一般在－30 °C～85 °C 之间，使用时应远离发热源。

5. 手工焊接要求

采用手工焊接时，集成电路应最后焊接，且不能使用大于 45 W 的电烙铁，每次焊接持续时间不能超过 10 s。

由于 CMOS 电路的输入阻抗高，栅极容易被静电感应电压击穿，在焊接时最好将电烙铁头接地，或者拔下插头，利用余热进行焊接。存放时也要注意，不要接近一些容易产生静电的材料，有条件的最好用金属盒保存。

当使用线性集成电路时，一般还应做如下工作：

（1）参数测试。制造厂家在线性集成电路出厂前都进行过测试，并将各种参数列于产品样本中。根据需要可查阅这些资料，了解线性集成电路的性能和指标，但是这些参数只是典型数据。为了缩短所设计的装置的调试时间，在集成电路安装使用之前，常对其主要参数进行测试。测试电路和方法可参阅有关资料。

（2）调零。线性集成电路存在着失调电压和电流。当输入信号为零，而输出不为零时，应调节外加的调零电位器，使输出也为零。

（3）消除自激。线性集成电路是一个高增益、多级直接耦合放大电路。在应用中若引入较深的负反馈，往往容易引起自激，使电路不能正常工作。所以在应用中要对电路进行适当的频率补偿和相位补偿，以消除自激，使电路闭环时能稳定工作。补偿元件做在集成块中的称为内补偿型集成电路，而外加补偿元件的称为补偿型集成电路。

（4）保护措施：

① 输入保护。在一些应用电路中，如比较器、方波发生器等电路，会使集成电路输入端承受过高的差模输入电压，为此在输入端应加入限幅电路。

② 输出保护。由于负载变化或其他原因使集成电路的输出电流过大时，常引起集成块的损坏，因此输出要采用保护措施。保护电路可查阅有关资料，学生可根据所学知识进行分析。

习　　题

2.1　电阻器的命名方法有哪几种？
2.2　色环电阻怎样判断哪端是第一环？
2.3　不同功率电阻之间是否可以互换？为什么？
2.4　如何选用不同种类的电位器？
2.5　电容在选择时应注意哪些问题？
2.6　电解电容极性应该怎样判别？电解电容和介质电容之间是否可以代换？
2.7　如何判断二极管的好坏？
2.8　怎样判断三极管的管脚极性？
2.9　如何用万用表判断场效应管的电极？
2.10　不同型号的集成电路是否可以互换？
2.11　使用集成电路时应注意哪些问题？

第三章　读电子电路图的一般方法

电子电路是由电子元器件及导线组成的具有特定功能的电路，是电子设备的重要组成部分。用电子元器件的图形符号表示电子元器件，用连线表示导线，就形成了对应的电子电路原理图。电子电路图包含组成的元器件及其参数以及电路所具有的功能和性能指标。读电子电路图就是通过对电子电路的分析，确定其所实现的功能。读图的过程就是电子电路综合知识的应用过程和积累过程。

根据电子电路处理信息的不同，可以将电子电路分为模拟电路和数字电路两大类。模拟电路是用于产生和处理模拟信号的电路，数字电路是用于产生和处理数字信号的电路。下面将从这两个方面介绍电子电路图的读图方法。

第一节　模拟电路图

模拟电路研究的是输出信号与输入信号之间的幅值、相位等参数的变化，以及元器件的损耗等问题。模拟电路主要包含信号放大、滤波、存储等基本单元。

一、读模拟电路图的一般步骤

读图的能力体现了对所学电子技术知识的综合应用能力，通过读图，可以提高对电路的评价和系统集成等能力。

电路图主要由元件符号、连线、节点、注释四大部分组成。

（1）元件符号。表示实际电路中的元件，它的形状与实际的元件不一定相似，甚至完全不一样；但是它一般都表示出了元件的特点，而且引脚的数目都和实际元件保持一致。

（2）连线。表示的是实际电路中的导线，在原理图中虽然是一根线，但在常用的印刷电路板中往往不是线而是各种形状的铜箔块，就像收音机原理图中的许多连线在印刷电路板图中并不一定都是线形的，也可以是一定形状的铜膜。

（3）节点。表示几个元件引脚或几条导线之间相互的连接关系。所有与节点相连的元件引脚、导线，不论数目多少，都是导通的。

（4）注释。注释在电路图中是十分重要的，电路图中所有的文字都可以归入注释一类。仔细观察电路图就会发现，在电路图的各个地方都有注释存在，用来说明元件的型号、名称等。

分析电路图时，首先将整个电路分解成具有独立功能的几个部分，先弄清每一部分电路的工作原理和主要功能，再分析各部分功能电路的联系，从而得出整个电路的功能及特点，必要时还需要进行定量估算。为了分析方便可以借助计算机辅助软件。

模拟电路读图的一般步骤如下：

1. 了解用途

了解所读电路的使用场合及用途，对于分析整个电路的工作原理非常重要，是分析电路的首要任务。

2. 化整为零

根据所读电路的用途，可以将整个电路图按照功能的不同进行划分。各部分电路跟整个电路相比，相对较简单，有利于分析出各部分电路的功能。功能电路怎样划分，划分为多少，与电路的复杂程度以及读者所掌握的电子技术知识水平及读图经验有关。

一般情况下，模拟电子电路主要分为信号处理电路、波形产生电路和供电电源电路。因此，可以按照这种方式先对电子电路进行划分。其中信号处理电路是最主要，也是电路形式最多的部分，而且不同的电路对信号处理的方式和要求均不相同，通常又包括放大、滤波、转换等环节，可以按照这些不同的功能模块将信号处理电路继续划分为更小的功能电路，以便分析。

3. 对照基本电路分析各功能电路

沿着信号的主要通路，以有源元件和集成电路为中心，对照基本单元电路将每个功能电路都仔细进行分析，得出其功能。基本电路及其分析方法在后面会专门讲解。

4. 找出信号通道，画出框图

分析了各功能电路块后，将每部分功能电路用框图表示，并进行简要的描述，然后沿着信号的流向，根据各功能块之间的联系将框图连接起来，得到整个电路的框图。通过框图就可以很容易地看出整个电路功能的实现过程，从而分析出电路的性能特点。

5. 分析功能，估算指标

有了整个电路的框图，可以定性地分析整个电路的功能。如果有必要，还应对各功能电路进行定量估算，从而得出整个电路的性能指标。从估算过程还可知道每一个功能电路是怎样实现的，为调整和改进电路打下基础。

二、基本电路及分析方法

1. 基本电路及其特点

为了能够更好地分析模拟电路，在熟练掌握元器件知识的基础上，还必须熟练掌握一些基本电路及其分析方法。下面介绍一些基本的电路及其特点。

1）基本放大电路

由半导体器件构成的基本放大电路主要有以下几种：

（1）共射放大。其特点是电压放大倍数高，适合于小信号电压放大，但是输入电阻较小，输出电阻较大，带负载能力较差。

（2）共集放大（又称射极跟随器）。其特点是输入电阻大，输出电阻小，带负载能力强，适合于作输入级、输出级和缓冲级；电压放大倍数小于且近似等于 1。

（3）共基放大。其特点是信号频带宽，适用于作宽频带放大电路。

（4）共源放大。其特点是电压放大倍数大，输入电阻很大，适合于小信号电压放大。

（5）共漏放大。其特点是输入电阻很大，输出电阻很小，适合于作输入级和输出级。

（6）差分放大。其特点是有两个对称的输入端，温漂小，适合于作集成运放的输入级。

（7）互补输出。其特点是输出电阻小，能双向跟随，适合于作集成运放的输出级和功率放大。

2）运算电路

运算电路的特点是以集成运放为组成核心，与外围电路组合引入深度负反馈后，可实现反相比例运算、同相比例运算、加减运算、微积分运算、乘法运算、对数运算以及指数运算等。

3）有源滤波电路

根据滤波性能的不同，有源滤波电路可分为：

（1）低通滤波电路。其特点是通过低频信号，抑制高频信号；减少直流信号的的脉动，提高低频信号的信噪比。

（2）高通滤波电路。其特点是通过高频信号，抑制低频信号；减少放大电路的漂移成分，提高高频信号的信噪比。

（3）带通滤波电路。其特点是通过一定频率范围的信号，抑制其他频率的信号；从混合频率信号中检出有用信号。

（4）带阻滤波电路。其特点是抑制一定频率范围的信号，其余频率的信号能顺利通过，抑制噪声、干扰信号通过。

4）正弦波发生电路

根据电路结构的不同，正弦波发生电路可分为：

（1）*RC* 桥式振荡电路。其特点是输出波形好，振荡频率可调范围宽，用于产生 1 Hz～1 MHz 的正弦波。

（2）变压器反馈振荡电路。其特点是放大电路与反馈网络耦合不紧密，用于产生几千赫至几十兆赫的正弦波。

（3）电容反馈振荡电路。其特点是输出波形好，用于产生几千赫至几十兆赫固定频率的正弦波。

（4）石英晶体振荡电路。其特点是振荡频率非常稳定，用于产生 100 kHz 至几百兆赫固定频率的正弦波。

5）非正弦波发生电路

根据波形的不同，非正弦波发生电路可分为：

（1）矩形波发生电路。其特点是由 *RC* 回路和滞回比较器组成，产生脉冲信号。

(2) 三角波发生电路。其特点是由积分电路和滞回比较器组成，产生三角波-方波电压，用于延时和定时，作为函数发生器的基本组成部分。

(3) 锯齿波发生器。其特点是由积分电路和滞回比较器组成，产生锯齿波-矩形波电压，用于单向的延时和定时。

6）电压比较器

根据比较性能的不同，电压比较器可分为：

(1) 单限电压比较器。其特点是只有一个电压阈值，可作为基本的开关电路。

(2) 滞回电压比较器。其特点是输入电压正、负方向的阈值电压不同，具有抗干扰能力；用于抗干扰开关电路，作为非正弦波发生器的组成部分之一。

7）功率放大电路

根据电路结构的不同，功率放大电路可分为：

(1) OTL（无输出变压器功率放大器）。其特点是单电源供电，需加输出电容，低频特性较差。

(2) OCL（无输出电容的功率放大器）。其特点是双电源供电，低频特性较好。

(3) BTL（桥式无变压器放大器）。其特点是单电源供电，低频特性好，效率比 OTL、OCL 低。

8）线性直流稳压电源

线性直流稳压电源一般由桥式整流电路、滤波电路、稳压电路构成。桥式整流电路将交流电源进行全波整流，得到脉动的直流电压；滤波电路起到减小直流电压脉动的作用，通常采用电容滤波电路；稳压电路使输出直流电压保持恒定的作用，通常采用集成三端稳压电路，如 W78××（稳定正压）和 W79××（稳定负压）系列。

2. 基本电路分析方法

1）小信号模型法

在分析基本放大电路的参数指标时，可建立放大电路的小信号模型（即微变等效电路），然后根据小信号模型估算放大电路的动态参数指标。

2）集成运放应用电路的识别方法

集成运放与外电路配合，在引入了深度负反馈后，构成基本运算电路。分析时，根据“虚断”和“虚短”的概念，利用电路的基本分析方法即可得出其运算规则；集成运放引入负反馈可构成滤波电路，在此基础上再引入正反馈，就构成压控有源滤波电路；集成电路若处于开环或仅引入正反馈，构成电压比较器，起到开关的作用；由电压比较器又可以构成波形发生电路。

3）反馈类型的判断方法

电子电路总会引入很多的反馈，反馈的极性（正、负反馈）判别通常采用瞬时极性法。反馈的类型较多，有电压反馈和电流反馈，串联反馈和并联反馈，交流反馈和直流反馈等。电压反馈还是电流反馈，主要通过反馈信号是与输出电压还是与输出电流成正比来判断；串联反馈还是并联反馈，主要通过反馈信号与输入信号的连接方式来判断；交流反馈还是直流反馈，主要通过反馈信号的性质来判断。

4）电压比较器的分析方法

分析电压比较器，就是求输出电压的正负饱和值、阈值电压，以及输出电压在输入电源过阈值时的跃变方向。

5）波形发生电路的分析方法

分析波形发生电路主要是看振荡能否产生。对于正弦波发生电路，主要看电路是否满足正弦波振荡的相位和幅值条件，如果满足则正弦波产生电路正常。对于非正弦波发生电路，首先假设比较器初始状态，分析电路能否振荡。

6）功放电路的分析方法

首先分析功放电路输出的最大功率，输出最大不失真电压在负载上能够获得的最大交流功率。其次分析电源的平均功率，输出最大功率时，电源输出的平均电流与电源电压的乘积即为电源的平均功率。最后分析功放电路的转换效率，输出最大功率与电源平均功率的比值即为转换效率。

7）直流稳压电源的分析方法

直流稳压电源由整流电路、滤波电路和稳压电路组成。分析时，对每一部分都要进行分析，得出其主要的参数。

三、模拟电路读图举例

为了能够更好地掌握模拟电路的读图方法，下面通过两个实例来进行介绍。

1. 12 V 直流稳压电源

典型的 12 V 直流稳压电源电路如图 3.1 所示。其电路具体分析步骤如下：

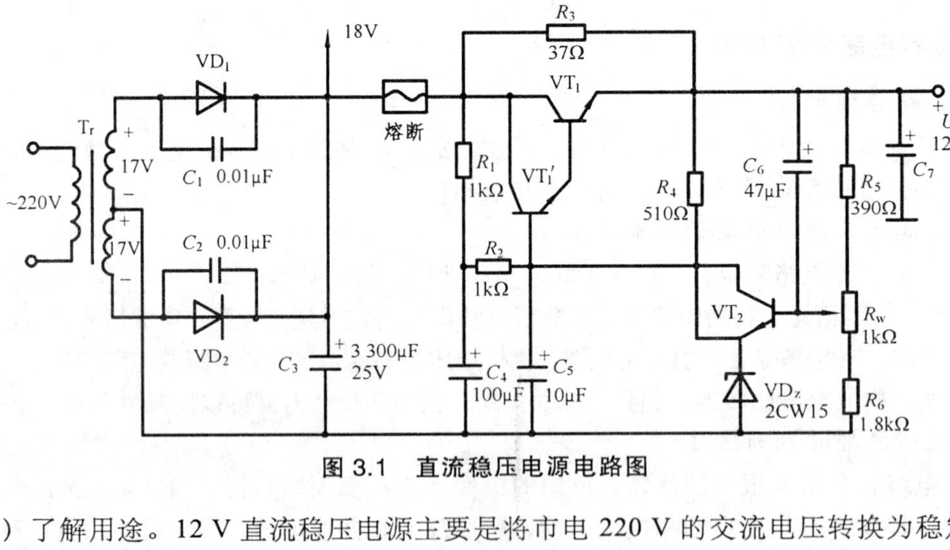

图 3.1 直流稳压电源电路图

（1）了解用途。12 V 直流稳压电源主要是将市电 220 V 的交流电压转换为稳定输出的 12 V 直流电压。

（2）化整为零。电源电路主要可以分为变压电路、整流滤波电路、稳压电路三个部分。接着按照这三个功能块分别进行分析。

（3）对每个功能块进行分析。变压电路是通过电源变压器 Tr 实现的，它将市电电压变为需要的两组 17 V 的电压。

整流滤波电路采用的是全波整流及电容滤波方式，对照基本电路很容易就可以知道其功能。整流二极管两端并联 0.01 μF 电容，可以起到减小整流管峰值电压的作用，避免出现调制交流声。另外，电阻 R_3 称为启动电阻，功率较大。主要作用有：① 开机时的启动作用；② 直流电源输出短路时可以作为整流电路的负载，可以限制整流管的电流，保护整流管；③ 作为调整管 VT_1 的分流电阻，减小调整管的功耗，保护调整管。

稳压部分是典型的复合调整管串联稳压电路。电容 C_6 起到提高控制能力的作用，若输出电压有ΔU 的变化，如果没有电容 C_6，那么ΔU 经过 R_5，R_6 和 R_W 分压后才加到 VT_2 的基极，属于不完全反馈；加了电容 C_6 以后，由于电容两端的电压不能突变，ΔU 全部加在了 VT_2 的基极，提高了对输出电压的控制能力，稳定了输出电压。电容 C_5 与复合管构成电子滤波器，采用较小的电容就能达到较好的滤波效果，也起到稳定电压的作用。

（4）画出功能框图。根据各功能块画出功能框图如图 3.2 所示。

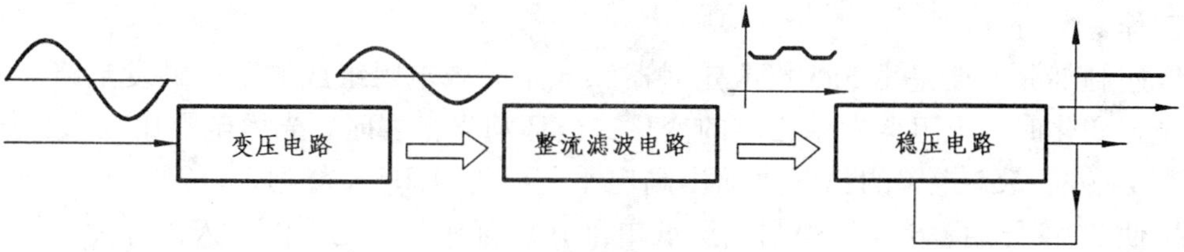

图 3.2　直流稳压电源框图

（5）对整个电路的分析。首先电源变压器将市电电压转换为电路能够处理的 17 V 交流电压，经过全波整流和电容滤波后变为约 18 V 的脉动直流电压，再经过稳压和滤波以后输出稳定的 12 V 直流电压。

2. 具有自锁功能的自动走廊灯

具有自锁功能的自动走廊灯的电路原理图如图 3.3 所示。电路的具体分析过程如下：

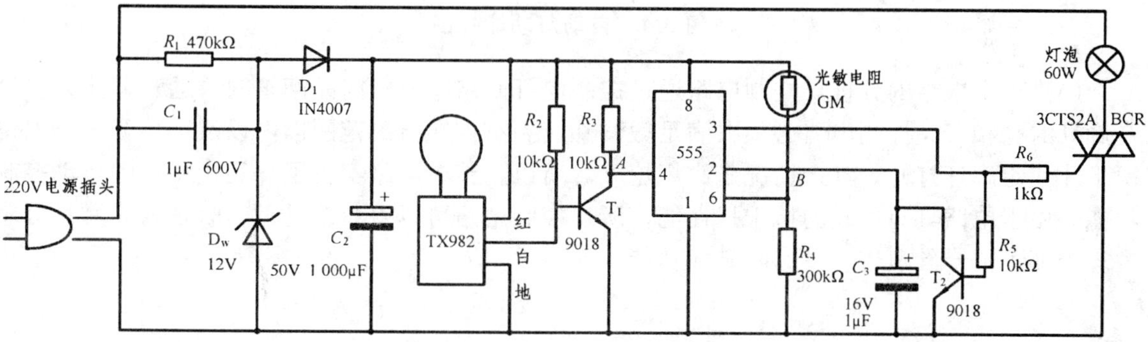

图 3.3　自动走廊灯原理图

（1）了解用途。自动灯在有人经过时自动点亮，人走后又能自动熄灭，白天停止工作，既方便节能，又兼有防盗阻吓功能。

（2）化整为零。从大的方面来看，整个电路可分为电灯电路和控制电路两个部分，控制电路部分又可分为控制电源、微波感应控制、光敏控制三个部分。

（3）对各功能块进行分析。电灯回路比较简单，在普通的电灯回路中加了一个双向可控晶闸管，利用控制回路控制电灯的亮和灭。

控制电源部分由 C_1，C_2，R_1，D_W，D_1 组成典型的电容降压电路，提供稳定的＋11 V 直流电压。

微波感应控制电路主要由集成模块 TX982 构成。TX982 是微波感应控制模块，它利用微波多普勒技术，在一定的空间内建立微电场，当有人或活动物体进入电场时会反射回波，经电子线路混频后检测出极微弱的移频信号，此信号经智能处理后，可输出控制信号。由于采用了微波检测专用微处理器，所以能够对输入信号进行脉频和脉宽处理，因而对小体积动物、远距离的树木、高频通讯信号、远距离的闪电和电器开关时的干扰予以排除，是以往红外线、超声波、热释电元件组成的检测电路和常规的微波电路所无法比拟的，在实际使用中误报率极低。当微波电路检测到有人在监控范围内活动时，微波感应控制模块的输出端输出下拉电平，使 T_1 管截止，A 点从低电平变成高电平，由 555 电路组成的光控电路开始工作。

光敏控制部分主要是由 555 集成定时器和一个光敏电阻组成的单稳触发电路。光敏电阻在环境光强变化时，电阻会发生相应的变化。当环境光很弱时，光敏电阻比较大，与 R_4 的分压点低于 $V_{CC}/3$，555 电路的第 3 脚输出高电平，可控硅 BCR 导通，灯泡发光，同时第 3 脚的高电平使 T_2 管导通，B 点被强制拉至低电平，只有在监控范围内的人离开后，微波感应控制模块的输出端内部的三极管截止，T_1 管经 R_2 偏置处于导通状态，A 点电位处于低电平，555 电路被复位，第 3 脚变成低电平，灯光熄灭，T_2 管截止，电路退出自锁状态，准备进入下一个工作循环。

（4）画出功能框图。按照功能块画出功能框图，如图 3.4 所示。

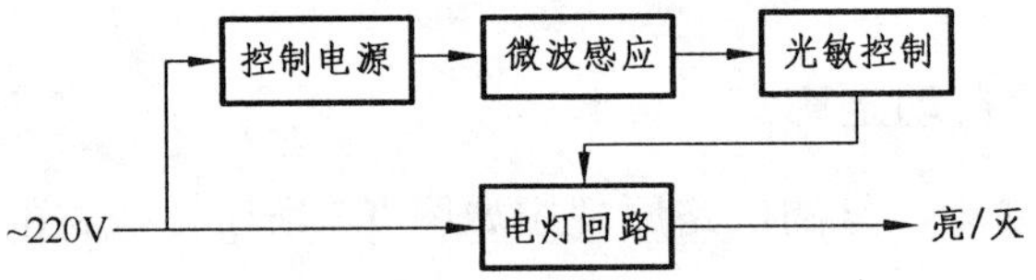

图 3.4　自动灯功能框图

（5）整个电路的分析。控制电路通过控制电灯回路中的双向晶闸管的导通和截止来控制走廊灯的亮和灭。控制电路必须在满足微波感应到有人在检测范围以内以及环境光较弱的情况下才使走廊灯打开，其余情况走廊灯熄灭。所以，整个电路实现了夜间走廊灯的自动控制功能。由于电路具有优越的抗干扰性能，所以控制电路可以安装在常见的吸顶式走廊灯灯罩内，外部不留一丝痕迹，具有防破坏功能。

第二节　数字电路图

一、读数字电路图的一般步骤

数字电路研究的是输出信号的状态与输入信号的状态之间的逻辑关系。读数字电路图，就是要对给定的数字电路进行逻辑分析，确定其功能。因此，数字电路的读图方法除了考虑模拟电路读图的基本步骤外，还要考虑数字电路自身的一些特点：

（1）弄清数字电路的类型，是组合逻辑电路还是时序逻辑电路，针对不同类型的电路采用不同的分析方法。

（2）重点了解数字集成电路的功能及管脚功能，结合外围电路进行功能分析。

二、基本电路及分析方法

1. 基本电路

与模拟电路类似，数字电路也有一些基本的电路。为了分析数字电路图，必须掌握这些基本电路的功能及特点。

1）基本门电路

基本门电路包括与门、或门、非门、与非门、或非门、同或门、异或门和三态门等。每种门电路都能实现一种基本的逻辑功能。

2）常用中规模集成组合逻辑电路

（1）全加器。全加器能够实现多位的二进制数相加求和的功能。有 4 位二进制加法器、8 位二进制加法器等。

（2）编码器。编码器能够实现编码的功能，它是多输入多输出的组合逻辑电路。有二进制编码器、二–十进制编码器（8421BCD 码）等。

（3）译码器。译码是编码的逆过程，也是多输入多输出组合逻辑电路。有 2–4 线译码器、3–8 线译码器等。

（4）数据选择器。数据选择器又称多路选择器，在数据选择端的作用下，能够实现在多路输入数据中选择一个数据并送至输出端的功能。有 4 选 1 数据选择器、8 选 1 数据选择器等。

（5）数据分配器。数据分配器在通道选择端的作用下，可以实现将一个数据传送给多个输出端之一的功能。

3）常用触发器

（1）*JK* 触发器。*JK* 触发器又分为主从型 *JK* 触发器和边沿触发型 *JK* 触发器。主从型 *JK* 触发器是在时钟 $CP=1$ 时读入 *JK* 端的输入信息，在时钟 *CP* 下降沿时触发器的状态发生改变；边沿触发型 *JK* 触发器是在时钟 *CP* 上升沿（或者下降沿）时读取 *JK* 输入端的信息，同时发生状态改变。

（2）*D* 触发器。*D* 触发器是边沿触发器，状态的改变仅取决于时钟 *CP* 上升沿或下降沿时输入信号的状态，与其余时刻的输入状态无关。

4）寄存器

寄存器由若干个触发器组成，具有寄存数码功能，又分为数码寄存器和移位寄存器。移位寄存器在移位脉冲的作用下，能够把寄存器中的数据依次向左或者向右移动。

5）计数器

计数器是由若干个触发器构成的一种时序电路，它按照预定的顺序改变电路内各触发器的状态，来表示输入脉冲的个数。可以用来计数、定时、分频等。有二进制计数器、十进制计数器等。

6）接口电路

(1) A/D 转换器。将模拟信号转换成数字信号。

(2) D/A 转换器。将数字信号转换成模拟信号。

7）波形产生电路

(1) 555 定时器。将模拟电路和数字电路功能巧妙结合的一种集成电路。其应用极为广泛，使用灵活，只需要少量的阻容元件即可构成单稳态触发电路、多谐振荡器和施密特触发器。

(2) 多谐振荡器。多谐振荡器是具有两个暂稳态的振荡电路，是产生矩形波的自激振荡器。由于矩形波包含基波和高次谐波等较多的谐波成分，故称为多谐振荡器。多谐振荡器又分为门电路构成的环形多谐振荡器和石英晶体多谐振荡器。

(3) 施密特触发器。施密特触发器又称鉴幅器，具有两个稳定状态，常用于进行波形变换及整形等作用的电路中。

2. 分析方法

1）组合逻辑电路的分析方法

组合逻辑电路的输出状态仅取决于同一时刻的输入状态,而与该时刻前的电路状态无关。分析组合逻辑电路，主要是对给定的组合逻辑电路图进行逻辑分析，确定其所实现的逻辑功能、设计思想或者评价电路的技术经济指标。分析方法和步骤如下：

(1) 根据给定的逻辑电路图，写出各输出端的逻辑函数。具体方法通常是从输入端开始，逐级写出各门电路的逻辑表达式，最后写出各输出端的表达式。

(2) 将得到的逻辑表达式化简或进行变换。化简方法有两种：公式法和卡诺图法。

(3) 由简化的逻辑表达式列出真值表。

(4) 根据真值表或最简式对逻辑电路进行分析，判断电路逻辑功能。

2）时序逻辑电路的分析方法

时序逻辑电路的输出状态不仅与同时刻的输入状态有关，而且与电路该时刻前的状态也有关，所以说时序逻辑电路具有记忆功能。时序逻辑电路分析的一般步骤如下：

(1) 根据给定的时序电路图写出逻辑方程：各触发器的时钟信号 CP 的逻辑表达式，时序逻辑电路的输出方程，各触发器的驱动方程。

(2) 将驱动方程带入相应的触发器的特性方程，求得各触发器的状态方程。

(3) 根据状态方程和输出方程，列出状态表，画出状态图或者时序图。

(4) 根据状态表、状态图等确定时序逻辑电路的逻辑功能。

以上步骤只是就一般情况而言，如果对大规模集成电路，首先必须弄清集成电路本身的功能以及管脚功能，再结合外围电路进行分析。

三、数字电路读图举例

1. 74LS194 组成的节日彩灯控制电路

节日彩灯控制逻辑电路如图 3.5 所示。具体的分析步骤如下：

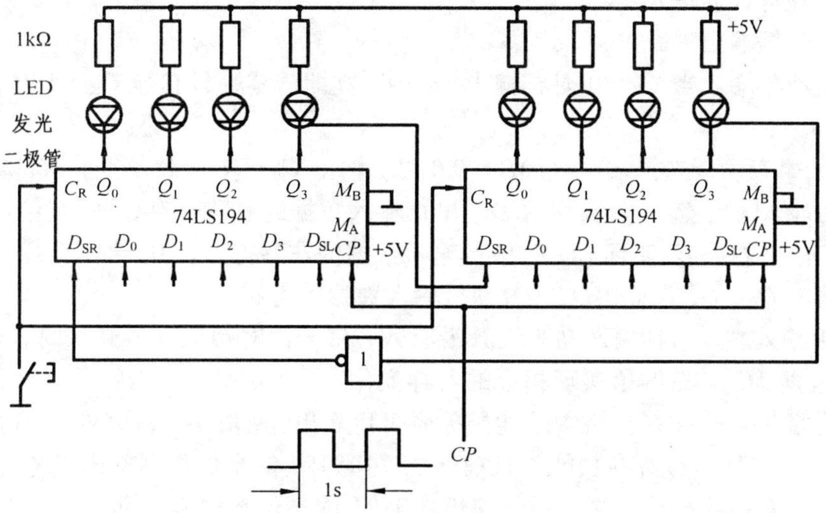

图 3.5　节日彩灯控制电路

（1）了解用途。节日彩灯控制逻辑电路主要用于控制彩灯，使彩灯按照特定的规律点亮或者熄灭，以增加节日喜庆气氛，也可用于广告灯的控制。

（2）化整为零。将此电路分为两部分，一部分是发光二极管组成的显示电路，另一部分是由两块集成电路 74LS194 组成的控制电路。

（3）对照基本电路分析功能电路。由发光二极管组成的显示电路，采用上拉电阻接 5 V 电源，所以当 74LS194 管脚 $Q_0 \sim Q_3$ 输出为高电平时，对应的发光二极管熄灭，否则对应的发光二极管会点亮。

控制电路是由两块集成电路 74LS194 组成的，所以必须查阅 74LS194 的功能表，才能对电路实现的功能进行分析。74LS194 的功能表如表 3.1 所示。

表 3.1　集成电路 74LS194 功能表

C_R	CP	M_B	M_A	Q_0　Q_1　Q_2　Q_3
0	φ	φ	φ	0　0　0　0
1	↑	0	0	保　持
1	↑	0	1	D_{SR}　右移一位
1	↑	1	0	左移一位　D_{SL}
1	↑	1	1	D_0　D_1　D_2　D_3（并行输入）

从表 3.1 可以看出，集成电路 74LS194 不仅能够实现左移或右移的双向移位寄存功能，还能实现四位并行数据的寄存功能。具体管脚功能如下：

D_{SR}：串行右移数据输入端。

D_{SL}：串行左移数据输入端。

$D_0 \sim D_3$：并行数据输入端。

$Q_0 \sim Q_3$：数据输出端。

C_R：数据清零端。当 $C_R=0$ 时，输出 $Q_0 \sim Q_3$ 立即清零，只有当 $C_R=1$ 时，其他的输入端才有效。

M_A，M_B：寄存功能选择端。$M_B M_A=0\ 0$ 时，输出 $Q_0 \sim Q_3$ 保持不变；$M_B M_A=0\ 1$ 时，实现右移寄存功能，输出 $Q_0 \sim Q_3$ 实现对 D_{SR} 串行输入数据的右移寄存；$M_B M_A=1\ 0$ 时，实现左移寄存功能，输出 $Q_0 \sim Q_3$ 实现对 D_{SL} 串行输入数据的左移寄存；$M_B=1\ 1$ 时，实现并行数据寄存功能，输出 $Q_0 \sim Q_3$ 实现对 $D_0 \sim D_3$ 并行输入数据的寄存。

CP：时钟输入端。时钟输入端为上升沿有效，每一次时钟上升沿到来时，寄存器的输出 $Q_0 \sim Q_3$ 才会根据 M_A，M_B 的值实现相应的寄存变化。

从集成电路 74LS194 在电路中的连接关系可以看出，两块 74LS194 的寄存功能选择端均为 $M_B M_A=0\ 1$，实现右移寄存功能，且前一块 74LS194 的高位数据输出端 Q_3 是作为后一块 74LS194 的串行右移数据输入端，后一块 74LS194 的高位数据输出端 Q_3 经过反向器后作为前一块 74LS194 的串行右移数据输入端，所以，两块 74LS194 组合起来实现数据的循环右移寄存功能。

（4）根据功能块画出框图。彩灯电路的功能框图如图 3.6 所示。

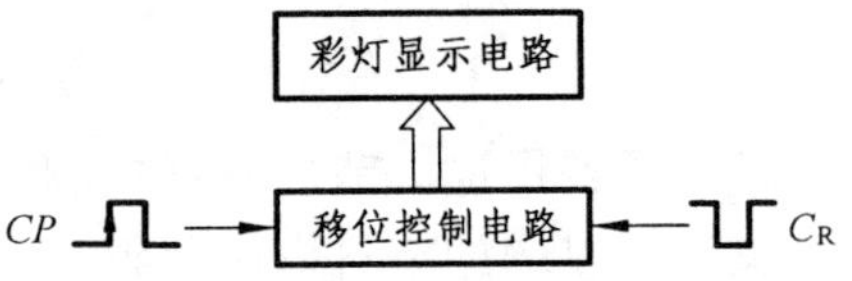

图 3.6　彩灯电路框图

（5）分析电路的逻辑功能。时钟信号 CP 是外接的方波脉冲信号，周期为 1 s；清零端 C_R 是通过一个常开按钮接地，清零时只需按一下清零按钮即可。清零后，所有的彩灯均被点亮。平时，清零端 C_R 处于高电平状态。每隔一秒，时钟信号 CP 就会有一个上升沿到来，输出数据就会实现一次右移寄存。彩灯点亮规则如下：清零后全亮，从左至右每隔一秒依次熄灭一路彩灯，直至全部熄灭，然后又从左至右每隔一秒依次点亮一路彩灯，直至全亮，依此循环。两块 74LS194 的输出用下标“1”和“2”来区分，$Q_{10}Q_{11}Q_{12}Q_{13}Q_{20}Q_{21}Q_{22}Q_{23}$ 输出状态的转换图如图 3.7 所示。

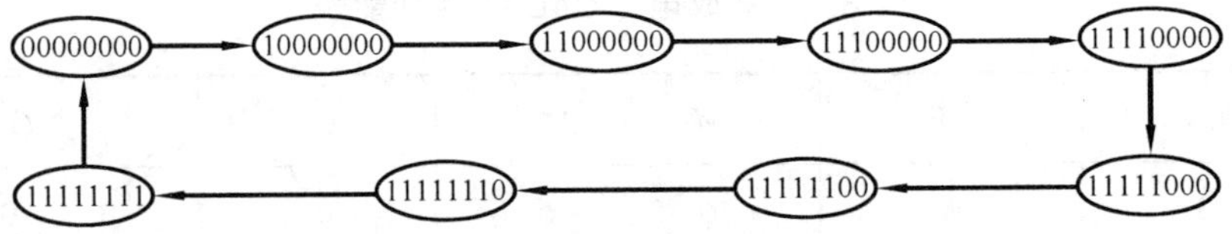

图 3.7　输出状态转换图

2. 4 路抢答逻辑电路

4 路抢答逻辑电路如图 3.8 所示。具体分析步骤如下：

（1）了解用途。4 路抢答逻辑电路实现的是甲、乙、丙、丁 4 位选手抢答的功能，每次只能有一位选手抢答成功，有对应的指示灯显示抢答成功者，并且有相应的语音提示功能。

（2）化整为零。整个逻辑电路可以分为四部分进行分析：抢答按键电路；由集成电路 74LS175 组成的控制电路；发光二极管组成的抢答成功指示电路；抢答成功语音提示电路。

（3）对照基本电路分析功能电路。抢答按键电路是共地连接，每个按钮通过一个反向器（即非门）分别接到集成电路 74LS175 的四个输入端，所以当参赛者按下按钮时对应的集成电路 74LS175 的输入端应为高电平。

发光二极管组成的抢答成功指示电路采用共阴极连接至地，所以当集成电路 74LS175 的输出端为高电平时，对应的显示灯被点亮。

抢答成功语音提示电路是采用四个 74LS175 的输出端的反变量来实现的，四个反变量经过一个四输入与门和一个非门后控制三极管的饱和导通和截止状态，进而控制喇叭是否发出提示音。

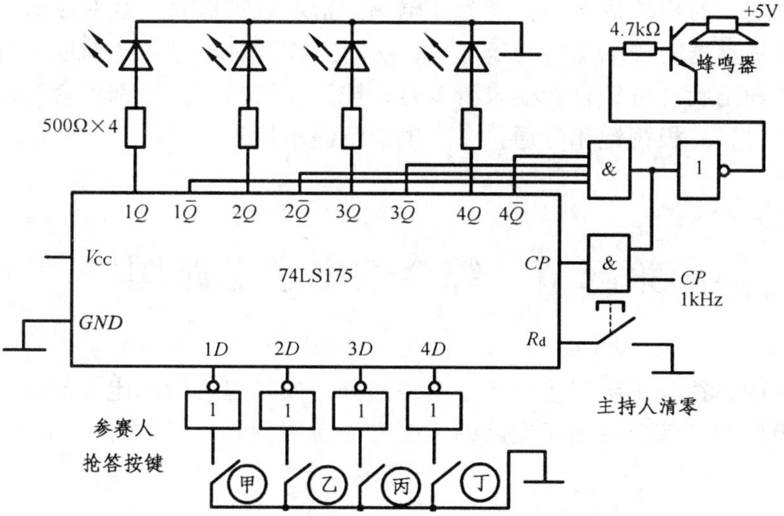

图 3.8　抢答逻辑电路

对集成电路 74LS175 组成的控制电路分析时，需要先分析 74LS175 的功能表，正确了解其功能。集成电路 74LS175 的功能表如表 3.2 所示。

表 3.2　集成电路 74LS175 的功能表

R_d	CP	Q_0	Q_1	Q_2	Q_3
0	φ	0	0	0	0
1	↑	D_0	D_1	D_2	D_3

集成电路 74LS175 的功能比较简单，实现四位输入数据的锁存功能，是一个四位数据锁存器。其中 R_d 为清零端，只要 $R_d=0$，输出立即清零，只有在 $R_d=1$ 时，才能实现锁存功能。*CP* 是时钟输入端，上升沿有效，当清零端 $R_d=1$ 时，只要时钟信号 *CP* 的上升沿到来，输入数据 $1D$～$4D$ 就会被锁存到输出 $1Q$～$4Q$。

（4）画出功能框图。根据各功能电路，画出功能框图如图 3.9 所示。

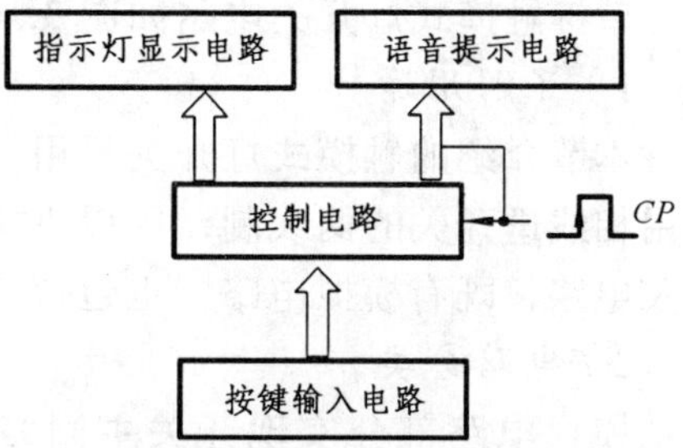

图 3.9　功能电路框图

（5）逻辑功能分析。分析时需要注意，集成电路 74LS175 的时钟输入端不是直接由 1 kHz 的时钟信号 *CP* 控制的，而是由四个反变量输出端通过一个与门后与 *CP* 共同控制的。每次抢答前，主持人会按一下清零按钮清零，电路处于等待抢答状态。在主持人未按之前，电路处于锁存状态，锁存的是前一次的抢答状态。电路处于抢答状态时，四个反变量输出端输出均为高电平“1”，经过与门后输出仍然为高电平“1”，这时的锁存器时钟输入端只由时钟信号 *CP* 控制，时钟信号 *CP* 每个上升沿到来的时候，输出均会读输入的信号，没有按键按下时，锁存器的输入端均为低电平“0”，所以输出端的状态不会发生改变；但是当有抢答按钮被按下时，对应的锁存器输入端为高电平，时钟信号 *CP* 的上升沿到来时，输出状态立即会发生改变，对应的输出端会变为高电平，指示灯被点亮，且对应的反变量输出为低电平“0”，会使锁存器时钟端保持为低电平，从而封锁时钟信号 *CP* 对锁存器时钟端的控制作用，使此时的输出状态被锁存。在未清零时，按下任何抢答按钮都不会对输出状态产生影响。在抢答有效时，三极管饱和导通，会发出语音提示信号。

第三节　综合性电子电路图

在电子产品中，往往不会只包含数字电路部分，或只包含模拟电路部分，常常会是二者的综合应用。下面介绍综合性电子电路的读图方法与实例。

一、读图的一般步骤

读综合性的电子电路图时，除了前面读模拟电路图和数字电路图的一般步骤外，还要按照以下步骤进行：

① 统观全局，区分哪些电路是模拟电路，哪些电路是数字电路。

② 对模拟电路部分采用模拟电路的读图方法进行分析。

③ 对数字电路部分采用数字电路的读图方法进行分析。

④ 对数字电路功能和模拟电路功能进行综合分析。

二、读图实例

为了说明综合电子电路的读图方法，下面以单键触摸式灯开关电路的分析为例进行介绍。

单键触摸式灯开关电路如图 3.10 所示。具体的分析过程如下：

1）了解用途

本节介绍的触摸式灯开关只用一个触摸电极片，就能完成开灯和关灯。触摸式灯开关，采用相线进开关的两线制，可以直接取代普通开关而不必更改室内原有布线。单键触摸式灯开关电路，既有模拟电路，也包含有数字电路。

2）电路分类

模拟电路部分实现开关主回路和为控制回路提供电源，以及对输入信号进行处理等功能。

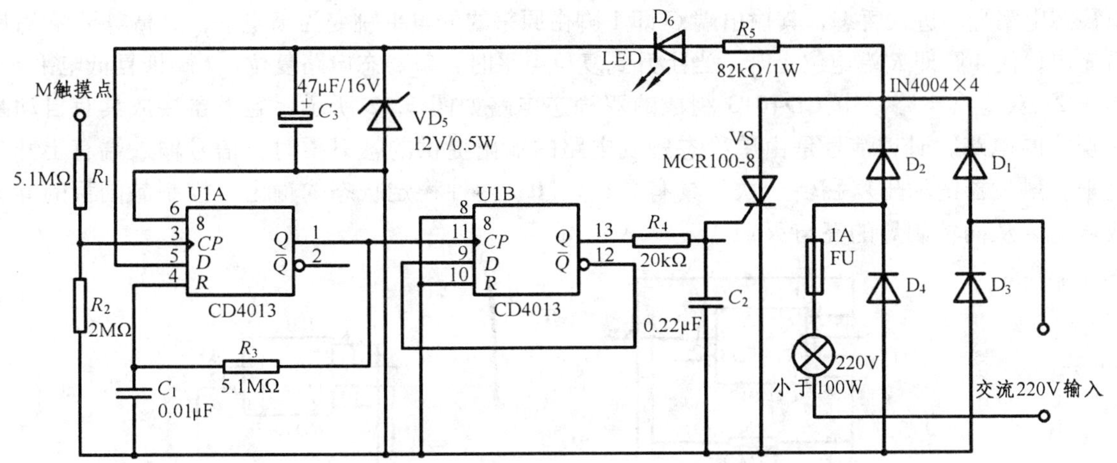

图 3.10　单键触摸式灯开关电路原理图

数字电路部分主要利用集成电路实现对开关管的控制作用。

3）化整为零

（1）数字电路部分。数字电路部分主要由双 *D* 触发器 CD4013 集成电路组成，可分为两部分。

① U1A 组成的单稳触发电路。单稳触发电路的作用是对触摸信号进行脉冲展宽整形，保证每次触摸动作都可靠。

② U1B 组成的双稳态电路。双稳态电路用来驱动晶闸管 VS 的开通或关闭。

（2）模拟电路部分。模拟电路部分主要分为开关主回路、控制电源电路、输入信号的处理电路等。

① 开关主回路。开关主回路由 D_1～D_4 和 VS 组成。D_1～D_4 组成桥式电路，VS 是单向晶闸管，受控制回路控制。

② 控制电源电路，由 R_5，VD_5 和 C_3 组成简单的电阻降压稳压线路，输出 12 V 左右的直流电供控制回路等用电。LED 为弱光指示，用于夜间指示触摸开关的位置，方便使用。

③ 输入信号的处理电路。R_1 和 R_2 组成输入信号处理电路，将触摸信号转换成相应的电平信号。

4）分析功能单元

（1）数字电路部分。数字电路部分主要由双 *D* 触发器集成电路 CD4013 组成，所以，首先必须了解 CD4013 中的 *D* 触发器的功能，其功能如表 3.3 所示。

表 3.3　集成电路 CD4013 功能表

CP（时钟）	*S*（置位）	*R*（复位）	*Q*
φ	1	0	1
φ	0	1	0
↑	1	1	*D*

① 单稳态触发电路。由 CD4013 组成的单稳态触发电路如图 3.11 所示。数据输入端（*D* 端）始终接高电平，置位端始终接低电平，复位端接输出反馈信号。当时钟输入端有上升沿到来时，

单稳态电路翻转进入暂态，其输出端 Q 即 1 脚由原来的低电平跳变为高电平，此高电平经 R_3 向 C_1 充电，使 4 脚即 R 端电位上升。当上升到复位电平时，单稳态电路复位，1 脚恢复低电平。

② 双稳态电路。由 CD4013 组成的双稳态电路如图 3.12 所示。触发器接成具有自动翻转功能的电路，时钟信号是由单稳态触发电路的输出提供的，只要时钟信号输入端有上升沿到来，触发器的输出就翻转一次。具有“1”、“0”两种稳定状态的输出，控制晶闸管的导通或截止，从而控制灯的亮与灭。

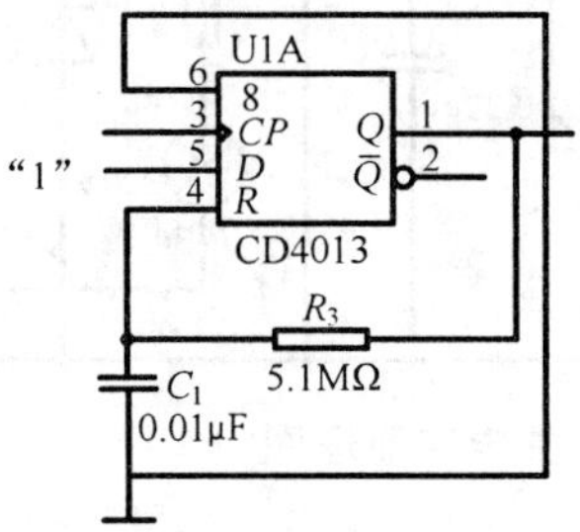

图 3.11 单稳态触发电路

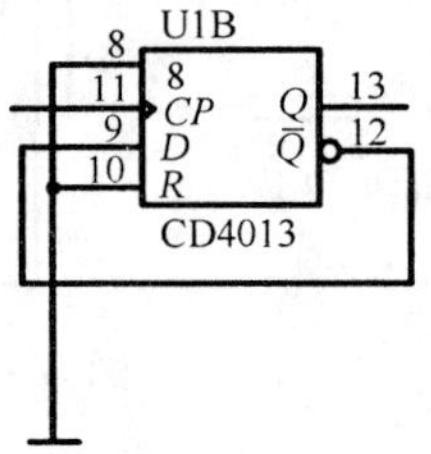

图 3.12 双稳态电路

（2）模拟电路部分：

① 开关主回路。开关主回路由 D_1～D_4 和 VS 组成，如图 3.13 所示。

D_1～D_4 组成桥式整流电路，当 VS 受控导通后，开关主回路导通，灯亮；VS 截止后，开关主回路断开，灯灭。

② 控制电源电路。控制电源电路是由 R_5，VD_5 和 C_3 组成简单的电阻降压稳压线路，如图 3.14 所示。220 V 交流电压经过 D_1～D_4 桥式整流以后，经过 C_3 滤波和 VD_5 稳压后输出 12 V 左右的直流电供控制回路等用电。LED 为弱光指示，用于夜间指示触摸开关的位置，方便使用。

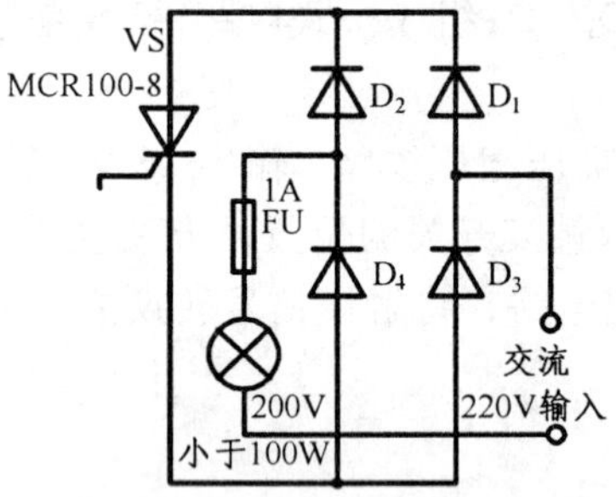

图 3.13 开关主回路

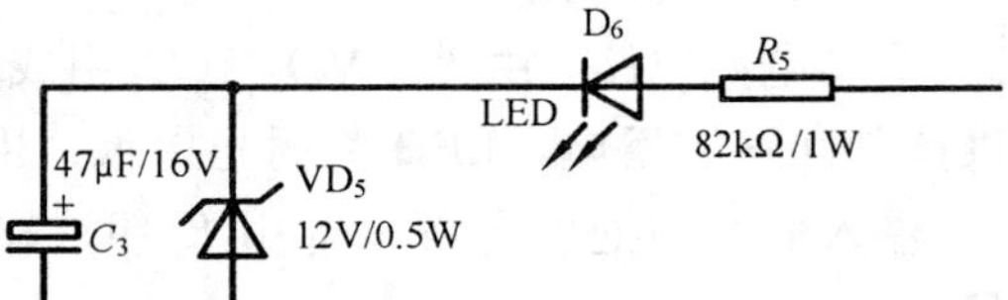

图 3.14 控制电源电路

③ 输入信号的处理电路。R_1 和 R_2 组成输入信号处理电路，如图 3.15 所示。将触摸信号转换成相应的电平信号。M 是触摸电极片，手指触摸一下 M，人体泄漏的交流电在电阻 R_2 上的压降，其正半周信号进入 U1A 的 3 脚即单稳态电路的 CP 端，使单稳态电路翻转进入暂态。实现了信号的转换功能。

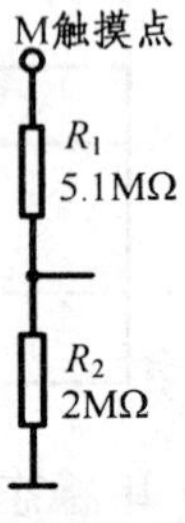

图 3.15 输入信号电路

5）整个电路的功能分析

整个电路的功能实现过程为：M 为触摸电极片，手指触摸一下 M，人体泄漏的交流电在电阻 R_2 上的压降，其正半周信号进入 U1A 的 3

脚即单稳态电路的 CP 端，使单稳态电路翻转进入暂态，其输出端 Q 即 1 脚由原来的低电平跳变为高电平，此高电平经 R_3 向 C_1 充电，使 4 脚即 R 端电位上升，当上升到复位电平时，单稳态电路复位，1 脚恢复低电平。所以每触摸一次电极片 M，1 脚就输出一个固定宽度的正脉冲。此正脉冲将直接加到 11 脚即双稳态电路的 CP 端，使双稳态电路翻转一次，其输出端 Q 即 13 脚电平就改变一次。当 13 脚为高电平时，VS 的门极通过 R_4 获得正向触发电流而开通，即电子开关闭合，电灯点亮发光。这时电容 C_3 两端的电压会降至 3 V 左右，发光管 LED 熄灭，但 U1A 仍能正常工作。当 13 脚输出低电平时，VS 失去触发电流，当交流电过零时即关断，电灯熄灭。这时 C_3 两端电压又能恢复到 12 V，LED 点亮作弱光指示。由此可见，每触摸一次电极片 M，就能实现“开”或“关”电灯的动作。

习　　题

3.1　简述电路图的一般分析方法。

3.2　简述模拟电路图的分析方法。

3.3　简述数字电路图的分析方法。

3.4　简述综合性电路图的分析方法。

第四章　电子电路仿真软件简介

现代电子设计技术的核心就是 EDA（Electronic Design Automatic）技术。EDA 技术是在电子 CAD 技术基础上发展起来的通用软件系统。目前，EDA 技术已经广泛应用于机械、电子、通讯、航空航天、化工、生物、医学、军事等各个领域。EDA 软件主要实现三个方面的功能：电路原理图的创建、混合信号的仿真及 PCB（印刷电路板）制板。本章主要简单介绍电子电路的仿真技术。

第一节　EDA 软件概述

EDA 工具层出不穷，目前进入我国并具有广泛影响的 EDA 软件有：EWB，PSPICE，ORCAD，PCAD，PROTEL，MATLAB，VIEWLOGIC，MENTOR，GRAPHICS，SYNOPHICS，CADENCE，等等。其中大部分软件都同时具有原理图设计、仿真和 PCB 制作功能。但是，主要用于电子电路仿真的 EDA 软件包括 PSPICE，EWB，MATLAB，SYSTEMVIEW，MMICAD 等。应用仿真软件参与设计，克服了传统电子产品的设计受实验室客观条件限制的局限性，用虚拟的元件搭建各种电路，用虚拟仪表进行各种参数和性能指标的测试。下面主要介绍 PSPICE 和 EWB 两种仿真软件。

第二节　PSPICE 仿真软件

一、概　述

PSPICE（Personal SPICE）是基于 SPICE 的 PC 版软件。SPICE（Simulation Program with Integrated Circuit Emphasis）是由美国加州大学推出的电路分析软件，是 20 世纪 80 年代全世界应用最为广泛的电路设计软件，1988 年被定为美国国家标准。1984 年，美国 MicroSim 公司推出了 PSPICE。PSPICE 是一种强大的模拟和数字电路混合信号仿真软件，包括对中规模集成电路（MSI）和大规模集成电路（LSI）提供分析功能，仿真精度高，在国内普遍使用。

应用 PSPICE 能在实际电路制作前就对电路的各种性能，如直流、交流、瞬态等特性进行分析，并可以从元器件的变化、温度变化等方面对电路造成的影响进行容差分析和最坏情况分析；对一些比较难测量的情况，如噪声等也能进行分析；PSPICE 8.0 及以上版本还可以对电路设计进行优化。

二、PSPICE 的软件结构

PSPICE 的软件结构与 SPICE 类似，由五个部分组成：输入部分、器件模型处理部分、建立电路方程部分、求解电路方程部分和输出部分。各部分的功能如下：

1）输入部分

用户以文本或图形方式输入有关电路的信息，包括拓扑结构、器件模型、元件参数、分析类型、输出类型。

2）器件模型处理部分

器件模型处理部分指由计算机处理的数学模型，模型应尽可能反映器件的电气特性，且计算时间短，仿真结果好。

3）建立电路方程部分

建立电路方程部分即根据输入信息自动建立电路方程。通常采用改进节点法形成方程组。

4）求解电路方程部分

求解电路方程部分是仿真程序的核心部分，也是占用计算机资源最多的部分。对线性代数方程组采用高斯消去法或 LU 分解法求解。对非线性代数方程组采用牛顿–拉夫森迭代法求解。对于瞬态分析建立的非线性微分方程组采用数值积分的方法，如梯形法和基尔法求解。

5）输出部分

输出有文本方式和图形方式。电路仿真后可形成*.OUT 的文本文件和*.DAT 的图形显示文件。

整个 SPICE 软件是在根程序模块管理下的一组功能模块，包括输入模块、错误检查模块、建立方程模块、求解直流模块、迭代模块和交流模块。

三、PSPICE 8.0 简介

PSPICE 8.0 主要包含 9 个组成部分：

（1）DesignLab Design Manager，电路设计实验室的设计管理程序。DesignLab Design Manage 是 PSPICE 8.0 的综合管理程序，其余 8 个部分的程序都以工具按钮的形式竖放在 DesignLab Design Manage 窗口的最左边，均可在 DesignLab Design Manage 管理下运行。

（2）MicroSim Schematics，电路图输入程序。MicroSim Schematics 是 PSPICE 8.0 的一个主程序，是低版本不具有的模块。其主要功能是可以在窗口中的工作平台上利用元件库中的元件及程序所提供的连线和连接点绘制电路。

（3）PSPICE A/D，进行模拟和数字电路计算的主程序。PSPICE A/D 程序是 PSPICE 软件中最重要的程序。无论用电路图形式还是电路文件形式把电路及要进行分析的所有信息输入后，经检查无误都可以启动这一程序，它会动态显示运算的情况。在 DesignLab Design Manager

和 MicroSim Schematics 均可以启动 PSPICE A/D。

（4）MicroSim PCBoards，制作印制电路板的程序。

（5）Optimizer，电路优化程序。

（6）Parts，元件模型参数提取程序。

（7）MicroSim Probe，输出绘图程序。

（8）Stimulus Editor，激励源编辑程序。

（9）MicroSim Text Editor，电路文件编辑程序。

第三节　EWB 仿真软件

一、概　述

电子工作台（Electronics Workbench，EWB）是由加拿大 IIT（Interactive Image Technologies）公司在 20 世纪 90 年代初推出的专门用于电子电路设计与仿真的软件，主要用于模拟和数字电路的仿真。新的版本已经更名为 Multisim。相对于较早的 EDA 软件，它提供了万用表、示波器、信号发生器等虚拟仪器。

二、EWB 的特点

与其他的电路仿真软件相比，EWB 具有以下特点：

（1）系统集成度高，界面直观，操作方便。EWB 软件把电路图的创建、电路的测试分析和仿真结果等内容都集成到一个电路窗口。操作界面就像一个试验平台。创建电路所需要的元器件、仿真电路所需要的测试仪器都可以直接从电路窗口中选取，并且虚拟的元器件、仪器与实物外形非常相似，仪器的操作开关、按键与实际仪器也极为相似。

（2）具备模拟、数字及模拟/数字混合电路的仿真。在电路窗口中既可以对模拟或数字电路进行仿真，还可以对模拟/数字混合电路进行仿真。

（3）提供了丰富的元件库。EWB 的元件库提供数千种类型的元器件及各类元件的理想参数。用户可以根据需要自行修改参数或者创建新的元件。

（4）电路分析手段完备。EDB 除了用 7 种常用的测试仪表对仿真电路进行测试外，还提供了电路的直流工作点分析、瞬态分析、傅里叶分析、噪声分析和失真分析等 14 种常用的分析方法。这些分析方法基本能够满足常用电子电路的分析和设计要求。

（5）输出方式灵活。对电路进行仿真时，它可以储存测试点的数据、测试仪器的工作状态、显示波形以及电路元件的统计清单等内容。

（6）兼容性好。EWB 的元件库与 SPICE 的元件库完全兼容，电路文件可以直接输出到常见印制板设计软件中，如 PROTEL，ORCAD 等。

三、EWB 的结构

EWB 软件由五个部分组成：输入模块、器件模型处理模块、分析模块、虚拟仪器模块、后续处理模块。各模块功能如下：

（1）输入模块。用户以图形方式输入电路图。

（2）器件模型处理模块。EWB 软件提供了丰富的元件，并且可以对元器件属性进行编辑，还可以创建新的元件。

（3）分析模块。EWB 软件的分析方法比较丰富，共有近二十种分析方法。除了具有 SPICE 的基本分析方法外，还有一些独有的分析方法，如零极点分析等。

（4）虚拟仪器模块。虚拟仪器模块是 EWB 软件最有特色的部分。虚拟仪器种类多，使用操作方便。

（5）后续处理模块。后续处理模块可以进行电路分析结果的后续处理，包括与多种软件的转换。

其中分析模块和虚拟仪器模块构成了强大的分析与仿真功能。

每种 EDA 软件都有各自的特点及应用场合，在具体的电路设计中，采用哪种 EDA 软件，取决于设计者的个人经验以及设计对象等因素。本章只对仿真软件做了简单的介绍，如果有必要可以查阅相关资料。

习 题

4.1 简述 PSPICE 仿真软件的特点及基本结构。

4.2 简述 EWB 仿真软件的特点及基本结构。

第五章　印刷电路板的设计与制造

随着电子工业技术的发展，尤其是各种半导体集成器件的广泛应用和各种电子元器件体积的减小，使得电子产品的安装和连接变得越来越复杂，传统的手工布线和接线工艺已无法适应这种要求。印刷电路板的问世，大大加速了现代电子工艺技术的发展进程。

印刷电路板也称印制电路板，通常简称印制板或 PCB（Printed Circuit Board）。现代的电子产品，从形形色色的家用电器到遨游太空的宇宙飞船，从随处可见的收音机、电视机到计算机，无一不是由各种电子元器件组成的，而这些元器件的相互连接所依靠的载体正是印刷电路板。

PCB 技术和工艺的发展，使电子产品的设计、安装工艺不断走向现代化、标准化、规模化、机械化和自动化，广泛采用印刷电路板，可以使电子产品具有可靠性高，一致性、稳定性好，机械强度高，耐振、耐冲击，体积减小，重量轻、成本低。便于标准化，便于装配、维修等优点。

简言之，没有印刷电路板，就没有现代电子信息产业的高速发展。熟悉印刷电路板的基本知识，掌握 PCB 基本设计方法和制造工艺，了解印刷电路板的生产工艺过程是学习电子工艺技术的基本要求。

第一节　概　述

一、印刷电路板的基本知识和分类

1. 印刷电路板的基本知识

印刷电路是指在绝缘基板上的印刷导线和印刷元件系统。它革新了电子设备的产品组装工艺和电子设备的结构工艺。具有印刷电路的绝缘基板称之为印刷电路板。其功能是在电子产品中用于安装和连接电阻、电容、电感、晶体管及集成电路等电路元器件。

图 5.1 所示是一块印刷电路板。在印刷电路板上电路的连接采用了元器件和导线的连接。由此可见，印刷电路板不但完成了电路的连接，而且为电路的元器件和机电部件提供了必要的机械支撑。与过去的分立元件和导线相比，不但增强了设备的坚固性、稳定性和可靠性，还缩小了设备的体积和重量。由于印刷电路板具有互换性和统一性，所以简化了电子产品的装配过程，缩短了生产周期，便于产品的自动化生产。

图 5.1 印刷电路板

2. 覆铜箔板的分类

在绝缘基板的表面覆以铜箔的绝缘层压板称为覆铜箔层压板，简称覆铜板。它是用减成法制造印刷电路板的主要材料。供生产印刷电路板用的覆铜板主要由三个部分构成。

① 铜箔，其铜的纯度大于 99.8%，铜箔的厚度一般为 18～105 μm（常用 35～50 μm）。

② 树脂（也称为黏合剂），常用的是酚醛树脂、环氧树脂和聚四氟乙烯等。

③ 增强材料，常用的是纸质材料和玻璃布。

覆铜箔板的种类很多，按其材料不同可分为以下四种。

（1）酚醛纸基覆铜箔板。它是用浸渍过酚醛树脂的绝缘纸或棉纤维板作为基板，在基板两面衬以无碱玻璃布，并在一面或两面覆以电解紫铜箔，经热压而成。这种板价格低廉，但阻燃强度低，机械强度低，容易吸水，耐高温性能差（一般不超过 100 °C），常用于低频电路和一般民用电子产品（如收音机、录音机等）中。标准的厚度有 1.0 mm，1.5 mm，2.0 mm，2.5 mm，3.0 mm，3.2 mm，6.4 mm 共 7 种，一般优先选用 1.5 mm 和 2.0 mm。

（2）环氧酚醛玻璃布覆铜箔板。它是用无碱玻璃布浸渍环氧酚醛树脂，并在一面或两面覆以电解紫铜箔，经热压而成。由于用了环氧酚醛树脂，所以其黏结力强。这种板的电气及机械性能良好，既耐化学溶剂，又耐高温、耐潮湿，但价格较贵。可用于恶劣环境和超高频的电子产品中，如工作环境恶劣的仪器、仪表及中档以上的民用电器。

（3）环氧玻璃布覆铜箔板。它是由玻璃布浸渍双氰胺固化剂的环氧树脂，并在一面或两面覆以电解紫铜箔，经热压而成。这种板的基材透明度良好，与环氧酚醛玻璃布覆铜箔板相比，具有较好的机械加工性能，防潮性良好，工作温度较高。常用于恶劣环境和超高频的电子产品中，如工业、军用设备、计算机等高档电器。

（4）聚四氟乙烯玻璃布覆铜箔板。它是用无碱玻璃布浸渍聚四氟乙烯分散乳液，并在一面或两面覆以经氧化处理的电解紫铜箔，经热压而成。这种板具有优良的介电性能和化学稳定性，是一种耐高温（−230 °C～260 °C，在 200 °C 下可长期工作，并可在 300 °C 下间断工作）和高绝缘的新型材料。常用于高频和超高频电路中，如微波、高频电器、航空航天、导弹、雷达等。

3. 印刷电路板的种类

印刷电路板按其结构不同可分为以下五种：

1）单面印刷电路板

单面印刷电路板通常是在单面酚醛纸基覆铜箔板上，通过印制和腐蚀的方法，在基板上形成印制电路。它适用于对电性能要求一般或不高的电子设备（如收音机、收录机、电视机和仪器仪表等）中。

2）双面印刷电路板

双面印刷电路板通常采用双面环氧酚醛玻璃布覆铜箔板或双面环氧玻璃布覆铜箔板。由于两面都布有导线，一般采用金属化孔连接两面印制导线。其布线密度比单面印刷电路板更高，使用也更方便。常用于对电性能要求较高的电子设备（如通信设备、电子计算机、电子仪器、仪表等）中。

3）多层印刷电路板

多层印刷电路板是在绝缘基板上制成三层以上印制电路的印制板。它是由几层较薄的单面板或双面板叠合压制而成。为了把夹在绝缘基板中间的电路导线引出，多层印刷电路板上安装元件的孔需要经过金属化处理（金属化过孔），使之与夹在绝缘基板中间的印制导线接通。目前广泛使用的多层印刷电路板主要有四层、六层、八层，更多层的也有使用。

使用多层印刷电路板的主要特点：

① 与集成电路配合使用，可以减小电子产品的体积和重量。

② 可以提高印刷电路板的布线密度。

③ 由于增设了屏蔽层，可以减小电路的信号失真，提高电路的电气性能。

④ 由于多层印刷电路板引入了接地散热层，可以减小局部过热，提高整机工作的稳定性。

4）软性印刷电路板

软性印刷电路板也称挠性印刷电路板或柔性印刷电路板。它是以软层状态塑料或其他软质绝缘材料（如聚酯或聚酰亚胺的绝缘材料）作为基材制成的印刷电路板。它也有单面、双面和多层之分。这类印刷电路板除了体积小、重量轻、可靠性高、稳定性好之外，最突出的特点是具有挠性，能折叠、弯曲、卷绕，自身可端接以及三维空间排列。因此被广泛应用于电子计算机、通信设备和电子仪器、仪表等电子设备中。

5）平面印刷电路板

平面印刷电路板的印制导线嵌入绝缘基板中，同绝缘基板表面齐平，所以又称其为平滑印刷电路板或齐平印刷电路板。一般情况下在印制导线上都镀有一层耐磨金属。平面印刷电路板通常用于自动通信机、转换开关和电子计算机的键盘、数/模（模/数）转换器等。

二、印刷电路板的形成

印刷电路板的形成主要有两种基本方式。

1）减成法

这是现在最普遍最流行的方式。即在覆有铜箔的覆铜板上，采用化学或机械的方式除去不需要的金属铜箔。减成法又可分为：

① 腐蚀法。也称蚀刻法，是采用化学腐蚀方法除去不需要的铜箔，这是目前最主要的制造方法。

② 雕刻法。用机械加工的方法除去不需要的铜箔，是在单件试制或业余条件下快速制作印刷电路板的一种方法。

2）加成法

加成法是制作印刷电路板的另一种工艺：在绝缘基板上采用某种方法铺设所需的印制电路的图形。常用铺设印制电路的方法有丝印法、电镀法、粘贴法等。

第二节 印刷电路板的设计

一、印刷电路板的设计要求与整体布局

1. 印刷电路板的设计要求

1）正确性

印刷电路板的正确性，是PCB设计最基本、最重要的要求，准确实现电路原理图的连接关系，避免出现“短路”和“断路”现象。这一基本要求在手工设计和用简单的 CAD 软件设计的PCB中并不容易做到，一般较复杂的产品都要经过两轮以上的试制修改，功能较强的CAD软件则有检验功能，可以保证电气连接的正确性。

2）可靠性

印刷电路板的可靠性是 PCB 设计中较高一层的要求。连接正确的电路板不一定可靠性好，例如，基板材选择不合理，板材厚度及安装固定不正确，元器件布局布线不当等都可能导致PCB不能可靠地工作，早期失效甚至根本不能正确工作。再如，多层板和单、双面板相比，设计时要容易得多，但就可靠性而言却不如单、双面板。从可靠性的角度讲，结构越简单，使用元件越小，板子层数越少，可靠性越高。

3）合理性

印刷电路板设计的合理性是PCB设计中更深一层、更不容易达到的要求。一个印刷电路板组件，从印刷电路板的制造、检验、装配、调试到整机装配、调试，直到使用维修，都与印刷电路板设计的合理与否有很大关系，例如，板子形状选得不好，则加工困难，引线孔太小，则装配困难，没留测试点则调试困难，板外连接选择不当维修困难等等。每一个困难都可能导致成本增加，工时延长。而每一个造成困难的原因都源于设计者的失误。没有绝对合理的设计，只有不断合理化的过程。这需要设计者的责任心和严谨的作风，以及实践中不断总结、提高的经验。

4）经济性

印刷电路板设计的经济性是一个不难达到但又不容易达到，却又必须达到的目标。说“不

难”，是因为板材选低价，板子尺寸尽量小，连接用直焊导线，表面涂覆用最便宜的，选择价格最低的加工厂等，印刷电路板的制造价格就会下降。但是不要忘记，这些廉价的选择可能造成工艺性、可靠性变差，使制造费用、维修费用上升，总体经济性不一定合算，因此说“不易”。“必须”则是市场竞争的原则，一个原理先进、技术高新的产品也可能因为经济性的原因而夭折。

以上四条，相互矛盾又相辅相成，不同用途、不同要求的产品侧重点不同。例如，事关国家安全、防灾救急的产品，可靠性第一；民用低价值的产品，经济性首当其冲。具体产品具体对待，综合考虑以求最佳，是对设计者综合能力的要求。

2. 印刷电路板的整体布局

综合现代各种电子产品，其整机中印刷电路板的布置形式主要有单板结构和多板结构两种。

1）单板结构

当电路较简单或整机电路功能在唯一确定的情况下，可以考虑采用单板结构，即将所有的元器件尽可能地布设在一块印刷电路板上。如图 5.2 所示的电源电路，在一块印刷电路板上集中了该电源电路的全部内容：交流电源输入、桥式整流、滤波、三端集成稳压电源等。

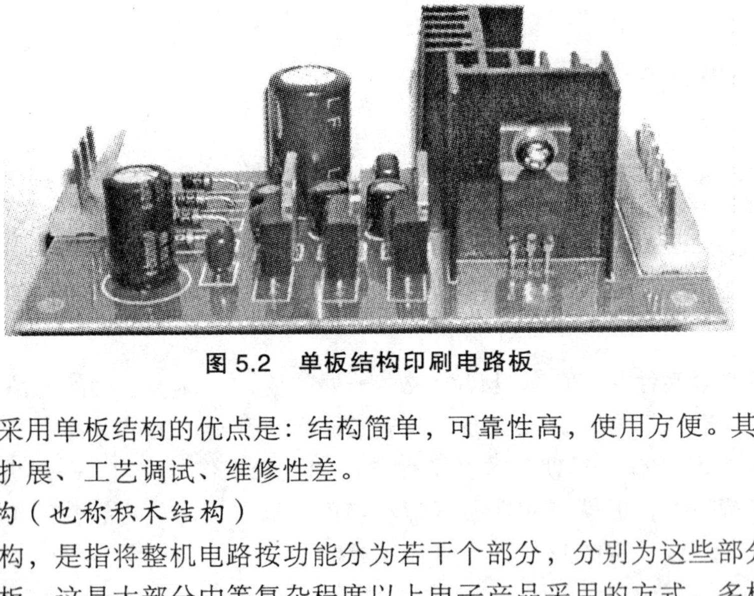

图 5.2 单板结构印刷电路板

印刷电路板采用单板结构的优点是：结构简单，可靠性高，使用方便。其缺点也很明显：改动困难，功能扩展、工艺调试、维修性差。

2）多板结构（也称积木结构）

所谓多板结构，是指将整机电路按功能分为若干个部分，分别为这些部分设计各自功能独立的印刷电路板。这是大部分中等复杂程度以上电子产品采用的方式。多板结构分板的原则是：

（1）将能独立完成某种功能的电路放在同一板子上，特别是要求一点接地的电路部分尽量置于同一块印刷电路板内。

（2）高低电平相差较大，相互容易干扰的电路宜分板布置，如电视机中电源部分与前置放大部分。

（3）电路分板部位。应选择相互之间连线较少的部位以及频率、阻抗较低的部位，有利于抗干扰，同时又便于调试。

对于多板结构的电子产品，其印刷电路板一般应由同一制造厂设计生产，而不同厂商甚至同一厂商的不同型号之间并没有统一的标准或协议，仅具有同一厂家或同一系列、同一型号的互换性。

此外，如台式计算机中的印刷电路板也是一种多板结构的形式，称之为母子型或主辅型，即用一块集中基本功能的主（母）板和若干扩展、扩充功能的辅（子）板构成。同一系列，甚至不同厂商的印刷电路板均按某一标准或协议设计生产，因而具有互换性和灵活组合的特性。

一般台式计算机的主板上集成了 CPU、RAM、ROM、多功能适配器等计算机基本功能，其他功能则由插接到主板上的不同插卡完成。不同厂家按照同一总线设计的板卡均可互换。

多板结构的优缺点与单板结构正好相反。

选择何种结构，不同产品都可具体分析找到较好的方案。例如，计算机主板，近年新兴的一种“All in One”结构板，就是将尽可能多的功能集成到主板上（常见的有包括多功能卡、声卡、显示卡、内存条，甚至 Modem 等功能的主板），可谓方便、简单，但同时也失去了维修、升级、灵活组合的便利性，也造成了某个功能损坏导致整个板子作废的弊端。

但是有一点可以肯定，由于板子数量少可以提高可靠性，降低成本，随着集成电路的发展和安装技术的进步，板内集成越来越多，板卡的总数会趋向减少。1996 年以后的计算机主板，不带多功能卡的已经退出市场，便是例证。

二、印刷电路板元器件的布局与排列

1. 印刷电路板上元器件的排列方式

元器件在印刷电路板上的排列与产品的种类和性能要求相关，常用的有以下三种排列方式：

1）随机排列（不规则排列）

元器件在印刷电路板上随机排列，即元器件轴线沿任意方向排列。用这种方式排列元件，看起来杂乱无章，但由于元件不受位置与方向的限制，因而印制导线布设方便，并且可以做到短而少。使版面印制导线大为减少，这对减少印刷电路板的分布参数、抑制干扰很有好处，特别对于高频电路及音频电路有利。

2）坐标排列（规则排列）

元器件在印刷电路板上的坐标排列即元器件轴线方向一致，并与板的四边垂直或平行。一般电子仪器中经常采用此种排列方式。这种排列方式使元件排列规范，版面整齐美观。对其安装调试及维修都比较方便。但由于元器件排列要受一定方向或位置的限制，因而导线布设要复杂一些，印制导线也会相应增加。这种排列方式常用于板面宽裕、元器件种类少、数量多的低频电路中。元器件卧式安装时一般均以规则排列为主。

3）栅格（网格）排列

元器件在印刷电路板上的栅格排列与坐标排列类似，只不过板上每一个孔位均在栅格交点上。栅格为等距正交网格，目前通用的栅格尺寸为 2.54 mm，在高密度布线中也用 1.27 mm 或更小尺寸。

采用栅格排列方式的印刷电路板元件整齐美观，便于测试及维修，特别有利于机械化、自动化作业。

不同排列方式的选择要根据产品要求和设计、生产费用综合考虑，在保证性能的前提下采用规则排列有利于减少生产费用。上述三种不同的排列方式，生产费用的系数均不相同，设计印刷电路板时应全面考虑。

2. 印刷电路板元器件布局的原则和要求

（1）设计印刷电路图时，要研究电路中元器件的排列，确定元件在印刷电路板上的最佳位置。在确定元件布置的最佳位置时，需要考虑元件的尺寸与重量。即对元件实物的大小和形状以及电气元件的相互关系和散热效果等作合理安排。

一般将经常要更换、调整的元件放在易于操作的位置，对于体积大而且重的元件应附有支架，并尽量安装在板上靠近固定端的位置，以降低元件重心，防止印刷电路板受力变形；对于发热大的元件应附加散热片，放在利于散热的位置。

（2）在一般情况下，所有元器件均布置在印刷电路板的一面（元件面或正面）。对于单面印刷电路板，元器件只能安装在没有印制电路的一面，元器件的引脚通过安装孔焊接在印制导线的接点上。对于双面印刷电路板，元器件也尽可能安装在元件面。

分立元件的安放可以采用卧式或立式，如图 5.3 所示。同类元件尽可能朝同一方向排列，分布应尽量均匀，密度一致。所有元件都应标上引脚识别记号，即元件的代号、极性和参数，以便于加工、安装、检测和维护。

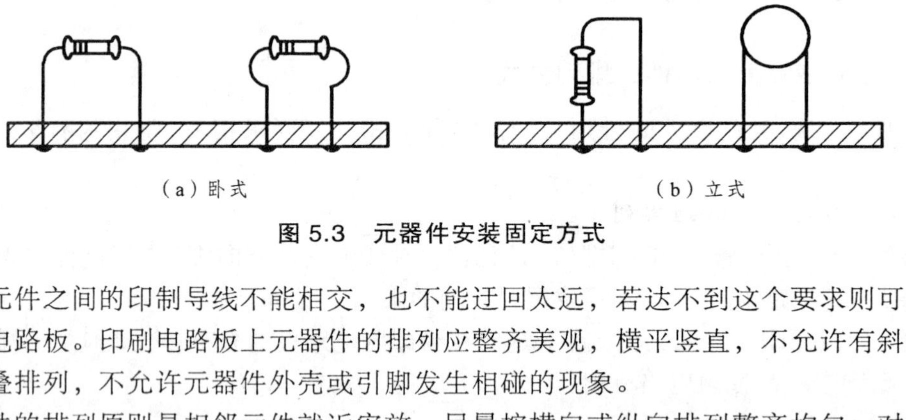

（a）卧式　　（b）立式

图 5.3　元器件安装固定方式

（3）元件之间的印制导线不能相交，也不能迂回太远，若达不到这个要求则可以考虑用双面印刷电路板。印刷电路板上元器件的排列应整齐美观，横平竖直，不允许有斜排、立体交叉和重叠排列，不允许元器件外壳或引脚发生相碰的现象。

元器件的排列原则是相邻元件就近安放，尽量按横向或纵向排列整齐均匀；对于容易引起干扰的印制导线应尽量短；输入部分与输出部分应远离为好，一般输入在左，输出在右。对于安装较密的元器件应加绝缘套管或绝缘纸保护，以防止接触造成短路。

（4）元器件在印刷电路板上的安装高度要合理。对发热元件、易损坏的元件及可调元件应摆放在边缘，或双面印刷电路板的另一面。元件的外壳应与印刷电路板有一定的距离，不允许紧贴印刷电路板安装，因此在安装前，元件的引脚应弯曲成形。同一元件的安装高度应一致，除上述所列元件外，其他元件可贴紧印刷电路板安装。

（5）印刷电路板上的元器件应按电路原理图顺序成直线排列，并力求电路安装紧凑、密集，以缩短印制导线。这对高频电路尤为重要。

如果由于整机要求必须将整个电路分成几块安装时，则应使第一块装配好的印刷电路板成为独立的功能电路，以便于单独调整、检验和维护。

为了便于合理地布置元器件，缩小体积和提高机械强度，可在主要的印刷电路板外再安装一块“辅助板”，将一些笨重元器件，如变压器、扼流圈、大电容器、继电器等安装在辅助底板上，利于用附件将它们紧固。这样有利于加工和装配。

（6）元器件安装的位置应避免它们之间相互影响。元器件放置的方向应与相邻的印制导线交叉，特别是电感元件要注意防止电磁干扰。线圈的轴线应垂直于板面，这样安装干扰最小。

（7）元器件在印刷电路板平面上的排列，可采用三种方式，即不规则排列、坐标排列和栅格排列。

三、印制导线、焊盘与孔

1．印制导线

印刷电路板不仅涉及印制导线，也包括印制元件、焊盘、过孔、安装孔、定位孔和大面积接地图形等。通常将印制导线、印制元件、焊盘及大面积接地图形统称为印制电路。

1）印制导线的宽度

印制导线的宽度是由该导线的工作电流来决定的。

印制导线是由铜箔构成的，尽管铜是一种良导体，但也有一定的电阻，而且其电阻是随温度变化的，同时印制导线流过一定电流时又会引起导线温度升高。表 5.1 是同样规格的印制导线（导线宽 1.5 mm、厚 50 μm）在不同试验条件下的平均电阻。表 5.2 列出了印制导线的宽度与最大允许工作电流的关系。

表 5.1　印制导线平均电阻

序　号	试　验　条　件	电阻（Ω/m）
1	正常条件	0.306
2	温度 +40 °C，相对湿度 95%，48 h	0.326
3	温度 −60 °C，10 h	0.196
4	温度 +50 °C，10 h	0.341
5	温度 +100 °C，2 h	0.385

表 5.2　印制导线最大允许工作电流

导线宽度（mm）	1	1.5	2	2.5	3	3.5	4
导线面积（mm^2）	0.05	0.075	0.1	0.125	0.15	0.175	0.2
导线电流（A）	1	1.5	2	2.5	3	3.5	4

图 5.4 是同样规格的印制导线（导线宽 1.5 mm、厚 50 μm）在室温 20 °C 时测得的导线电流-温升曲线。

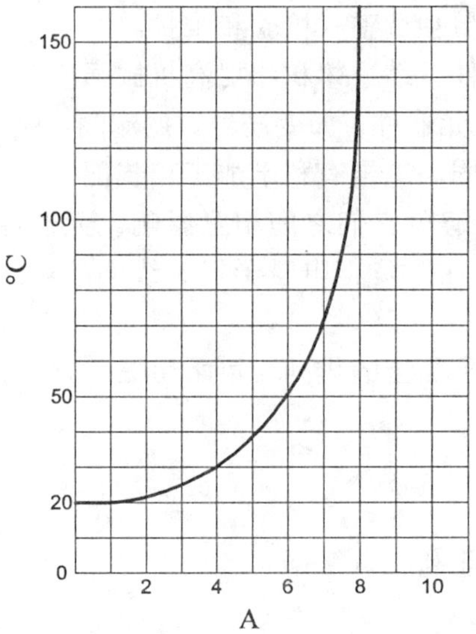

图 5.4 电流–温升曲线

在同一印刷电路板上，除地线外，其他印制导线的宽度应尽可能一致。如果导线的截面积过小，流过电流时导线就会发热，温度过高，印制导线就有可能从基板上剥落或翘起。因此，导线的宽度不能过小，在板面允许的条件下，要尽量取得宽一些，以保证电气和机械方面的性能。

设计导线宽度时的参考经验：

(1) 电源线及地线，在版面允许的条件下应尽量宽一些，即使在面积紧张的条件下一般也不应小于 1 mm。特别是地线，即使局部不能加宽，也应在允许的地方加宽以降低整个地线系统的电阻，减小导线上的压降，提高系统工作的可靠性。

(2) 对长度超过 100 mm 的导线，即使工作电流不大，也应适当加宽以减小导线压降对电路的影响。

(3) 一般信号获取和处理电路，如常用的 TTL、CMOS、非功率运放、RAM、ROM、微处理器等电路部分，可不考虑导线宽度。

(4) 一般安装密度不大的印刷电路板，印制导线的宽度应不小于 0.5 mm，手工制作的印刷电路板的印制导线其宽度应不小于 0.8 mm。

2）印制导线的间距

印制导线间的距离是由它们之间的电位差来决定的。印刷电路板基板的种类、制造质量及表面涂覆都会影响印制导线之间的安全工作电压。表 5.3 给出的印制导线的间距–电压参考值在一般设计中是安全的。

表 5.3 印制导线间距最大允许工作电压

导线间距（mm）	0.5	1	1.5	2	3
工作电压（V）	100	200	300	500	700

印制导线间的最小距离应该大于或等于 0.5 mm，一般应等于印制导线的宽度。当导线间

的电压超过 300 V 时，其间距不应小于 1.5 mm。

在高频电路中，线间距离将影响分布电容和电感的大小，从而影响信号的损耗、电路的稳定性等。因此，印制导线的间距就需根据抗电强度、允许的分布电容和电感来确定。在高速开关电路中，导线的间距将影响到信号的传输时间及波形质量。综上所述，影响印制导线的间距的因素有以下几个方面：① 线间允许击穿电压；② 线间的绝缘电阻；③ 线间的分布电容；④ 印制导线的厚度；⑤ 焊接工艺的种类。

特别在焊接和修复印制导线时，应保证不减小印制导线的间距。

3）印制导线的走向与形状

对于印刷电路板的布线，“走通”是最起码的要求，“走好”则是经验和技巧的表现。表 5.4 是印制导线的走向与形状的部分实例。实际设计时要根据具体电路条件来选择，但以下几条准则是各种条件均适用的。

① 以短为佳，能走捷径就不要绕远。

② 走线平滑自然为佳，避免急拐弯和尖角。

③ 公共地线应尽可能多地保留铜箔。

④ 印刷电路板上大面积铜箔应镂空成栅格状，如图 5.5 所示，导线宽度超过 3 mm 时中间留槽，以利于印制板涂覆铅锡及波峰焊。

⑤ 为增加焊盘抗剥强度，根据安装需要可设置工艺线（见图 5.6），但它不担负导电作用。

表 5.4　印制导线的走向与形状

不推荐						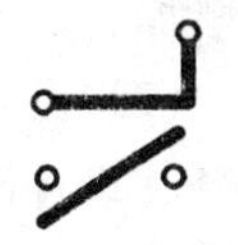
推　荐		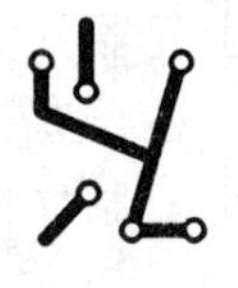				

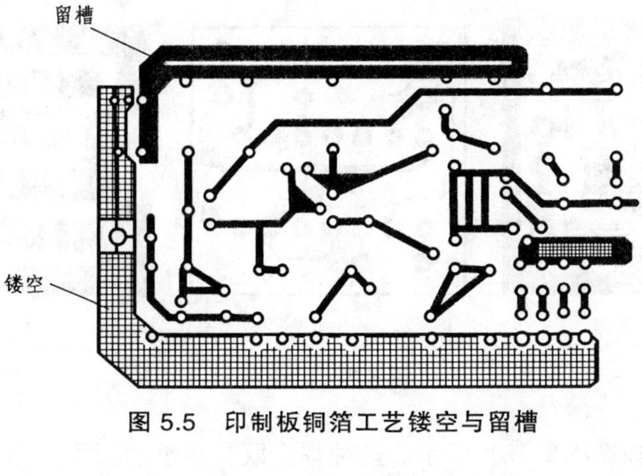

图 5.5　印制板铜箔工艺镂空与留槽

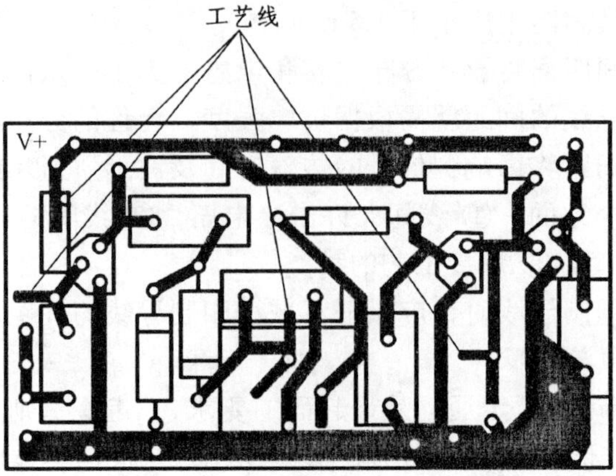

图 5.6 印制板工艺线

2. 焊　盘

1）焊盘形状

（1）岛形焊盘。如图 5.7（a）所示，焊盘与焊盘间的连线合为一体，形状像海上的小岛，所以称其为岛形焊盘。常用于元件的不规则排列，特别是当元器件采用立式不规则安装时更为普遍。电视机、收录机等家用电器产品中几乎均采用这种焊盘。这种焊盘有利于元器件的密集固定，并可大量减少印制导线的长度和数量，能在一定程度上抑制分布参数对电路造成的影响。此外，焊盘与印刷电路板合为一体后，铜箔面积加大，使焊盘与印制导线的抗剥强度增加，因而能降低选用覆铜板的档次，降低产品成本。

（2）圆形焊盘。如图 5.7（b）所示，焊盘与穿线孔为一同心圆，其外径一般为 2～3 倍孔径。设计时，若板的密度允许，则焊盘不宜过小，因为太小的话在焊接过程中极易脱落。圆形焊盘多在元件规则排列中使用，双面印刷电路板也多采用圆形焊盘。

（3）方形焊盘。如图 5.7（c）所示，印刷电路板上元器件大而少且印制导线简单时，多采用这种设计形式。这种设计形式简单，精度要求低。在一些手工制作的印刷电路板中，常用这种方式，因为只需用刀刻断或刻掉一部分铜箔即可。制作简单，易于实现。在一些大电流的印刷电路板上也多用这种形式。

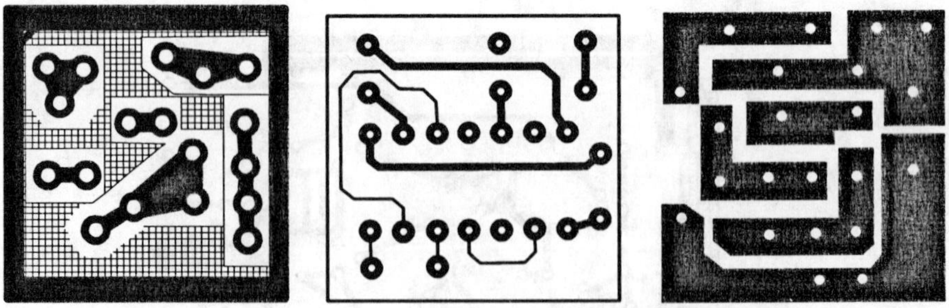

（a）岛形　　（b）圆形　　（c）方形

图 5.7 焊盘一

（4）椭圆焊盘。如图 5.8（a）所示，这种焊盘既有足够的面积来增强抗剥能力，又由于在一个方向上尺寸较小而有利于中间走线。常用于双列直插式芯片或插座类的元件。

（5）泪滴式焊盘。如图 5.8（b）所示，这种焊盘与印制导线的过渡较圆滑，在高频电路中有利于减少传输损耗，提高传输效率。

（6）开口焊盘。如图 5.8（c）所示，开口的作用是为了保证在波峰焊后，使手工补焊的焊盘孔不被焊锡封死。

图 5.8　焊盘二

（7）矩形焊盘、多边形焊盘和异形孔焊盘。如图 5.9（a），（b）所示，矩形（常用正方形）和多边形（常见八边形）焊盘一般用于某些焊盘外径接近而孔径不同的焊盘相互区别，便于加工和装配。图 5.9（c）所示的异形孔焊盘，主要用于安装片状管脚的元器件，如收音机中周的外壳、音频插座及四联电容的管脚等。

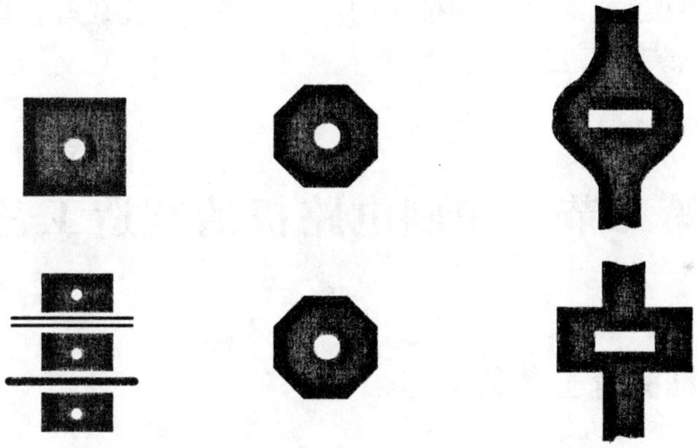

图 5.9　焊盘三

2）焊盘外径

对单面印刷电路板而言，焊盘抗剥能力较差，焊盘外径应大于引线孔径 1.5 mm 以上，即如果焊盘外径为 D，引线孔径为 d，则有 $D \geqslant (d+1.5)$ mm。

对双面印刷电路板而言，$D \geqslant (d+1.0)$ mm，并参照表 5.5。

表 5.5　圆形焊盘最小允许直径

引线孔径（mm）	0.5	0.6	0.8	1.0	1.2	1.6	2.0
最小焊盘直径（mm）	1.5	1.5	2	2.5	3.0	3.5	4.0

在高密度的精密板上，由于制作要求高，焊盘最小外径可为 $D=(d+0.7)$ mm，或者更小。

以上是就圆形焊盘而言的，其他种类可参考圆焊盘来确定。

3. 孔的设计

1）引线孔

引线孔有电气连接和机械固定双重作用，孔过小不仅安装困难，而且焊锡不能润湿金属孔；孔过大容易形成气孔等焊接缺陷。一般情况下，若元器件管脚的直径为 d_1，引线孔径为 d，则 $(d_1+0.2)$ mm $\leqslant d \leqslant (d_1+0.4)$ mm，通常取 $d=(d_1+0.3)$ mm。

2）过　孔

也称为连接孔，作用为不同层间的电气连接。尺寸越小则布线密度越高，一般电路过孔直径可取 0.6～0.8 mm，高密度板可减小到 0.4 mm，甚至用盲孔方式，即过孔完全用金属填充。过孔的最小极限受制板厂技术设备条件的制约。

3）安装孔

安装孔用于固定大型元器件和印刷电路板，按照安装需要选取，优选系列为 2.5，3.0，3.5，4.0，4.5，5.0，6.0，且最好排列在坐标格上。

4）定位孔

定位孔是印刷电路板加工和检测定位用的。可以用安装孔代替，也可单设，一般采用三孔定位方式，孔径根据装配工艺确定。

第三节　印刷电路板的制造工艺

一、印刷电路板制造工艺简介

随着我国电子工业的发展，各种类型的印刷电路板的需求量越来越大，印刷电路板的制造工艺技术也在不断的发展和进步，各种制造工艺层出不穷。不同条件、不同规模的制造厂采用的工艺技术也不尽相同。当前使用最广泛的是铜箔蚀刻法，即将设计好的图形通过图形转移到覆铜板上形成防腐蚀图形，然后用化学腐蚀除去不需要的铜箔，从而获得导电的图形。

1. 印刷电路板的制作工艺

目前制作印刷电路板的工艺有很多种，大致归类有以下几种：

(1) 加成法。在绝缘基板上直接制作金属电路。

① 金属箔冲压法。

② 金属涂料印刷法。

③ 金属粉末压制法。

④ 金属喷涂法。

⑤ 真空处理法。

⑥ 电镀法。

(2) 减成法。在绝缘基板的金属化表面（铜箔）上有选择地除去不需要的金属部分而得出的电路。

① 机械雕刻法。

② 腐箔法。

(3) 金属电路和绝缘基板同时制作。

① 单面印制。

② 双面和多层印制。

后一种能适应较复杂的电路的制作和使用。尽管电路采用印制的较为复杂，制版较困难，单件生产价格贵，不能多次拆装，但由于它与普通电路相比，尺寸小，且能简化装配工序，提高安装效率，便于机械化生产、装配、焊接，减少接线和错误，增加电路工作的可靠性，而且使检查和测试简单；另外，印制电路零件少，减少了加工和检验，设计简单、灵活，缩短了设计时间，所以目前被广泛采用。现在几乎电子工业的各种产品都离不开印刷电路。

2. 利用腐箔法制作印刷电路板的工艺流程简介

目前制作印刷电路板常用的工艺是腐箔法，其全称是“腐蚀铜箔法”。下面介绍利用这种方法制作印刷电路板的步骤。

(1) 绘图。这一步骤可以利用手工或计算机辅助完成。

如采用手工设计，则要确定布线方式、印刷电路板的大小和形状，考虑元器件的布局，然后绘出元器件引脚的位置图，最后才进行连线及画出印刷电路板组装件的装配图。

如采用计算机辅助设计，则要由电路设计人员提供原理图、逻辑图、元件表和成品技术要求，并要考虑电阻、电流、电压及导线间的分布参数（如分布电容、分布电感等）。然后利用 CAD 软件（如 PROTEL99SE、MULTISIM 等），给出电路原理图，接着对原理图进行后处理（CAD 软件对原理图进行处理，生成网络表文件、连线表文件、元件明细表文件和错误信息文件等），最后进行元件的布局及布线。

无论采取何种方式，印刷电路板图都必须符合电路原理图的电气连接和电气、机械性能的要求。

(2) 选材下料及清洗。这一步是根据印刷电路图形的大小、形状及产品要求选择覆铜板的材料、厚度。然后将覆铜板进行清洗，目的是去除覆铜板上的油污、氧化层等。

(3) 制作印刷电路板原版底图。这一步是将印刷电路板的图贴在覆铜板上，可以采用光绘法或照相法完成。即用光绘或照相的技术将印刷电路板图转移到覆铜板上，制作印刷电路板原版底图必须要高标准、严要求地完成，因为这将直接影响到成品印刷电路板的精度。

(4) 蚀刻（腐蚀）。蚀刻是指利用化学或电化学的方法，对涂有抗蚀剂并经感光显影后的覆铜板上未感光部分的铜箔腐蚀除去，在印刷电路板上留下精确的线路图形。

对印刷电路板有多种蚀刻剂及工艺可以采用，这些材料和方法可以除去未保护部分的铜箔，但不影响感光显影后的抗蚀剂及其保护下的铜箔，也不腐蚀绝缘基板及黏结材料。工业上常用的蚀刻剂有三氯化铁、盐酸、过硫酸铵、铬酸及氯化铜等溶液。其中三氯化铁及盐酸价格低廉，毒性较低。这里主要介绍三氯化铁及盐酸这两种蚀刻剂蚀刻工艺。

蚀刻方法有摇动槽法、浸蚀法和喷蚀法三种。摇动槽法最简单，所用的设备是一只放蚀刻剂的槽，装在不断摇动的台面上或手动摇动槽即可。浸蚀法是将工件浸没在盛有能保温的大槽中蚀刻。喷蚀法生产速度较快，是用泵将蚀刻剂喷于印刷电路板表面进行蚀刻加工。鉴于实验中心的条件，我们手工制作印刷电路板时一般采取摇动槽法来腐蚀印刷电路板。

① 三氯化铁蚀刻工艺过程。三氯化铁与未保护部分的铜箔表面接触，通过化学反应（$2FeCl_3+Cu=2FeCl_2+CuCl_2$）能产生铜离子溶于溶液中。为了保证腐蚀边缘清晰度高、毛刺小，能均匀地腐蚀，三氯化铁的浓度必须保持一定（一般按三氯化铁和水的体积比 1∶2 配制溶液）。

三氯化铁蚀剂温度在 38 °C～54 °C 为宜。虽然蚀刻温度要求不是很严格，当溶液加热超过室温时，蚀刻速度增加；但是能够保持溶液温度相对稳定，则所需蚀刻成形时间也保持一定（一般 30 min 左右），不过由于加工过程中溶液温度不断降低，蚀刻成形时间也要逐渐延长。

在蚀刻过程中，要不停地搅动蚀刻剂，使“新鲜”的溶液不断流过工件表面，才能有效地蚀刻成形，而且可以减少蚀刻成形的时间。

② 盐酸溶液蚀刻工艺过程。过氧化氢（催化剂）、盐酸和水按 1∶2∶4 的比例配制成盐酸溶液与未保护部分的铜箔表面接触，通过化学反应可以将未保护部分的铜箔去除掉。

（5）清洗。当蚀刻完成后，要将印刷电路板进行水洗和清洁处理，这道工艺很重要。如果不清洗，则在印刷电路板上留下的干燥盐类附着在印刷电路的基底上，在潮湿条件下，将会进一步进行蚀刻反应，导致绝缘故障，同时也影响印刷电路板的使用寿命。目前有流水冲洗法和中和清洗法两种。

（6）除胶。即用光抗蚀剂的去除剂（有机溶液）、丙酮溶液或用碎布蘸上去污粉反复在成形印刷电路板上擦拭，去掉覆铜板的保护层（油墨、光敏抗蚀剂或油漆），裸露出铜箔线条，露出铜的光亮本色。为使板面美观，擦拭时应固定顺着某一方向，这样可使反光方向一致，看起来更加美观。擦拭后，用水冲洗、晾干。

（7）线上覆膜（涂助焊剂）。在清洗干净的成形印刷电路板的印制导线上涂上一层保护膜，该层保护膜可以防止印制导线氧化，同时也可以起到绝缘和助焊的作用。

（8）镀锡。这一步是在印刷电路板的焊盘上镀上一层锡，防止铜箔的氧化并且便于焊接。

（9）打孔。在每一个穿孔处，根据印刷电路板设计时确定的孔径，选择合适的钻头打孔。质量优良的印刷电路板必须具有良好、清洁、无毛刺的孔。为了获得高质量的孔，就必须统筹考虑采用合适的钻头、钻床、转速、垫板及覆铜层压板。

二、印刷电路板的手工制作工艺简介

在上一节中讲述的制作印刷电路板的工艺，一般为专业生产厂家批量生产所采用。若作为平时试制一块，或制作为数不多的印刷电路板（主要是单面板）时，可以省却某些步骤。其制作工艺如下：

（1）绘图。按照电路原理图在覆铜板上按 1∶1 的比例用油墨或油漆画出印刷电路图，或将图打印或画在转印纸上（注意打印出来的图纸必须与印刷电路板图相反）。

（2）贴图。将转印纸上的印刷电路图平整地贴在覆铜层压板上。

（3）转印。即将贴好印刷电路图的覆铜层压板放在转印机上进行图纸的转印。

（4）腐蚀。用三氯化铁溶液或盐酸溶液进行腐蚀。未被油墨或油漆保护的铜箔部分在腐蚀过程中与溶液进行化学反应被去除掉，剩余的部分即为所需的电路部分。

（5）冲洗。腐蚀后的覆铜板应立即用水彻底地冲洗干净，以免化学污染，影响印刷电路板的使用寿命。

（6）除墨。用丙酮溶液清洗印刷电路板上的油漆，露出光亮的铜箔线条（或用去污粉去除印刷电路板上的油墨）。

（7）钻孔。在元件管脚（穿线孔）处按照元件或导线孔径的大小采用相应大小的钻头钻孔（或冲孔）。

（8）涂剂。在整块印刷电路板上均匀地涂上一层助溶剂（助焊剂）。这样既利于焊接，又利于保护印刷电路板。

三、印刷电路板的检验

印刷电路板作为基本的重要的电子部件，在制成后必须通过必要的检验，才能进入装配工序。尤其是批量生产中对印刷电路板进行检验是产品质量和后序工序顺利进展的重要保证。

1. 目视检验

目视检验是用肉眼检验所能见到的一些性能。目视检验简单易行，通常借助简单的工具，如直尺、卡尺、放大镜等，对要求不高的印刷电路板可以进行质量把关。

通常目视检验能发现的一些缺陷可分为表面缺陷和其他缺陷。

（1）表面缺陷。表面缺陷包括凹痕、麻坑、划痕、表面粗糙、空洞、针孔等。

① 凹痕：表面厚度降低，凹陷不明显。

② 麻坑：没有完全穿透铜箔而出现的一些小孔。

③ 划痕：表面有轻微的斑痕或划伤。

④ 表面粗糙：表面不光滑或不平整，具有隆起点、凸点等。

⑤ 空洞：局部区域上没有沉淀物质，露出基材。

⑥ 针孔：以完全穿透铜箔的小孔形式出现的一些缺陷。

（2）其他缺陷有：

① 焊盘的重合性：检验孔是否在焊盘中心。

② 导线图形的完整性：测量导线图形的完整性，即用印刷电路板底图覆盖在已加工好的印刷电路板上，来测定导线的宽度、外形是否处于要求的范围内。

③ 外形尺寸：检验印刷电路板的外边缘尺寸是否处于要求范围之内。

（3）目视检验的主要检验内容有：

① 外形尺寸与厚度是否在要求的范围内，特别是与插座导轨配合的尺寸。

② 导电图形的完整和清晰，有无短路和断路、毛刺等。

③ 表面质量，有无凹痕、划伤、针孔及表面粗糙等现象。

④ 焊盘孔及其他孔的位置及孔径，有无漏打或打偏等现象。

⑤ 镀层质量：镀层平整光亮，无凸起缺损。

⑥ 涂层质量：阻焊剂是否均匀牢固，位置是否准确，助焊剂涂得是否均匀等。

⑦ 板面平直，无明显翘曲。

⑧ 字符标记清晰、干净，无渗透、划伤、断线等。

2. 连通性检测

对双层或多层印刷电路板要进行连通性的检测。可以借助万用表来进行。

3. 绝缘性能检验

绝缘性能检验的目的是检测印刷电路板的绝缘部件对外加直流电压所呈现出的一种绝缘电阻。在印刷电路板电路中，绝缘性能检验既可以在同一层上的各条导线之间进行，也可以在两个不同层之间来进行。检验过程：选择两条或多条间距紧密、电气上绝缘的导线，在加速湿热之前测量其间的绝缘电阻，再加速湿热一个周期。将印刷电路板垂直放在试验箱的框架上，箱内相对湿度约为100%，温度在42 °C～48 °C，放置几个小时到几天后，置于室内条件下恢复一小时，再测量它们之间的绝缘电阻。

4. 可焊性检验

可焊性是用来测量元器件安装到印刷电路板上时，焊接对印制图形的润湿能力，一般用润湿、半润湿和不润湿来表示。

① 润湿：焊料在印制导线和焊盘上自由流动及扩展，而成黏附性连接。

② 半润湿：焊料首先润湿表面，然后由于润湿不佳而造成焊接回缩，结果在基底金属上留下一薄层焊料层。在表面一些不规则的地方，大部分焊料都形成了焊料球。

③ 不润湿：虽然表面接触熔融焊料，但在其表面丝毫未沾上焊料。

5. 镀层的附着力检验

镀层的附着力检验通常采用是胶带检验法。即把质量好的透明胶带粘到要检验的镀层上，并用手按压胶带，使气泡全部排除，然后掀起胶带一端，大约与印刷电路板呈90°扯掉胶带，扯胶带时应快速迅猛，如扯下的胶带完全干净，则说明检验结果合格。

此外，还有铜箔抗剥强度、镀层成分、金属化孔抗拉强度、金属化孔的电流击穿、载流量等多种指标的检验，根据印刷电路板的要求选择检验的内容。

习　题

5.1　简述印刷电路板的种类。

5.2　简述印刷电路板的设计要求。

5.3　简述印刷电路板元件布局原则和要求。

5.4　简述印刷电路板的制作工艺。

5.5　简述印刷电路板的检验方法。

第六章　焊接技术

焊接是电子产品装配中一项非常重要的技术。目前，电子元器件的焊接主要采用锡焊技术。锡焊技术采用以锡为主的锡合金材料作焊料，在一定温度下焊锡熔化，金属焊件与锡焊料之间相互吸引、扩散、结合，形成浸润的结合层。从外表看来印制板铜箔及元器件引线都是很光滑的，实际上在其表面都有很多微小的凹凸间隙，熔流态的锡焊料借助于毛细管吸力沿焊件表面扩散，形成焊料与焊件的浸润，把元器件与印制板牢固地黏合在一起，并且具有良好的导电性能。焊接质量的好坏直接影响产品的质量，所以焊接保证制作优质电子产品的关键性操作之一。因此，掌握焊接技术非常必要。

手工焊接是传统的焊接方法，虽然批量电子产品生产中已较少采用手工焊接了，但对电子产品的开发、维修、调试，仍不可避免地还会用到手工焊接。在电子工艺实习过程中，只有正确运用焊接工具与材料，掌握电烙铁、导线、元器件引线的上锡及焊接方法，才能保证各种电子产品的质量。

第一节　焊接的基本知识

一、锡焊及其特点

1. 焊接技术的分类

焊接是金属连接的基本方法之一。按照焊接的方式不同，通常将焊接技术分为熔焊、压焊和钎焊。

1）熔　焊

熔焊是焊接过程中，利用高温将焊件接头加热至熔化状态，不加压力完成焊接的方法。主要用于金属板材等之间的连接，如气焊、压弧焊等。

2）压　焊

压焊是焊接过程中，必须对焊接施加压力完成焊接的方法，焊接过程中可以加热或者不加热。如超声波焊、脉冲焊等。

3）钎　焊

钎焊是采用比母材熔点低的金属材料作焊剂，将焊件和焊料加热到焊料熔化而焊件不熔的温度，利用液态焊料浸润母材，填充接头间隙并与母材相互扩散实现焊件连接的方法。根据使用焊料的不同，可分为硬钎焊和软钎焊。焊料熔点大于 450 °C 为硬钎焊，低于 450 °C

为软钎焊。在电子元器件的焊接中，最常用的锡焊属于软钎焊，它的焊料是铅锡合金，熔点低，因此应用比较广泛。钎焊还包括火焰钎焊、真空钎焊和电阻钎焊等。

2. 锡焊的特点

在电子行业中采用最多的焊接技术就是锡焊。其中，手工烙铁焊、波峰焊、浸焊、再流焊等都得到广泛的应用。锡焊的特点如下：

① 焊料熔点低于焊件的熔点。

② 焊接时将焊件和焊料同时加热，焊料熔而焊件不熔。

③ 焊接是由熔化的焊料在焊件的接触面产生一系列反应形成结合层来实现焊件连接的。

④ 铅锡焊料熔点低于 200 °C，适合于半导体等电子材料的连接。

⑤ 只需简单的加热工具和材料即可加工，所以成本低。

⑥ 焊接点有足够的强度和电气特性。

⑦ 焊接过程可逆，易于拆焊。

二、焊接的工艺要求

（1）焊件应具有良好的可焊性。可焊性是指在适当的温度下，焊件表面与焊料在助焊剂的作用下形成良好的结合，形成合金层的性能。铜是导电性能很好且易于焊接的金属材料，常用于元器件的引脚、导线等。金、银的可焊性较好，但是价格较高。对于一些可焊性较差的金属，如铁等，可以在表面上先镀一层可焊性好的铜、金、银等金属，然后再进行焊接。

（2）焊件表面应保持洁净。焊件表面如果存在氧化物或污垢，会严重影响焊接的质量，出现虚焊、假焊等焊接缺陷。

（3）正确使用助焊剂。助焊剂是一种易熔物质，在焊接过程中可以溶解焊件表面的氧化物和污垢，提高焊料的流动性，有利于焊料的浸润和扩散，保证焊点的质量。助焊剂的种类很多，效果不尽相同，使用时需根据具体的情况进行选用。

（4）正确使用焊料。焊料的正确使用直接影响焊件的连接。选择焊料的成分与性能应与焊件的可焊性、焊接的温度及时间、焊点的机械强度等要求相适应。锡焊中使用的焊料是铅锡合金，根据铅锡的含量及其他金属成分的不同，焊接的特性也会有所不同，使用时，应根据要求正确地选择。

（5）控制焊接温度和时间。热能是锡焊中不可缺少的条件，起到熔化焊料、促进合金层形成的作用。温度过低，会造成虚焊；温度过高，会损坏元器件和印制电路板。合适的温度是保证焊点质量的重要因素。手工焊接时，控制温度的关键是选用合适的电烙铁和掌握焊接时间。具体情况需要不断地在实践中积累，一般情况下，焊接时间不宜超过 3 s。

三、焊接质量的检测

焊接质量的检测主要是检测焊点的质量，通常对焊点质量的要求有以下几点：

（1）电气性能良好。质量好的焊点应使焊料和焊件表面形成牢固的合金层，才能保证良好的导电性能。虚焊是影响焊点电气性能的最大因素。

（2）具有一定的机械强度。焊点的作用是连接两个或者两个以上的元器件，并使其电气接触良好。电子设备有时会工作在一些振动比较大的环境，如果焊点的机械强度过小，会使元器件松动甚至会使电气连接断开等。为了保证电子设备能够在这样的场合正常工作，必须使焊点具有一定的机械强度，锡铅焊料中的锡和铅的强度都较低。有时在焊接较大较重的器件时，为了增加强度，可根据需要增加焊接面积，或先将元器件进行适当的固定后再进行焊接。

（3）焊点上的焊料要适量。焊点上的焊料过少，会使焊点的机械强度不够，而且随着时间的推移，表面氧化层会逐渐加深，导致焊点早期失效；焊料过多，既会增加成本，又容易造成桥接（短路），也会掩盖焊接缺陷，故焊点的焊料要适量。

（4）焊点表面要光亮且均匀。焊接质量好的焊点表面应光亮且色泽均匀。主要是因为助焊剂中没有完全挥发的树脂形成的薄膜覆盖在焊点表面，能够防止焊点表面氧化。

（5）焊点不能有毛刺、空隙。毛刺、空隙不仅影响美观，还会对电子产品造成潜在的危害。特别是在高压时，会产生尖端放电损坏电子设备。所以焊点表面不能有毛刺、空隙。

（6）焊点表面应清洁。焊点表面应保持清洁，否则酸性物质会腐蚀元器件引线、焊点及印制电路，受潮会产生漏电和短路的危险。

以上是检测焊接质量的标准。好的焊点与焊料、助焊剂、焊接工具的选用以及焊接工艺都有着直接关系。

第二节　焊接工具及其正确使用

一、电烙铁

电烙铁是手工焊接的主要工具。正确选择和使用电烙铁是保证焊接质量的基础。

1. 电烙铁的分类

由于用途、结构的不同，电烙铁可分为很多类。从加热方式分有：外热式、内热式、感应式、恒温式、吸锡式、热风式等。按照功率大小分有：20 W，30 W，50 W 等。在电子制作中，最常用的是外热式和内热式两种。

1）外热式电烙铁

外热式电烙铁的外形结构如图 6.1 所示。烙铁头安装在烙铁芯里，故称为外热式电烙铁。外热式电烙铁一般由烙铁头、烙铁芯、外壳、手柄、插头等部分所组成。烙铁头安装在烙铁芯内，用热传导性好的铜为基体的铜合金材料制成。烙铁头的长短可以调整（烙铁头越短，烙铁头的温度就越高），且有凿式、尖锥形、圆面形、圆、尖锥形和半圆沟形等不同的形状，以适应不同焊接面的需要。

外热式电烙铁按照功率来分，有 20 W，25 W，30 W，50 W，75 W，…，300 W 等多种

规格。功率越大，发热量就越大，烙铁头的温度就越高。焊接印制电路板通常采用 25 W 的电烙铁。如果选择的功率过大，温度过高，容易烫坏元器件或使得印制板焊盘脱落；功率过小，温度过低，会使焊点质量不能得到保证。所以应根据焊接对象的不同，合理选择。

外热式电烙铁结构简单，价格便宜，但一般功率都较大，体积也较大，热效率较低。

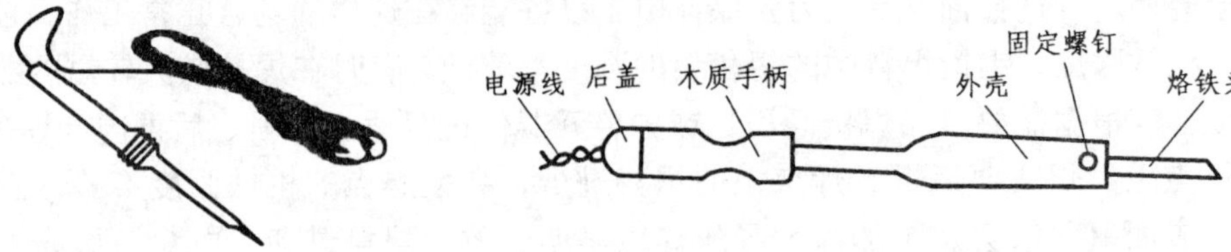

图 6.1 外热式电烙铁

2）内热式电烙铁

内热式电烙铁的外形结构如图 6.2 所示，由连接杆、手柄、弹簧夹、烙铁芯、烙铁头五个部分组成。烙铁芯是用较细的电阻丝绕制在瓷管上的。由于烙铁芯安装在烙铁头的里面，故称为内热式电烙铁。内热式电烙铁发热快，热效率高达 85%～90%。内热式电烙铁体积较小，价格便宜，发热效率较高，而且更换烙铁头较方便，因而在电子制作过程中使用广泛，一般电子制作都用 20～30 W 的内热式电烙铁。20 W 电烙铁其电阻为 2.4 kΩ左右，35 W 电烙铁其电阻为 1.6 kΩ左右。常用的内热式电烙铁的工作温度列于表 6.1 中。

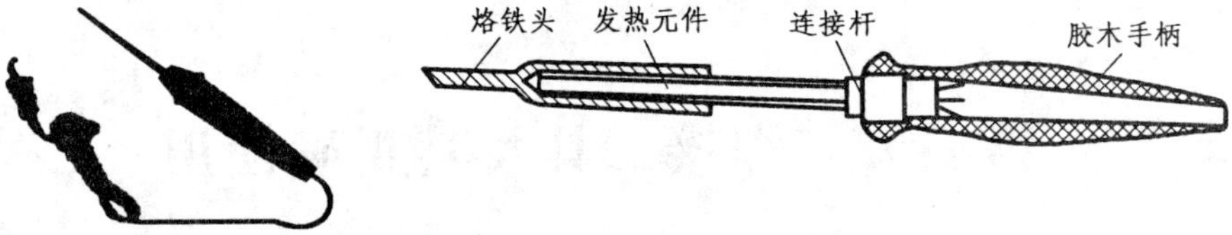

图 6.2 内热式电烙铁

表 6.1 内热电烙铁的工作温度

烙铁功率（W）	20	25	45	75	100
端头温度（°C）	350	400	420	440	455

由于发热量高，20 W 的内热式电烙铁相当于 40 W 的外热式电烙铁。内热式电烙铁是手工焊接的理想工具。

一般来说，电烙铁的功率越大，热量越大，烙铁头的温度就越高。焊接集成电路、印制电路板、CMOS 电路一般选用 20 W 内热式电烙铁。使用的电烙铁功率过大，容易烫坏元器件（一般二极管、三极管结点温度超过 200 °C 时就会烧坏），容易使印制导线从基板上脱落；使用的电烙铁功率过小，焊锡不能充分熔化，焊剂不能挥发出来，焊点不光滑、不牢固，易产生虚焊。焊接时间过长，也会烧坏器件，一般每个焊点在 1.5～4 s 内完成。

3）其他电烙铁

（1）感应式电烙铁。感应式电烙铁也叫速热电烙铁，俗称焊枪。它里面实际上是一个变压器，该变压器的次级线圈只有 1～3 匝，初级通电时，次级感应出大电流通过加热体，使烙铁头迅速发热达到焊接温度。

（2）恒温电烙铁。由于焊接集成电路、晶体管元件时，温度不能太高，焊接时间不能过长，否则就会损坏元器件，因此需要对电烙铁的温度加以限制。恒温电烙铁的烙铁头内，装有磁铁式的温度控制器，来控制通电时间，达到恒温的目的。在焊接温度不宜过高、焊接时间不宜过长的元器件时，应选用恒温电烙铁，但它价格高。恒温式电烙铁的烙铁头温度可以在 260 °C～450 °C 内任意选择。因恒温式电烙铁采用断续加热方式，所以比普通电烙铁节能约二分之一，温升也较快。由于始终保持恒温，在焊接过程中不易氧化，可减少虚焊，提高焊接质量，烙铁头的使用寿命也比较长。

（3）吸锡电烙铁。吸锡电烙铁是将活塞式吸锡器与电烙铁熔于一体的拆焊工具，它具有使用方便、灵活、适用范围宽等特点。缺点是每次只能对一个焊点进行拆焊。

（4）热风枪。热风枪又称贴片元件拆焊器。专门用于贴片电子元件的焊接和拆卸。主要由控制电路、空气压缩泵和热风枪喷头组成。在目前，由于在电子设计和制作过程中，大量使用贴片元件，所以热风枪的使用越来越多。

2. 电烙铁的选择和使用

1）电烙铁的选择

由前面的介绍可知，电烙铁的种类繁多，被焊焊件的种类也很多，因此合理选择电烙铁的种类及功率，对提高焊接质量和效率至关重要。

（1）选用电烙铁一般应遵循以下原则：

① 烙铁头的形状要适应被焊件的物面要求和产品装配密度。

② 烙铁头的顶端温度要与焊料的熔点相适应，一般要比焊料熔点高 30 °C～80 °C（不包括在电烙铁头接触焊接点时下降的温度）。

③ 电烙铁热容量要适当。烙铁头的温度恢复时间要与被焊件的要求相适应。温度恢复时间是指在焊接周期内，烙铁头顶端温度因热量散失而降低后，再恢复到最高温度所需时间。它与电烙铁功率、热容量以及烙铁头的形状、长短有关。

（2）选择电烙铁的功率应遵循以下原则：

① 焊接集成电路、晶体管及其他受热易损坏的元器件时，考虑选用 20 W 内热式或 25 W 外热式电烙铁。

② 焊接较粗导线及同轴电缆时，考虑选用 50 W 内热式或 45～75 W 外热式电烙铁。

③ 焊接较大元器件时，如金属底盘接地焊片，应选 100 W 以上的电烙铁。

2）电烙铁的使用方法

电烙铁是握在手中的，使用时千万注意安全。新买的电烙铁应先用万用表电阻挡检查一下插头与金属外壳之间的电阻值，万用表指针应该不动。否则，应彻底检查。

电源线如果用塑料电线，则不是很安全。建议换用橡皮花线，因为橡皮花线不容易被烫伤、破损，以至短路或触电。

新的电烙铁，或使用时间长久后要更换新的烙铁头的电烙铁，在使用电烙铁前应先通电给烙铁头“上锡”。首先用锉刀把烙铁头按需要锉成一定的形状，然后接上电源，当烙铁头温度升到能熔锡时，将烙铁头在松香上沾涂一下，等松香冒烟后再沾涂一层焊锡，如此反复进行二至三次，使烙铁头的刃面全部挂上一层锡，使烙铁不易被氧化便可使用了。在使用中，应使烙铁头保持清洁，并保证烙铁的尖头上始终有焊锡。

电烙铁不宜长时间通电且不使用，这样容易使烙铁芯加速氧化而烧断，缩短其寿命，同时也会使烙铁头因长时间加热而氧化，甚至被“烧死”而不再“吃锡”。

使用电烙铁时，烙铁的温度太低则熔化不了焊锡，或者使焊点未完全熔化，温度太高又会使烙铁“烧死”（尽管温度很高，却不能蘸上锡）。另外也要控制好焊接时间，电烙铁停留的时间太短，焊锡不易完全熔化，接触不好，易形成“虚焊”，而焊接时间太长又容易损坏元器件，或使印刷电路板的铜箔翘起。一般 1～2 s 要焊好一个焊点，若没完成，需等一会儿再焊一次。焊接时电烙铁不能移动，应该先选好接触焊点的位置，再用烙铁头的搪锡面去接触焊点。

3. 使用电烙铁的注意事项

（1）根据焊接对象不同，合理选用不同类型的电烙铁。

（2）使用过程中不要任意敲击电烙铁头，以免损坏。内热式电烙铁连接杆钢管壁厚度只有 0.2 mm，不能用钳子夹以免损坏。在使用过程中应经常维护，保证烙铁头挂上一层薄锡。

二、其他常用的工具

在焊接过程中，除了使用电烙铁外，还需要一些必要的辅助工具才能使焊接得以顺利完成，如尖嘴钳、斜口钳、剥线钳、螺丝刀、镊子等。

（1）尖嘴钳。头部较细，适用于夹持小型的金属元件、引线。

（2）斜口钳。用于剪焊接后的引线头。

（3）剥线钳。专用于剥有绝缘皮的导线。使用时将导线放入合适的槽口，以免剪断导线。

（4）螺丝刀。又称起子，有“一”字和“十”字两种形状，专用于拧螺钉。根据螺钉的大小，螺丝刀也有不同的规格。

（5）镊子。有尖嘴和圆嘴两种形状。尖嘴镊子用于夹持比较细小的导线，便于安装焊接。圆嘴镊子用于弯曲元器件引线和夹持元器件焊接等。用镊子夹持元器件还有散热的作用。

除此之外，还有剪刀、钩针、中空针管、无感起子、有磁起子等。

第三节　常用的焊接材料

一、焊　料

焊料是一种易熔金属或合金，用来熔合两种或多种金属面，使其成为一个整体，它能使元器件引线与印制电路板的连接点连接在一起。锡中加入一定比例的铅和少量其他金属可制成熔点低、流动性好、对元件和导线的附着力强、机械强度高、导电性好、不易氧化、抗腐蚀性好、焊点光亮美观的焊料，一般称为焊锡。在电子焊接中，采用最多的焊料为铅锡合金焊料。铅与锡熔融形成合金（即铅锡焊料）后，具有一系列铅和锡不具备的优点：

① 熔点低。各种不同成分的铅锡合金的熔点均低于铅和锡的熔点，利于焊接。

② 机械强度高，抗氧化。

③ 表面张力小，增大了液态流动性，有利于焊接时形成可靠焊点。

不同锡铅比例的焊锡的熔点温度不同，一般为 180 °C～230 °C。手工焊接中最适合使用的是管状焊锡丝，焊锡丝中间夹有优质松香与活化剂，使用起来非常方便。管状焊锡丝有 0.5，0.8，1.0，1.5…多种规格，可以方便地选用。一般电子焊接情况下，焊锡丝的选择见表 6.2。

表 6.2　焊锡丝的选择

被焊对象	焊锡丝直径（mm）
印制板焊点	0.8～1.0
小型端子与导线连接	1～1.2
大型端子与导线连接	1.2～2.0

二、助焊剂

助焊剂是用于去除焊件表面的氧化膜的一种专用材料，能溶解去除金属表面的氧化物，并在焊接加热时包围金属的表面，使之和空气隔绝，防止金属在加热时氧化，可降低熔融焊锡的表面张力，有利于焊锡的湿润。适当地使用助焊剂可以去除氧化膜，使焊接质量更可靠，焊点表面更光滑、圆润。

1. 助焊剂的作用

① 除去金属表面的氧化物和杂质。

② 防止加热时金属氧化。

③ 增加液体焊料的流动，减少表面张力。

④ 加速焊件的预热速度。

2. 助焊剂的种类

助焊剂可分为无机系列、有机系列和树脂系列。

1）无机系列助焊剂

这类助焊剂的主要成分是氯化锌和氯化铵及其混合物。优点是具有很好的助焊作用，缺点是具有较强的腐蚀性。因此，多用于可清洗金属制品的焊接。如果对残留焊剂清洗不彻底，将会造成被焊物的损坏。市场上出售的焊油多属于这类，是用在工业上的，不适合电子制作使用。

2）有机系列助焊剂

有机系列助焊剂主要是由有机酸卤化物组成。特点是助焊性能好、可焊性高。缺点是有一定的腐蚀性，热稳定性较差，加热后易迅速分解而留下无活性的残留物。

3）树脂系列助焊剂

树脂系列助焊剂最常用的是在松香焊剂中加入活性剂。这种焊剂具有无腐蚀性、高绝缘性、耐湿性等优点，使用较多。如松香酒精焊剂（指用无水乙醇溶解纯松香配置成25%～30%的乙醇溶液）。

3. 助焊剂的选用

（1）电子电路的焊接通常都采用松香、松香酒精溶液助焊剂。这样可以保证电路元器件不被腐蚀，电路板的绝缘性能不会受到损害。

由于纯松香焊剂的活性较弱，为了改善松香焊剂的活性，在松香中加入活性剂就构成了活性焊剂。它在焊接过程中可以除去金属氧化物及氢氧化物，使被焊金属和焊料容易相互扩散，形成合金。

电子元器件的引线多数是镀锡的，也有镀金、银或镍的，对这些金属的焊接情况有所不同，可按照金属的不同选用不同的焊剂。

（2）对于铂、金、银、铜、镀锡等比较容易焊接的金属，可选用松香焊剂。

（3）对于铅、黄铜、青铜、镀镍等焊接性较差的金属，可选用有机焊剂中的中性焊剂。

（4）对镀锌、铁、锡镍合金等焊接性很差的金属，因焊接较困难，可选用酸性焊剂。但是焊接完成后必须清洗。

三、阻焊剂

阻焊剂是限制焊料在需要的焊点上进行焊接，把不需要焊接的印制电路板的板面部分覆盖起来，使其在焊接时受到的热冲击小，不起泡，同时还起到防止桥接、拉尖、短路、虚焊等情况。

使用焊剂时，必须根据被焊件的面积大小和表面状态适量使用，用量过小则影响焊接质量；用量过多，焊剂残渣将会腐蚀元件或使电路板绝缘性能变差。另外，焊剂加热挥发出的化学物质对人体是有害的，如果操作时鼻子距离烙铁头太近，则很容易吸入有害气体。一般烙铁离开鼻子的距离应不少于30 cm，通常以40 cm为宜。

第四节 手工锡焊技术

一、焊前准备及焊接技术

1. 焊接前的准备

1）镀　锡

镀锡实际上就是用液态焊锡将被焊金属表面浸润，形成一层不同于被焊金属和焊锡的结合层，提高焊件的连接性能。

为了提高焊接质量和速度，避免虚焊等焊接缺陷，应在元器件安装前对焊接表面进行镀锡。镀锡是焊接前一道非常重要的工序，尤其是可焊性较差的元器件。镀锡有以下工艺要点：

（1）待镀面保持清洁。待镀面不清洁会造成虚焊等。各种元器件、焊片、导线等都可能在加工、存储过程中被弄脏。对于较轻的污垢可以用酒精、丙酮等清洗；严重的只有用刀刮或砂纸打磨等机械方法去除。

清洁待镀面，首先应观察元器件的引线采用的是哪种镀层，按照不同的方法进行清洁：镀银引线易产生不可焊接的氧化物，须用小刀刮去；镀金引线，因为其基材难以镀锡，故不能刮去镀金层，可用橡皮擦等擦去引线的污物；镀铅锡合金的引线在较长的时间内均可保持较高的可焊性，因此可免去对引线的清洁和镀锡的工序。

经过清洁的元器件引线应浸涂助焊剂，对刮去氧化膜的引线须镀锡。

（2）温度要足够。被焊金属表面的温度应该接近焊锡熔化时的温度，才能与焊锡形成良好的结合层。要根据焊件的大小，使用相应的焊接工具，提供足够的热量，由于元器件所承受的温度不能太高，故加热时间必须适当。

（3）使用有效的焊剂。焊接电子元器件时，广泛使用酒精松香水作为助焊剂。这种助焊剂无腐蚀性，焊接时能除去氧化膜，增加焊锡的流动性，使焊点美观可靠。

2）元器件的引线成形

元器件在印制板上的排列和安装方式有两种，一种是立式，一种是卧式。元器件引线的形状应根据焊盘孔的距离在装配上的不同而加工成形。图 6.3 是印制板装配元器件的实例。元器件引线加工成形时，需注意以下几点：

（1）所有元器件引线均不能从根部弯曲。因为制造工艺上的原因，根部容易折断，一般应留 1.5mm 以上，同类型器件尽量保持高度平齐。

（2）弯曲不能成直角，圆弧半径应大于引线直径的 1～2 倍。

（3）要尽量将有字符的元件面置于容易观察的位置，以便调试。

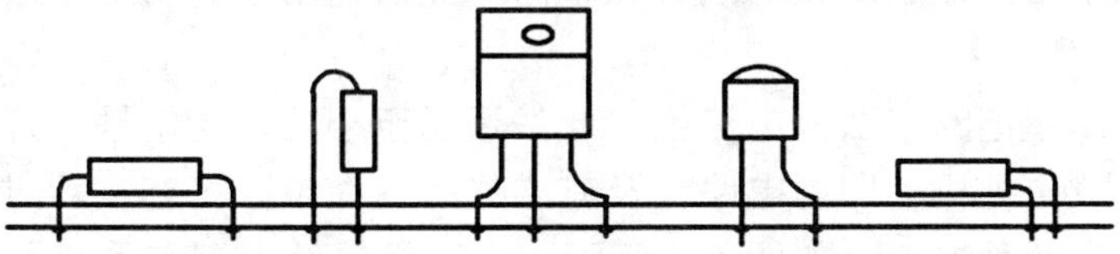

图 6.3　印制板元器件引线成形

3）元器件的插装

（1）贴板插装与悬空插装，如图 6.4 所示。贴板插装稳定性好，插装简单，但是不利于散热，且对某些安装位置不适合；悬空插装适用范围广，有利于散热和电路检测，但是插装比较复杂，需控制一定的高度以保持美观，悬空高度一般取 2～6 mm。插装时首先要保证安装工艺要求，其次按实际位置确定。无特殊要求时，只要许可，应尽量采用贴板插装。

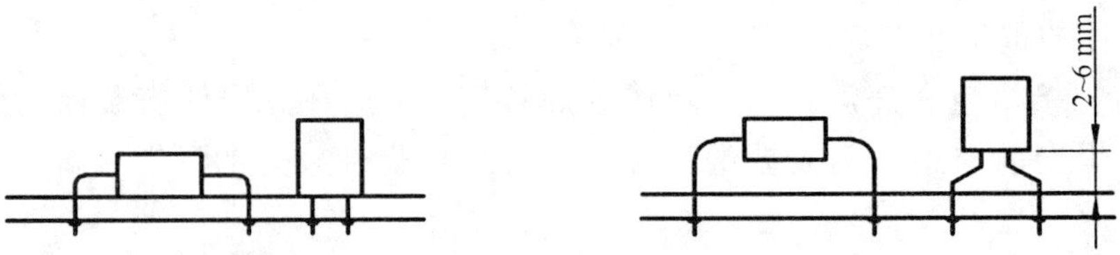

（a）贴板插装　　（b）悬空插装

图 6.4　元器件插装形式

（2）插装时注意保持元器件字符标记方向一致，容易查看，便于电路检查。

（3）插装时注意不要用手直接碰元器件的引线和印制板焊盘，防止弄脏。

（4）插装后为了固定，可对引线进行弯曲处理。

2. 手工焊接技术

1）焊接操作的正确姿势

焊剂加热挥发产生的化学物质对人体有害，操作时，操作者的鼻子不能离烙铁头太近，否则容易将有害气体吸入。一般操作者的鼻子应保持与烙铁头的距离不小于 30 cm。

电烙铁的握法有三种，即正握法、反握法、握笔法，如图 6.5 所示。

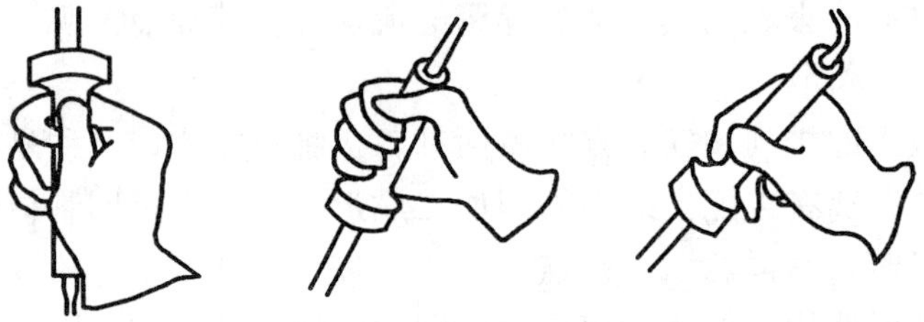

（a）正握法　　（b）反握法　　（c）握笔法

图 6.5　电烙铁的握法

（1）正握法。此法适用于较大的电烙铁，弯形烙铁头一般也用此法。

（2）反握法。用五指把电烙铁的柄握在掌内。此法适用于大功率电烙铁，焊接散热量大的被焊件。

（3）握笔法。用握笔的方法握电烙铁，此法适用于小功率电烙铁，焊接散热量小的被焊件，如焊接收音机、电视机的印制电路板及其维修等，在电子工艺实习过程中均采用此法。

焊锡丝一般也有两种握法，如图 6.6 所示。由于焊锡丝中含有重金属——铅，对人体有害，操作时应戴手套；工作完成后应立即洗手，避免食入。

图 6.6　焊锡丝的握法

使用电烙铁时应配置烙铁架，烙铁架一般应放在工作台的右前方，电烙铁使用后一定要稳妥地放在烙铁架上，应避免导线等被电烙铁烫坏。

2）焊接操作的基本步骤

焊接操作一般分为五步进行，如图 6.7 所示。下面介绍的五步法具有普遍的意义。

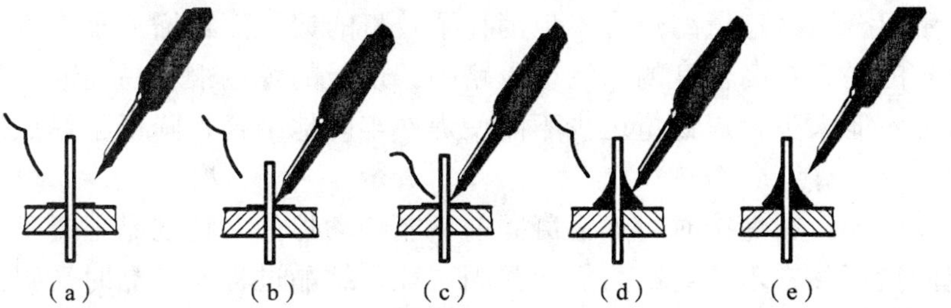

图 6.7　焊接基本步骤

(1) 准备施焊。准备好焊锡丝和电烙铁。此时一定要保持烙铁头的干净，左手拿焊锡丝，右手拿电烙铁对准焊接位置，如图 6.7（a）所示。

(2) 加热焊件。将烙铁头接触焊件焊接点，注意要加热焊件的各个部分，如元器件引线和焊盘均需加热，如图 6.7（b）所示。

(3) 送入焊锡丝。加热焊件达到焊接温度时，将焊锡丝送入焊接点（注意焊锡丝应接触焊件如元器件引线和焊盘，不是电烙铁），焊料熔化并浸润焊点。如图 6.7（c）所示。

(4) 移开焊锡丝。当焊锡丝熔化到一定量后将焊锡丝移开，如图 6.7（d）所示。

(5) 移开电烙铁。当焊锡完全浸润焊盘或焊件的施焊部位后，移开电烙铁。注意，移开电烙铁的方向应该是大致 45°的方向，如图 6.7（e）所示。

上述步骤并没有严格的区分，对于小容量的焊件而言，上述过程不能超过 2～4 s。要熟练掌握焊接方法，必须经过大量的实践练习，才能保证焊接的质量。

3）焊接操作的基本要领

(1) 掌握好加热的时间。针对不同的情况，锡焊时可以采用不同的加热速度。在多数情况下，延长加热时间对电子产品的装配都是有害的，在保证焊料浸润焊件的前提下加热的时间越短越好。

(2) 保持合适的温度。如果为了缩短加热时间而用高温烙铁焊接小焊点，会使得焊锡丝中的焊剂没有足够的时间在被焊面上漫流而过早地挥发失效，影响焊剂作用的发挥，而且有可能造成局部温度过高过热的情况。由此可见要保持烙铁头在合理的温度范围内，一般应保持烙铁头的温度比焊料熔点高 30 ℃～50 ℃。

(3) 注意避免用烙铁头对焊接点施力。烙铁头把热量传给焊点主要靠增加接触面积，用烙铁头对焊点施力对焊接加热是没有用的，很多情况下会对焊件造成损害，使元件失效。

(4) 适量的助焊剂。适量的助焊剂在焊接时是必不可少的。过量的助焊剂不仅会增加焊点焊后的清洁工作量，而且延长了加热时间，降低了工作效率。另外，当加热时间不足时，焊剂容易夹杂在焊锡中形成夹渣的缺陷。焊接开关元件时过多的助焊剂容易流到触点，造成接触不良。

(5) 保持烙铁清洁。焊接时烙铁头长期处于高温状态，接触焊剂等受热分解的物质，表面容易氧化形成黑色的杂质，对烙铁头起到隔热的作用，使烙铁头的加热能力下降，应随时除去烙铁头上的杂质。

(6) 加热要靠焊锡桥。要提高烙铁头的加热效率，需要形成热量传递的焊锡桥。靠烙铁头上保留的少量焊锡作为烙铁头与焊件之间传递热能的桥梁。但是，作为焊锡桥的焊锡不能保留过多。

(7) 焊锡量要合适。过量的焊锡不但消耗了较贵的锡，而且增加了焊接时间，降低了焊接速度。更严重的是，在高密度的印制板电路中，过量的焊锡很容易造成不易察觉的短路。当然，焊锡量也不能太少，焊锡量过少不能使焊件牢固地结合，降低了焊点的强度，也会降低焊接质量。

(8) 焊件要固定。在焊接时，焊锡凝固前不能移动焊件。特别是用镊子夹住焊件时，一定要等焊锡凝固后再移去镊子。因为焊锡凝固过程是结晶过程，结晶时受到外力会改变结晶条件，造成结晶体粗大，即所谓“冷焊”。冷焊的外观现象为表面无光泽且呈豆渣状；焊点内部结构疏松，容易有气隙和裂缝，焊点强度低，导电性差。

(9) 烙铁的撤离要正确。烙铁撤离要及时，而且撤离时的角度和方向与焊点的形成有较大关系。

二、印制板的焊接及拆焊

1. 印制板的焊接

1）焊　接

印制板的装焊在整个电子产品制造中处于核心的地位，其质量好坏对整机的质量有着直接的影响。虽然随着工业技术的发展，印制板的焊接实现了自动化，但是在产品研制、维修中主要还是采用手工焊接。

印制电路板在焊接前要仔细检查，看有无断路、短路、孔金属化不良以及是否涂有助焊剂或阻焊剂等。一般制品或非正规投产的少量印制电路板，焊前必须进行仔细检查，否则在整机调试中会带来很大的麻烦。

焊接前，将印制电路板上所有的元器件做好整形、镀锡等焊前准备工作。焊接时一般按照先焊较低的元件，后焊较高的和要求较高的元件等。一般次序：电阻→电容→二极管→三极管→其他元件等。但是根据印制板上元器件的特点，有时也可先焊高的元件后焊低的元件。不论是哪种焊接工序，印制板上的元器件都要排列整齐，同类元件要保持高度一致。

焊接印制板，除了遵循焊接要领外，还需特别注意以下几点：

(1) 电烙铁。一般选用内热式（20～30 W）或者恒温式，烙铁头的温度以不超过 300 °C 为宜；烙铁头的形状应根据焊盘的大小选择凿形或锥形。目前印制板的发展趋势是小型密集化，一般采用圆锥形烙铁头。

(2) 加热方法。加热时应尽量使烙铁头同时接触在印制板焊盘和元器件引线上。对于较大的焊盘，焊接时可移动烙铁头，使烙铁头绕焊盘转动，以免长时间加热，造成局部过热损坏。

(3) 金属孔化的焊接。两层以上印制板的孔都要进行金属化处理。焊接时不仅要让焊料浸润焊盘，而且孔也要得到填充。

(4) 焊接时不能摩擦焊盘。焊接时不要用烙铁头摩擦焊盘的方法来增强焊料的浸润性能，必须靠表面清理和镀锡来改进浸润性。

(5) 辅助散热。对于耐热性差的元器件应使用辅助工具辅助散热，如用镊子夹住元器件等。

2）焊后处理

(1) 减去多余引线。减去印制板上多余的引线需注意：不要对焊点施加剪切力以外的其他力。

(2) 检查焊点。检查印制板上所有元器件引线的焊点，修补有缺陷的焊点。

(3) 清洗印制板。根据工艺要求，选择合适的清洗液清洗印制板。一般使用松香焊剂的印制板不需要清洗。

2. 拆　焊

在电子制作中，难免会出现错焊、虚焊、假焊，这时就需要从印刷电路板上将元器件拆卸下来。在修理电子产品时，也要更换那些已损坏的元器件。若拆焊方法不当，往往会造成元器件的损坏、印制导线的断裂或焊盘的脱落，所以需要掌握拆焊技术。良好的拆焊技术，能保证调试、维修工作顺利进行，避免由于更换器件方法不当而增加产品的故障率。

拆焊的基本操作是首先要用电烙铁加热焊点，使焊点上的锡熔化；其次，要吸走熔锡，可用带吸锡器的电烙铁一点点地吸走，有条件的也可用专用吸锡器吸走熔锡；最后要取下元器件，可用镊子夹住取出或用空心套筒套住引脚，并在钩针的帮助下卸下元器件。

拆焊过程要注意：若没有断定被拆焊的元器件已损坏时，不要硬拉下来，否则会拉断或弄坏引脚。而且对那些焊接时曾经采取散热措施的，拆焊过程中仍需要采取散热措施。对于集成电路拆焊更要注意，因为集成电路引脚多，拆焊时要一根一根地把引脚加热、熔锡，吸走熔锡后才能拆卸下来。

对初学者来说，如何顺利地将线路板上的元器件拆下来是经常碰到的实际问题，方法不当则会使线路板上铜皮起泡或脱落，不但影响美观，有时还会扩大故障范围。

普通元器件的拆焊方法有：

① 选用合适的医用空心针头拆焊。

② 用铜编织线进行拆焊。

③ 用气囊吸锡器进行拆焊。

④ 用专用拆焊电烙铁拆焊。

⑤ 用吸锡电烙铁拆焊。

三、几种易损元器件的焊接

易损元器件是指在安装焊接过程中，受热或接触电烙铁时容易造成损坏的元器件。例如，有机铸塑元器件、MOS 集成电路等。易损元器件在焊接前要认真做好表面清洁、镀锡等准备工作，焊接时切忌长时间反复烫焊，烙铁头及烙铁温度要选择适当，确保一次焊接成功。此外，要少用焊剂，防止焊剂侵入元器件的电接触点。焊接 MOS 集成电路最好使用储能式电烙铁，以防止由于电烙铁的微弱漏电而损坏集成电路。由于集成电路引线间距很小，要选择合适的烙铁头及温度，防止引线间连锡。焊接集成电路最好先焊接地端、输出端、电源端，再焊输入端。焊接对温度特别敏感的元器件时，可以用镊子夹上蘸有无水乙醇（酒精）的棉球保护元器件根部，使热量尽量少地传到元器件上。

1. 铸塑元器件的焊接

各种有机材料，如有机玻璃、聚氯乙烯、聚乙烯、酚醛树脂等，已经被广泛用于电子元器件的制造，如各种开关、接插件等。这些元器件都是采用热铸塑方式制成的，最大的弱点是不耐高温。当对这类元件进行焊接时，必须注意焊接加热时间的控制，否则极易造成塑件变形，导致元件失效或性能降低，造成隐患。焊接这类元件时必须注意以下几点：

① 在元件的焊接准备时，尽量清理好焊接点，一次性镀锡成功，尤其注意镀锡的时间。

② 焊接时烙铁头要修理好，焊接过程中不要触碰相邻的焊接点。

③ 镀锡和焊接时注意加助焊剂要少，防止进入电接触点。

④ 烙铁头在任何方向上均不要对接线片施加压力，防止元件管脚内部变形。

⑤ 焊接时间，在保证浸润的条件下越短越好。焊接后不要在塑壳未冷却前对焊点作牢固性检查。

2. 簧片类元器件焊接

这类元器件如继电器、波段开关等，共同的特点就是簧片制造时加了预应力，使之产生适当的弹力，保证电气接触性能。如果安装焊接时对簧片施加外力，则容易破坏接触点的弹力，造成元件失效。焊接簧片类元器件时需注意以下几点：

① 元器件引线可靠镀锡。

② 保证焊接质量的情况下，加热时间要短。

③ 焊接时不能对焊点施加任何方向的力。

④ 焊锡量要比较少，以免造成管脚引线短路。

3. FET 及集成电路的焊接

MOS FET 特别是绝缘栅型场效应管，由于输入电阻很大，很容易使内部击穿而失效。双极型 MOS 集成电路由于内部集成度高，通常管子的隔离层较薄，一旦受到过量的热则容易损坏。任何一种集成电路均不能承受高于 200 °C 的温度，因此焊接时必须小心，应该考虑以下几点：

① 电路引线如果是镀金处理，只需用酒精或橡皮擦干净即可，不能使用小刀，以免将镀层破坏。

② 对 CMOS 电路，如果事先已经将各引线短路，焊接前不要去掉短路线。

③ 焊接时间在保证浸润的前提下，应尽可能短，一次焊接时间最好不要超过 3 s。

④ 最好使用 200 °C 的恒温电烙铁或 20 W 的内热式电烙铁，应保证接地线可靠。如果没有条件将电烙铁外壳接地，则焊每个点时必须将电烙铁的插头拔下才能进行，这样可防止集成电路在焊接时被损坏。

⑤ 工作台上如果铺有橡皮、塑料等材料时，容易积累静电，所以 MOS 集成电路芯片及印制板不宜放在铺有橡皮、塑料等材料的工作台上面。

⑥ 焊接时烙铁头要修理好，且焊接时不要触碰相邻的焊接点。

⑦ 集成电路若不使用插座，需直接焊接在电路板上，焊接脚的安全焊接顺序依次为：接地端→输出端→电源端→输入端。

4. 瓷片电容、发光二极管、中周等元件的焊接

这类元件的共同特点是加热时间过长就会失效，造成瓷片电容、中周等元件内部的焊接点断开，发光二极管管芯损坏。所以焊接前一定要处理好焊接点，焊接时要迅速，且可以采用辅助散热，以避免热效应。

第五节 焊接缺陷及质量检查

一、焊点失效分析

作为电子产品制作中的主要连接方式,焊接点应该在产品的有效寿命期限内保证不失效。但是，在实际情况中并非如此，有些焊接点在有效使用期限内就会失效，原因从大的方面来分有两类：内部因素和外部因素。其中外部因素主要有环境因素、机械应力、热应力等。

（1）环境因素。有些电子产品本身工作的环境比较恶劣，如有一定的腐蚀性气体，湿度较大等。这些腐蚀性气体会浸入有缺陷的焊点，在焊料和焊件间形成电化学腐蚀作用，使焊点早期失效。

（2）机械应力。电子产品在运输中或使用中往往会受到周期性的机械振动，结果使得有一定质量的电子元件对焊点施加周期性的剪切力，反复作用的结果会使一些强度不够的焊点失效。

（3）热应力作用。有些电子产品使用的环境温度差别较大，而且产品本身在反复的通断电时也会产生热量，不同材料间的热胀冷缩性能有所不同，对焊点会产生热应力，结果也会使一些焊点失效。

应该明确指出，设计正确、焊接合格的焊点是不会因为外部因素失效的。外部因素是通过内部因素起作用的。内部因素主要是焊接缺陷，如虚焊、气孔、夹渣、冷焊等。内部缺陷在初期检查时往往很难发现，一旦外部条件达到一定程度时就会失效。一两个焊点的失效就有可能影响整个电子产品的正常使用，甚至会造成严重后果。所以，必须保证焊接质量。

二、常见焊点缺陷及分析

造成焊接缺陷的原因很多，对于初学者来说，在焊接时，容易出现虚焊和假焊。虚焊和假焊会给电子产品带来隐患，焊接时一定要保证质量。

1. 虚焊和假焊

虚焊是由于焊接前没有对引线清洁、上锡而造成的。虚焊看起来好像有锡在引线和焊盘上，但焊锡与引线并没有可靠连接。虚焊的电子产品在振动后，容易出现信号时有时无的情况。

假焊是由于被焊接的焊盘被氧化，焊接时没有进行处理造成的。假焊看起来好像有锡在

引线和焊盘上，但焊盘上没有焊锡的浸润，此焊点根本没焊上去，是假焊。假焊时，电路并没接通，严重时可以将元器件的引线从印刷电路板上拔下来。

造成元器件虚焊和假焊的主要原因有：

① 焊接的金属引线没有清洁、上锡，或上锡上得不好。

② 没有清除焊盘的氧化层和污垢，或者清除不彻底。

③ 焊接时间过短，焊锡没有达到足够高的温度。

④ 焊锡还未完全凝固就晃动了元器件。

从外观上不易判断出虚焊和假焊，在进行大量焊接时，也不可能对每个焊点都及时检测，所以在进行焊接时，一定要养成良好的焊接习惯，确保焊接的每一步骤都保证质量。否则会给检查工作带来困难，影响产品质量。

如果发现电路板上有虚焊、假焊，对于假焊点，检查的办法是用万用表逐点查找，将万用表置于欧姆挡的小量程处，如果测量时出现引线与覆铜间有很大的电阻值，就可能是假焊点。对于虚焊点，可在电路通电调试时，敲击电路板，若电路输出状态不稳定，则电路中肯定存在虚焊。

2. 常见的焊点缺陷

造成焊点缺陷常见的原因有：

(1) 焊锡用量过多，形成焊点的锡堆积；焊锡用量过少，不足以包裹焊点。

(2) 冷焊。焊接时烙铁温度过低或加热时间不足，焊锡未完全熔化、浸润，焊锡表面不光亮，有细小裂纹。

(3) 夹松香焊接。焊锡与元器件或印制板之间夹杂着一层松香，造成电连接不良。若夹杂加热不足的松香，则焊点下有一层黄褐色松香膜；若加热温度太高，则焊点下有一层碳化松香的黑色膜。对于有加热不足的松香膜的情况，可以用烙铁进行补焊。对于已形成黑色膜的，则要"吃"净焊锡，清洁被焊元器件或印制板表面，重新进行焊接才行。

(4) 焊锡连桥。指焊锡量过多，造成元器件的焊点之间短路。在对超小元器件及细小印刷电路板进行焊接时要尤为注意。

(5) 焊剂过量，焊点周围松香残渣很多。当有少量松香残留时，可以用电烙铁再轻轻加热一下，让松香挥发掉，也可以用蘸有无水酒精的棉球，擦去多余的松香或焊剂。

(6) 焊点表面的焊锡形成尖锐的突尖。这多是由于加热温度不足或焊剂过少，以及烙铁离开焊点时角度不当造成的。

常见的焊点缺陷如表 6.3 所示。

表 6.3 常见的焊点缺陷

焊点缺陷	外观检查	危害	原因分析
 虚焊	焊锡与元件管脚或者焊盘之间界线明显，焊锡在界线处内凹	电气接触不良	元器件管脚镀锡不好；焊盘不清洁；助焊剂质量不好等
 焊料过多	焊料面呈凸形	强度不够，可能引起虚焊，浪费焊料	焊料质量不好；焊接温度不够；焊锡撤离太慢等

续表 6.3

焊点缺陷	外观检查	危害	原因分析
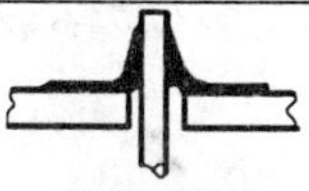 焊料过少	焊接面积过小，焊料未形成平滑面	强度不够	烙铁头吸锡；焊锡流动性差；助焊剂不够；焊锡丝撤离太早等
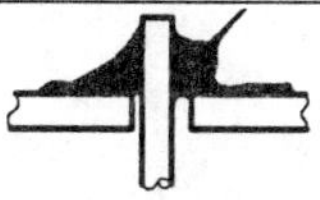 拉 尖	焊料表面出现尖端	影响外观，高压易出现桥接	烙铁头不清洁；电烙铁撤离角度不对；加热时间过长；助焊剂太少等
 松香焊	焊料中夹有松香渣	电气接触不良，强度不够	助焊剂太多；焊接时间太短，加热不够等
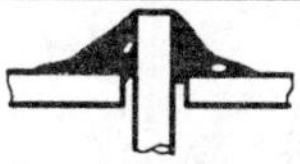 气 泡	焊料内藏有气泡	长时间易导通不良	烙铁头不清洁；引线浸润不良；引线与焊盘孔间隙过大
 桥 接	相邻导线连接	短 路	焊锡过多；电烙铁撤离角度不对
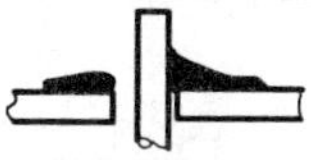 不对称	焊料未全覆盖焊盘	断路，强度不够	烙铁头不清洁；助焊剂不够；焊料流动性差等
 冷 焊	焊点表面有颗粒、裂纹	强度低，导电性能不好	电烙铁功率不够；焊接时间不够
 过 热	焊点发白，无金属光泽	焊盘易脱落，强度不够	焊接时间过长；电烙铁功率太大
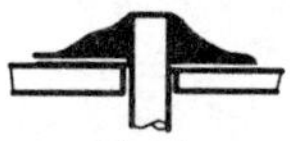 剥 离	焊点松动	断 路	加热时间过长；焊盘镀层不好

三、焊点质量检查

1. 外观检查

典型的焊点外观如图 6.8 所示，其共同点为：

① 外形以焊接导线为中心，匀称，呈锥状，略下凹。

② 表面有光泽且平滑。

③ 焊料的连接面呈半弓形凹面，焊料与焊件连接处平滑，接触角小。

④ 无针孔、裂纹和夹渣等缺陷。

外观检查时，除了目测外，还可以借助显微镜、放大镜等观测焊点是否符合以上标准，还可以检查以下各点：是否漏焊；焊料是否拉尖；是否桥接；导线及元器件的绝缘损坏；焊料飞溅；布线整形。除目测外，可以用镊子拨动、手拉、触碰引线等检查导线是否断开，焊盘是否有剥离等牢固性检查。

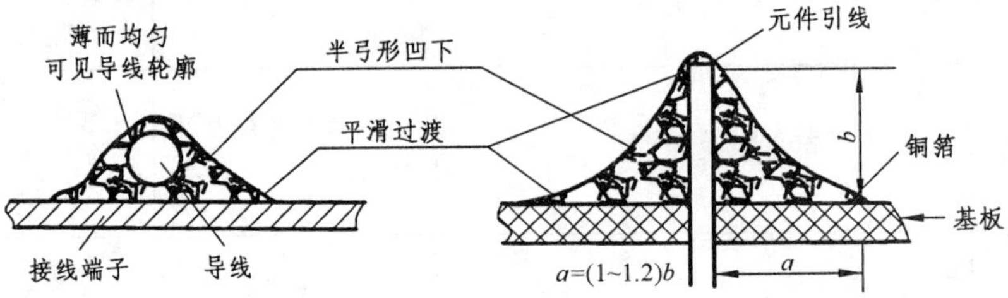

图 6.8　焊点外观

2. 通电检查

在进行外观检查确定连接正常以后才可以进行通电检查，通电检查也是检验电路性能的关键步骤。如果不经过严格的外观检查，通电检查不仅困难较多，而且有损坏设备、损坏仪器、造成安全事故的危险。

通电检查可以发现很多目测不能发现的微小缺陷，例如用目测很难发现的桥接和内部虚焊等。通电检查时可能出现的故障与焊接缺陷的关系如图 6.9 所示，可供参考。

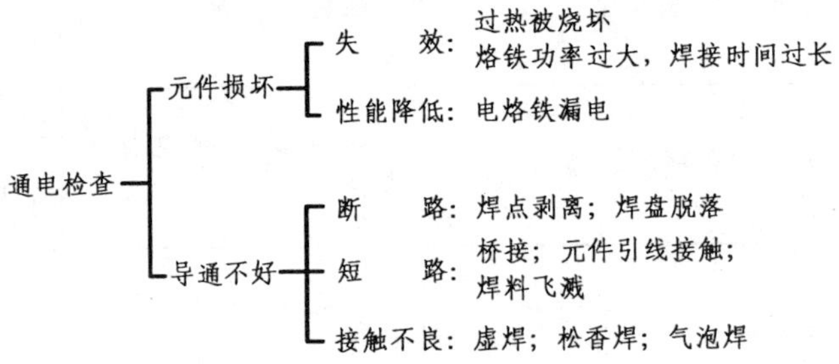

图 6.9　故障与焊点缺陷的关系

四、电子焊接技术的发展

随着电子技术的飞速发展，电子元器件也向集成化、小型化和微型化方向发展，印制板上元器件的密度越来越高，焊接技术也取得了很大的发展。

1. 自动焊接技术

在批量生产中，手工焊接已经不能满足高效率和高可靠性的要求。因此，自动焊接技术得到迅速的发展，在电子产品生产中已经得到广泛的应用。

自动焊接技术主要包含以下几种：

1）浸　焊

浸焊是将插好元器件的印制板浸入处于熔融状态的锡锅中，一次完成印制电路板上所有焊点的焊接。比手工焊接效率高，操作简单，适宜批量生产。浸焊又包括手工浸焊和自动浸焊。浸焊的优点：效率高，设备比较简单；缺点：易造成虚焊，易烫坏元器件，甚至使印制板变形。

2）波峰焊

波峰焊是目前采用最为广泛的自动焊接技术。波峰焊采用波峰焊机。波峰焊机的主要结构是一个温度自动控制的熔锡缸，缸内装有机械泵和具有特殊结构的喷嘴。机械泵能根据要求，连续不断地从喷嘴压出液态锡。当传送机构上的印制电路板以一定的速度进入时，焊锡以波峰的形式溢出至印制板进行焊接。

3）再流焊

随着电子产品的小型化、微型化的发展，焊接技术也在浸焊、波峰焊的基础上向前发展。再流焊又称回流焊，是伴随微型化电子产品的出现发展起来的一种新的焊接技术。它主要用于贴片元件的焊接。

再流焊是先将焊料加工成一定颗粒的粉末，加上适当的液态黏合剂，使之成为具有一定流动性的糊状焊膏，用它将元器件黏在印制板上，通过加热使焊膏中的焊料熔化再次流动，从而将元器件焊接到印制板上。

2. 其他的焊接技术

除了以上介绍的几种焊接方法外，在微电子元件的组装中，超声波焊、热超声金丝球焊、机械热脉冲焊等也得到了应用。特别是新发展起来的激光焊，能在几毫秒内将焊点加热到熔化温度实现焊接，热应力影响很小，是一种很好的焊接方法。随着微处理技术的发展，微机控制的焊接设备也在电子焊接中得到应用，如微机控制电子束焊接，还有光焊技术等。

3. 现代焊接技术的发展特点

现代焊接技术发展具有以下特点：

1）焊件微型化

现代电子产品的不断微型化发展促进了微型焊件焊接技术的发展。

2）焊接方式多样化

（1）锡焊。除了波峰焊向自动化、智能化发展外，再流焊技术也日渐完善，发展迅速。其他新的焊接方法也随着微组装技术的发展不断涌现，目前已用于实践的有真空焊、倒装焊、TAB 焊等。

（2）特种焊接。锡焊以外的焊接方法主要有高频焊、超声焊、电子束焊、激光焊、爆炸焊、扩散焊等。

（3）无铅焊接。由于铅是对人体有害的重金属，目前已经成功代替铅的有铟、铋等。

（4）无加热焊接。用导电黏结剂将焊件黏起来，如同普通黏合剂黏结物品一样，使焊接变得更加方便、简单。

3）设计生产的计算机化

现代计算机及相关的工业技术的发展，使工业中的自动控制发展到集中控制，即整个焊接控制过程均由计算机来完成。

4）生产过程的绿色化

绿色是环境保护的象征。目前，电子焊接中使用的焊剂、焊料及焊接过程、焊后清洗都不可避免地会影响环境。绿色化主要表现在使用无铅焊料和免清洗技术。

习　　题

6.1　什么叫焊接？锡焊有哪些特点？

6.2　简述锡焊的机理及工艺要求。

6.3　怎样合理选择和使用电烙铁？

6.4　简述焊料和焊剂的作用及其正确选择。

6.5　手工锡焊的焊前准备工作有哪些？为什么要做好这些准备工作？

6.6　手工焊接的正确姿势是什么？

6.7　手工焊接的基本方法是什么？五步法的具体内容是什么？

6.8　手工焊接的技术要领有哪些？

6.9　什么是虚焊？产生虚焊的原因是什么？

6.10　焊接温度和加热时间应如何掌握，时间过长或过短会造成怎样的影响？

6.11　常见的焊接缺陷有哪些？如何避免？

6.12　简述拆焊的方法和技巧。

6.13　一些特殊元件的焊接需要注意哪些方面的问题？

第七章　电子工艺实习项目

第一节　电路调试中的故障检测方法

电路故障按产生的原因可分为：外部故障，表现为电性失效；人为故障，产生的原因一般为接线错误、焊接错误等；内部故障，主要原因是元器件的损坏。

查找故障的顺序可以从输入到输出，也可以从输出到输入。

查找故障的一般方法有：

1）直接观察法

直接观察法是指不用任何仪器，利用人的视、听、嗅、触等作为手段来发现问题，寻找和分析故障。直接观察包括不通电检查和通电观察。检查仪器的选用和使用是否正确；电源电压的等级和极性是否符合要求；电解电容的极性、二极管和三极管的管脚、集成电路的引脚有无错接、漏接、互碰等情况；布线是否合理、烫坏等；印制板有无断线；电阻电容有无烧焦和炸裂等；焊点有无脱落。

通电观察电路状态是否正常，元器件有无发烫、冒烟，变压器有无焦煳味，电子管、示波管灯丝是否亮，有无高压打火等。直接观察法简单、有效，可在初步检查时用，但对比较隐蔽的故障检查不出来。

2）用万用表检查静态参数

电子电路的供电系统，半导体三极管、集成块的直流工作状态（包括元器件引脚、电源电压)、线路中的电阻值等都可用万用表测定。当测得值与正常值相差较大时，经过分析可找到故障。用示波器的优点是：内阻高，能同时看到直流工作状态和被测点上的信号波形以及可能存在的干扰信号及噪声电压等，更有利于分析故障。

3）信号寻迹法

对于各种较复杂的电路，可分功能单元，在输入端接入一个定幅值、适当频率的信号，观察功能单元输出是否正常，逐步排除和确定故障位置。例如，对于多级放大器，可在其输入端接入 $f=1\ 000$ Hz 的正弦信号，用示波器由前级到后级（或者相反），逐级观察波形及幅值的变化情况，如哪一级异常，则故障就在该级。这是深入检查电路的方法。

4）对比法

怀疑某一电路存在问题时，可将此电路的参数与工作状态相同的正常电路的参数（或理论分析的电流、电压、波形等）逐个进行对比，从中找出电路中的不正常情况，进而分析故障原因，判断故障点。

5）部件替换法

有时故障比较隐蔽，不能目测找出，如果有与故障仪器同型号的仪器时，可以用仪器中的部件、元器件、插件板等替换有故障仪器中的相应部件，以便缩小故障范围，进一步查找故障。这也是对隐蔽故障查找的较为实用的一种方法。

6）旁路法

当有寄生振荡现象时，可以利用适当容量的电容器。选择适当的检查点，将电容临时跨接在检查点与参考接地点之间，如果振荡消失，则表明振荡是产生在此附近或前级电路中。否则就在后面，再移动检查点寻找。应该指出的是，旁路电容要适当，不宜过大，只要能较好地消除有害信号即可。

7）短路法

短路法就是采取临时性短接一部分电路来寻找故障、缩小故障范围的方法。短路法对检查断路性故障最有效，但需要注意对电源电路是不能采用短路法的。

8）断路法

断路法也是一种使故障怀疑点逐步缩小范围的方法。断路法对检查电路的短路故障最有效。例如，某稳压电源因接入一带有故障的电路，使输出电流过大，我们采取依次断开电路的某一支路的办法来检查故障。如果断开该支路后，电流恢复正常，则故障就发生在此支路。

实际调试时，寻找故障原因的方法多种多样，以上仅列举了几种常用的方法。这些方法的使用可根据设备条件，故障情况灵活掌握，对于简单的故障用一种方法即可查找出故障点，但对于较复杂的故障则需采取多种方法互相补充、互相配合，才能找出故障点。在一般情况下，寻找故障的常规做法是：

① 先用直接观察法，排除明显的故障。

② 再用万用表、或示波器检测静态参数。

③ 信号寻迹法是对各种电路普遍适用而且简单直观的方法，在电路故障调试、检测中广为应用。应当指出，对于反馈环内的故障诊断是比较困难的，在闭环回路中，只要有一个元器件或功能单元出故障，则往往整个回路中处处都存在故障现象。寻找故障的方法是先把反馈回路断开，使系统成为一个开环系统，然后再接入一个适当的输入信号，利用信号寻迹法逐一查找发生故障的元器件或功能块。

第二节　电子工艺实习项目

一、可记忆门铃

可记忆门铃电路原理图如图 7.1 所示。其电路工作原理如下：

该门铃具有记忆功能，当有人按过门铃后，发光二极管就保持长时间显示状态，直到主人按复位开关熄灭。门铃用 4.5～9 V 电池供电，也可用交流电源工作。图 7.1 中所示的 12 V 直流电源即可通过桥式整流电路获得，静态耗电流仅数毫安。

K_1是门铃按钮开关，K_2是清除记忆灯的复位开关。IC2 为 *RS* 触发器。平时 IC2 第 4 脚通过 R_5接地，故处于零输入状态，扬声器无声。按 K_2一下使 IC1 输出高电平，LED 不发光。

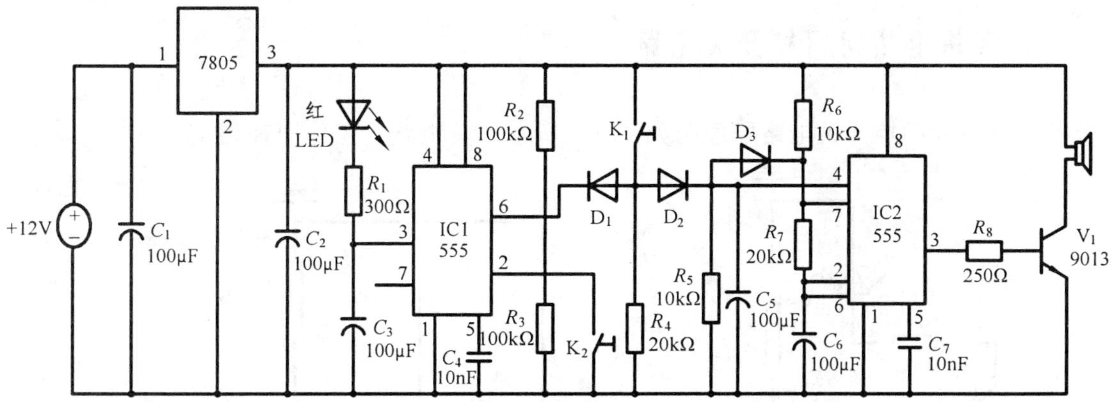

图 7.1　可记忆门铃电路原理图（图中参数仅供参考）

当客人按下 K_1 时，则 IC2 产生音频振荡，同时通过 D_1 给 IC1 加上高电平，第 3 脚输出低电平，LED 点亮表示有客人来过。K_1 断开后 D_1 反偏截止，使 IC1 保持低电平输出，LED 维持点亮状态，直到主人来按一下 K_2 才能使 LED 熄灭。

555 和 R_5，R_6，R_7，D_2，D_3，C_5，C_6 组成多谐振荡器，当 K_1 在关断情况下，555 的第 4 脚呈低电平，使 555 处于强制复位状态，第 3 脚输出呈低电平。当 K_1 闭合，电源通过 D_2 对 C_5 快速充电至 V_{CC}，555 的第 4 脚呈高电平，555 振荡器起振，振荡频率为：$f_{c1}=\dfrac{1.44}{(R_D+2R_7)\times C_6}$

其中，R_D 为 D_2，D_3 的直流导通电阻，约为 500 Ω，此时充电回路为 $V_{CC}\rightarrow D_2\rightarrow D_3\rightarrow R_7\rightarrow C_3$；放电回路为 $R_7\rightarrow C_6\rightarrow$芯片内部；振荡频率约为 1 230 Hz。

当 K_1 复位后，由于 C_5 上电压仍为高电平，振荡器继续振荡，直到 C_5 上的电压降到小于 0.4 V，555 被强制复位停振。此时，充电时间常数增大，放电时间常数仍为 R_7C_6，此时的振荡频率为：$f_{c2}=\dfrac{1.44}{(R_D+2R_7)C_6}$，约为 680 Hz 左右。这样该门铃在按钮被按下时发出“叮”声，按钮被放开时发出“咚”声，非常悦耳。音响频率及按时长短，可根据个人情况进行相应的参数更改。可记忆门铃元件清单列于表 7.1 中。

表 7.1　可记忆门铃元件清单

名　称	型号（参数）	数　量	名　称	型号（参数）	数　量
集成电路	7805	1	电　容	10 nF	2
	NE555	2	二极管	IN4148	3
电　阻	10 kΩ	2	发光二极管	红　色	1
	100 kΩ	2	三极管	9013	1
	20 kΩ	2	复位常开开关	黄　色	1
	150 Ω	1		红　色	1
	330 Ω	1	扬声器	—	1
电解电容	100 μF	5			

二、实用卫生间门控开关电路

实用卫生间门控开关电路原理图如图 7.2 所示。其电路的工作原理如下：

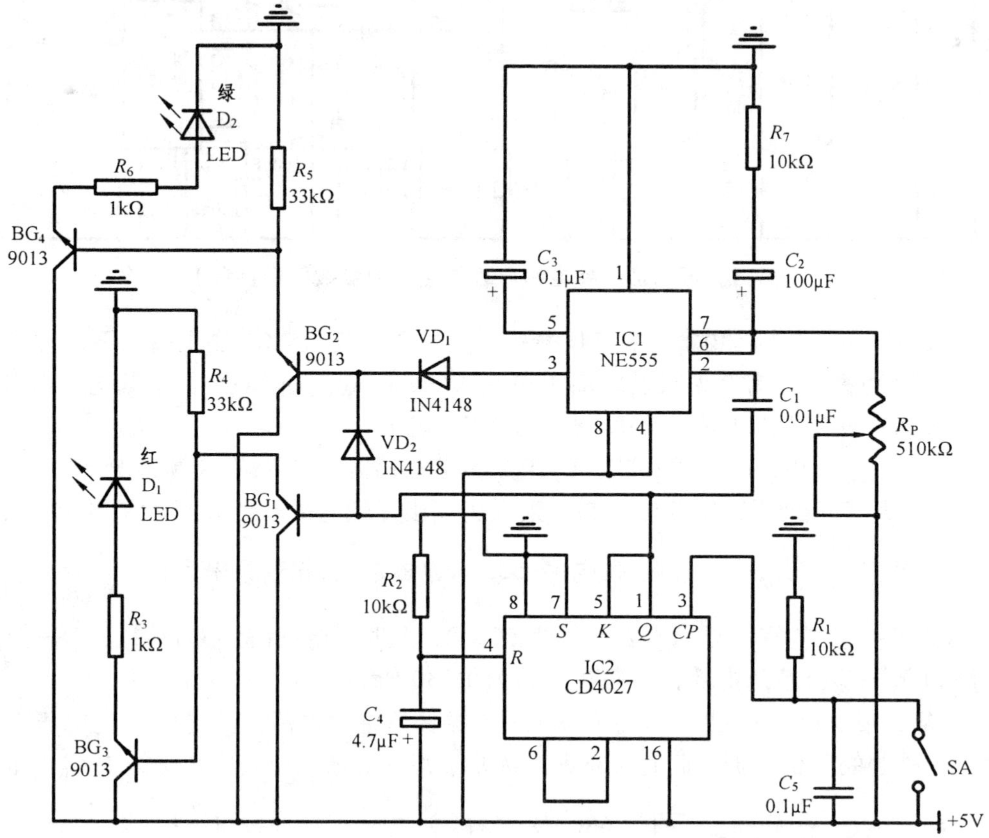

图 7.2 实用卫生间门控开关电路原理图（图中参数仅供参考）

SA 为常开型干弹簧开关。当卫生间的门关闭时，在弹力作用下，SA 处于闭合状态。R_2，C_4 构成微分电路，在 R_2 上产生正脉冲信号，使 CD4027（IC2）构成的双稳态电路复位，1 脚输出低电平，作用的结果使三极管的 BG_1 发射极输出低电平，三极管 BG_3 不导通，照明灯（红灯表示）不亮。同时，IC2 的 1 脚的低电平及 IC1 的 3 脚的低电平同时加到或门的两个输入端，因此或门输出低电平，三极管 BG_3，BG_4 截止，排风扇不转（用绿灯熄灭表示）。此时，SA 虽然处于闭合状态，但 IC2 的 3 脚一直处于高电平，双稳态不能被触发，电路处于稳定的静止状态。

当有人使用卫生间时，只要一拉开门使磁铁离开 SA，SA 因失去磁力而恢复到常开状态，在下拉电阻 R_1 的作用下，IC2 的 3 脚呈低电平。当合上门时，SA 闭合，有一高电平加到 IC2 的 3 脚，使双稳态电路 IC2 翻转，其输出 1 脚由低电平变为高电平，BG_1 的发射极输出高电平，经 R_4 限流使三极管 BG_3 导通，照明灯（红灯）亮；同时，IC1 的 1 脚的高电平加到 VD_1 的正极，BG_2 输出高电平，经过 R_5 限流使 BG_4 导通，排风扇运行（绿灯亮）。这一稳态状态一直保持不变。当使用完卫生间时，门再次离开门框，SA 又恢复到常开位置。IC2 的 3 脚无正脉冲触发，电路状态保持不变。但当人离开而闭合卫生间门时，SA 闭合，IC2 的 3 脚又受到高电平的作用，双稳态发生翻转。IC2 的 1 脚由高电平变到低电平，BG_1 发射极输出低电平，BG_3关断，照明灯（红灯）熄灭。IC2 的 1 脚跳变的电平经 C_3 触发单稳态 IC1，其 3 脚输出高电平加到 VD_2 的正端，BG_2 仍输出高电平。此时，BG_4 仍然导通，排风扇继续运行（即绿灯亮）。当延时结束时，IC1 的 3 脚输出低电平，此时，VD_1，VD_2 的正极均为低电平，BG_2 发射极输出低电平，BG_4 关断，排风扇停止运行（即绿灯熄灭），电路回到初始状态，全过程结束。本电路只演示基本功能和过程，如果要将本电路应用到实际生活中时，相关电路应作适当的修改。实用卫生间门控开关元件清单列于表 7.2 中。

表 7.2 实用卫生间门控开关元件清单

名　称	型号（参数）	数量	名　称	型号（参数）	数量
集成电路	CD4027	1	电　容	0.1 μF	2
	NE555	1		0.01 μF	1
电　阻	1 kΩ	2	二极管	IN4148	2
	33 kΩ	2	发光二极管	绿　色	1
	10 kΩ	3		红　色	1
电解电容	100 μF	1	三极管	9013	4
	4.7 μF	1			
	0.1 μF	1	电位器	510 kΩ	1

三、投靶游戏

激光投靶游戏电路原理图如图 7.3 所示。其电路工作原理如下：

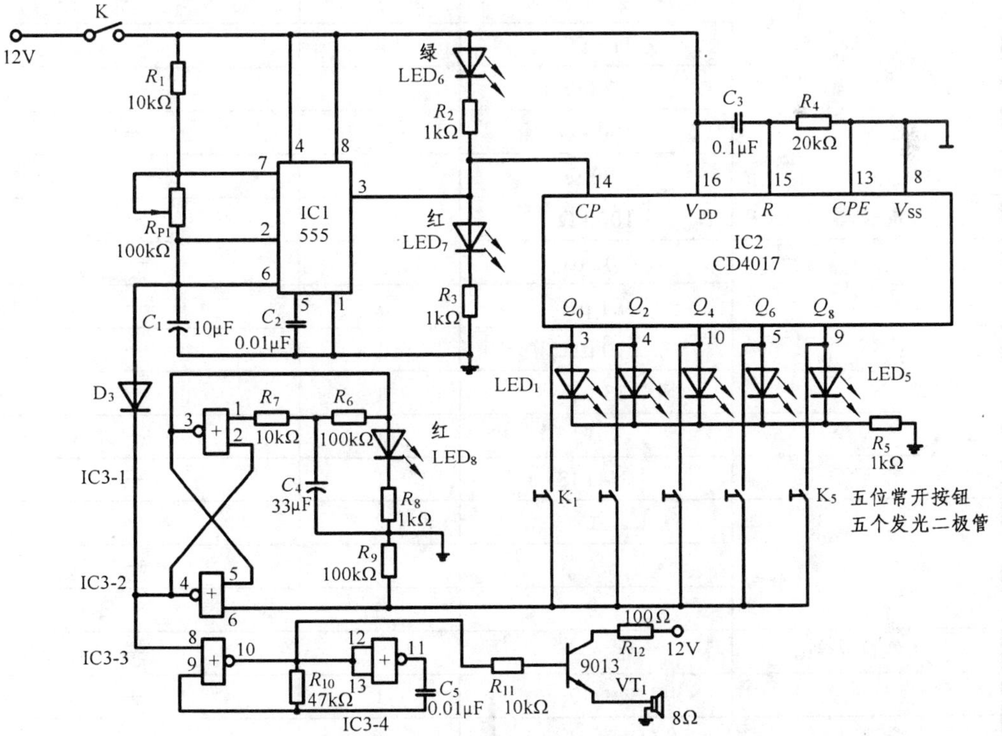

图 7.3 投靶游戏电路原理图（图中参数仅供参考）

本电路可进行投靶游戏。投手将小球投向移动的目标（靶），投中则会自动发出祝贺的声音。电源可用电池供电，也可采用整流和三端稳压得到。

IC1（555）和 R_1，C_1，R_{P1} 等组成无稳态多谐振荡器，振荡频率 $f=\dfrac{1.44}{(R_{P1}+R_1)C_1}$，其频率和占空比可以通过 R_{P1} 来调节。IC2 采用十进制计数器/脉冲分配器，在 IC1 输出的脉冲方波作用下，IC2 的 Q_0，Q_2，Q_4，Q_6，Q_8 输出端依次出现宽度为 $T=1/(2f)$的高电平脉冲，与此相应的 LED_1～LED_5 依次发光。IC3 为四输入端或非门。IC3-1，IC3-2 组成 RS 触发电路，与 R_7，R_6，C_4 组成延迟电路。当小球投中，与投中二极管（LED_1～LED_5 中的一个）对应的开关（K_1～K_5 中的某个）闭合，IC3-2 的输入端 6 脚呈高电平，使 RS 触发器翻转，并产生约 5 s 左右的延时，IC3-2 中的 4 脚呈低电平，使由 IC3-3，IC3-4，R_{10}，C_5 组成的音频振荡器起振，发出约 1 000 Hz 的振荡信号，经 VT_1 推动扬声器发出“祝贺”的声音，表明击中流动的指示灯（靶）了。调节 R_{P1} 可改变流动灯的移动速度。投靶游戏电路元件清单列于表 7.3 中。

表 7.3　投靶游戏电路元件清单

名　称	型号（参数）	数　量	备　注
IC1	NE555	1	—
IC2	CD4017	1	计数/分配器
IC3	CD4001	1	或非门
电　阻	10 kΩ	3	—
电　阻	20 kΩ	1	—
电　阻	1 kΩ	4	—
电　阻	47 kΩ	1	—
电　阻	100 kΩ	2	—
电　阻	100 Ω	1	—
电位器	100 kΩ	1	—
电　容	0.01 μF	2	—
电　容	0.1 μF	1	—
电解电容	10 μF	1	—
电解电容	33 μF	1	—
三极管	9013	1	—
二极管	IN4148	1	—
发光二极管	红	2	—
发光二极管	绿	1	—
发光二极管	黄	5	—
自复位按钮	常　开	5	—
拨码开关	1 位或 2 位	1	—
扬声器	8 Ω（或 4 Ω）	1	—

四、门锁限时防盗报警器

门锁限时防盗报警器电路原理图如图 7.4 所示。其电路工作原理如下：

该门锁限时防盗报警器由单稳触发电路、定时器和报警音响电路等组成。由于它具有定时报警功能，可作为一般门锁的附件。

IC1（555）和 R_{P1}，C_1，C_2 等组成触摸式触发器，与 2 脚相连的金属片 M 与门锁金属部分相连，当有人开锁时，人体感应信号将 IC1 置位，V_1 饱和导通，V_2 截止。C_4 通过 R_4 充电。C_4，R_4 和 IC2（555）组成单稳定时电路，当 C_4 充电至 555 的 2 脚电位为 $V_{CC}/3$ 时，IC2 置位，三极管 V_3 导通，导致 IC3（555）开始振荡。IC3（555）和 R_7，R_8，C_6 组成一个可控音频振荡器，其振荡与否受控于 4 脚电位的高低。

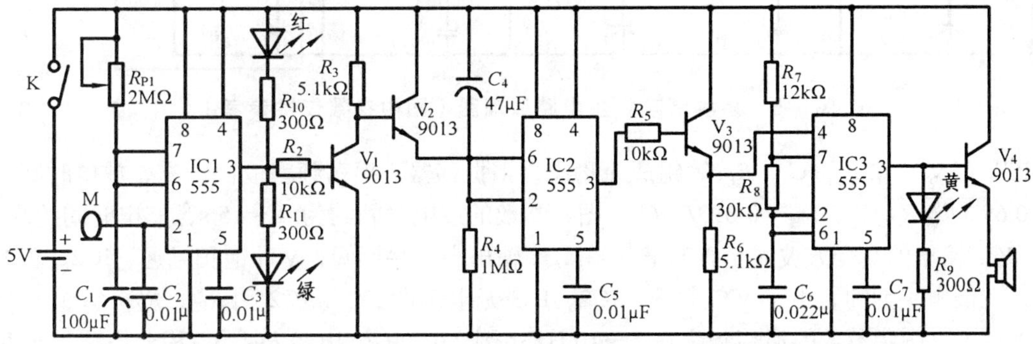

图 7.4 门锁限时防盗报警电路原理图（图中参数仅供参考）

IC2 的延迟时间为 $T_d = 1.1R_4C_4$，约 40 s，正常开门在限定时间 40 s 内肯定能够将锁打开，然后进入室内将电源关掉，不会发生音响报警；而对于假钥匙或撬锁者，其作案时间较长，超过限定时间则报警声就会响起。

报警指示灯起着报警和复位提醒的作用。

另外，还可以通过调节 R_4 和 C_4 的时间常数来改变限定时间的大小。报警音响电路的振荡频率也可以通过改变电阻电容的参数来调节。门锁限时防盗警器元件清单列于表 7.4 中。

表 7.4 门锁限时防盗报警器元件清单

名　称	型号（参数）	数　量	名　称	型号（参数）	数　量
集成电路	NE555	3	电解电容	100 μF	1
电　阻	300 Ω	3		47 μF	1
	10 kΩ	2	三极管	9013	4
	5.1 kΩ	2			
	1 MΩ	1			
	12 kΩ	1	发光二极管	红　色	1
	30 kΩ	1		黄　色	1
电位器	2 MΩ	1		绿　色	1
电　容	0.01 μF	4	拨码开关	1 位（或 2 位）	1
	0.022 μF	1	扬声器	8 Ω或（4 Ω）	1

五、多种音响发生电路

多种音响发生电路原理图如图 7.5 所示。其电路工作原理如下：

多种音响发生电路由三个 555 集成电路芯片和少量的其他元件组成，可用于游戏、玩具及增强音响效果等场合。

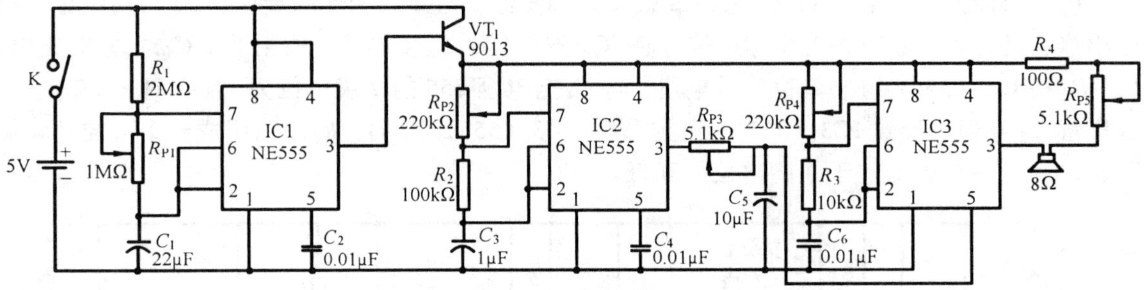

图 7.5 多种音响发生电路原理图（图中参数仅供参考）

IC1（555）和 R_1，C_1，R_{P1} 等组成无稳态多谐振荡器，振荡频率取决于充、放电时间常数，$t_{充}=0.693(R_1+R_{P1})C_1$，$t_{放}=0.693R_{P1}C_1$，图示参数的放电时间约为 1～15 s，充电时间约为 15～30 s。IC1 输出的交变方波加至 VT_1 管，在 IC1 输出高电平期间，VT_1 饱和导通，IC2，IC3 得电工作；在低电平期间，由于 VT_1 截止，IC2，IC3 无电停止工作。IC2 和 R_{P2}，R_2，C_3 组成无稳态多谐振荡器，图示参数的振荡频率在 5～10 Hz 范围，IC2 的输出经 R_{P3}，C_5 积分电路加至 IC3 的控制端 5 脚，用三角波对 IC3 进行调制。IC3 也为一多谐振荡器，振荡频率在 900～10 000 Hz，可调节 R_{P4} 来变化频率。由于 IC3 控制端加了三角波调制，故会形成变音调的颤音，可以模拟多种动物的鸣叫。鸣叫时间的长短、间停的时间、颤音的速率可以通过调节 R_{P1}，R_{P2} 来实现。动物鸣叫声音音调的高低可通过调节 R_{P3} 来实现。多种音响发生电路元件清单列于表 7.5 中。

表 7.5 多种音响发生电路元件清单

名 称	型号（参数）	数 量	名 称	型号（参数）	数 量
集成电路	NE555	3	电 容	0.01 μF	3
电 阻	2 MΩ	1	电位器	1 MΩ	1
	100 kΩ	1		220 kΩ	2
	10 kΩ	1		5.1 kΩ	2
	100Ω	1	三极管	9013	1
电解电容	22 μF	1	拨动开关	2 位	1
	10μF	1	扬声器	8 Ω	1
	1 μF	1			

六、球赛记分显示屏

球赛记分显示屏电路原理图如图 7.6 所示。其电路工作原理如下：

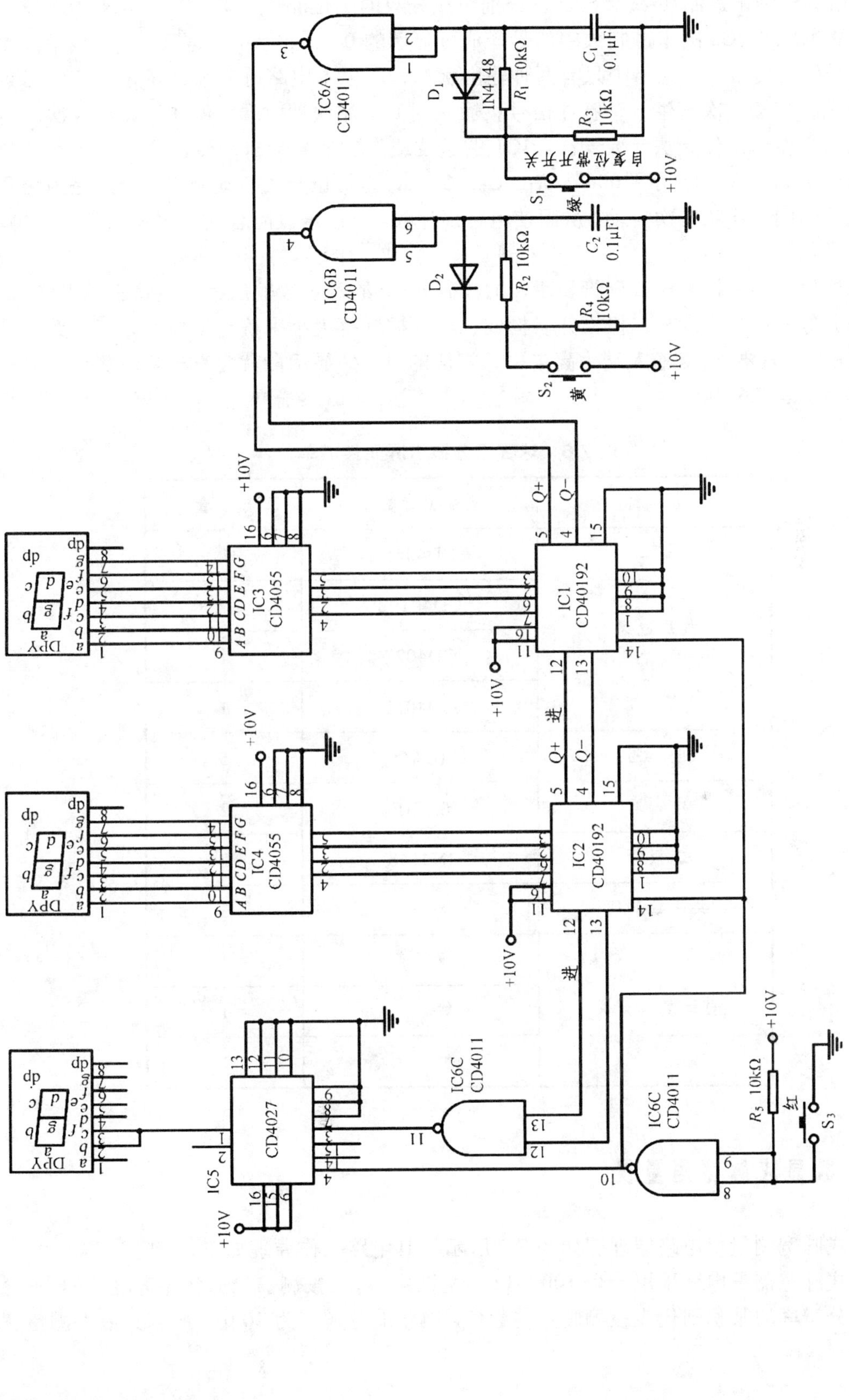

图 7.6　球赛记分显示电路原理图（图中参数仅供参考）

ICI 和 IC2 为十进制加/减计数器，分别组成分数的个位和十位。IC3 和 IC4 为七段译码电路，它将 IC1 和 IC2 的十进制数字信号译成可显示的 0～9 数字的七段码。IC5 显示分数的百位，为 *JK* 触发器，在电路中只有两种输出状态，所以本电路可显示最高分为 199 分。S_1 为加分开关，每按一次产生一个脉冲信号，输入到 IC1 加法计数端，做加法计数一次。S_2 为减分开关，每按一次作减法计数一次。IC1 的进位或借位信号会自动传递给 IC2 使其计数。S_3 为清零开关，按 S_3 即显示“000”。R_1，C_1，C_2，R_2 为防止开关抖动而设置。这是因为开关在开或关的瞬间会产生多次抖动，从而使电路误计数。所以增设阻容元件来消除开关的抖动，使计数正常。

显示器使用共阴极七段数码管显示，七段码 *a*～*g* 的每一段输出为三极管驱动电路。*A*～*G* 显示部分每段由多个发光二极管并联构成，可根据屏幕大小来确定每段发光管个数，一般取 10 个左右。只要 *a*～*g* 输入端为高电平，相应的 *A*～*G* 显示段就会发光。球赛记分显示屏元件清单列于表 7.6 中。

表 7.6 球赛记分显示屏元件清单

名　称	型号（参数）	数　量
集成电路	CD4055	2
	CD40192	2
	CD4027	1
	CD4011	1
电　阻	10 kΩ	5
电　容	0.1 μF	2
二极管	IN4148	2
共阴数码管	—	3
自动复位开关	黄　色	1
	绿　色	1
	红　色	1

七、数显式脉宽测量仪

数显式脉宽测量仪电路原理图如图 7.7 所示。其电路工作原理如下：

数显式脉宽测量电路采用一个 100 kHz 的基准频率，在被测信号的脉冲宽度范围内计数，计数值与分辨率的乘积则代表被测脉宽的数值。电路的分辨率为 10 μs，所以其最大测量宽度为 99.99 ms。

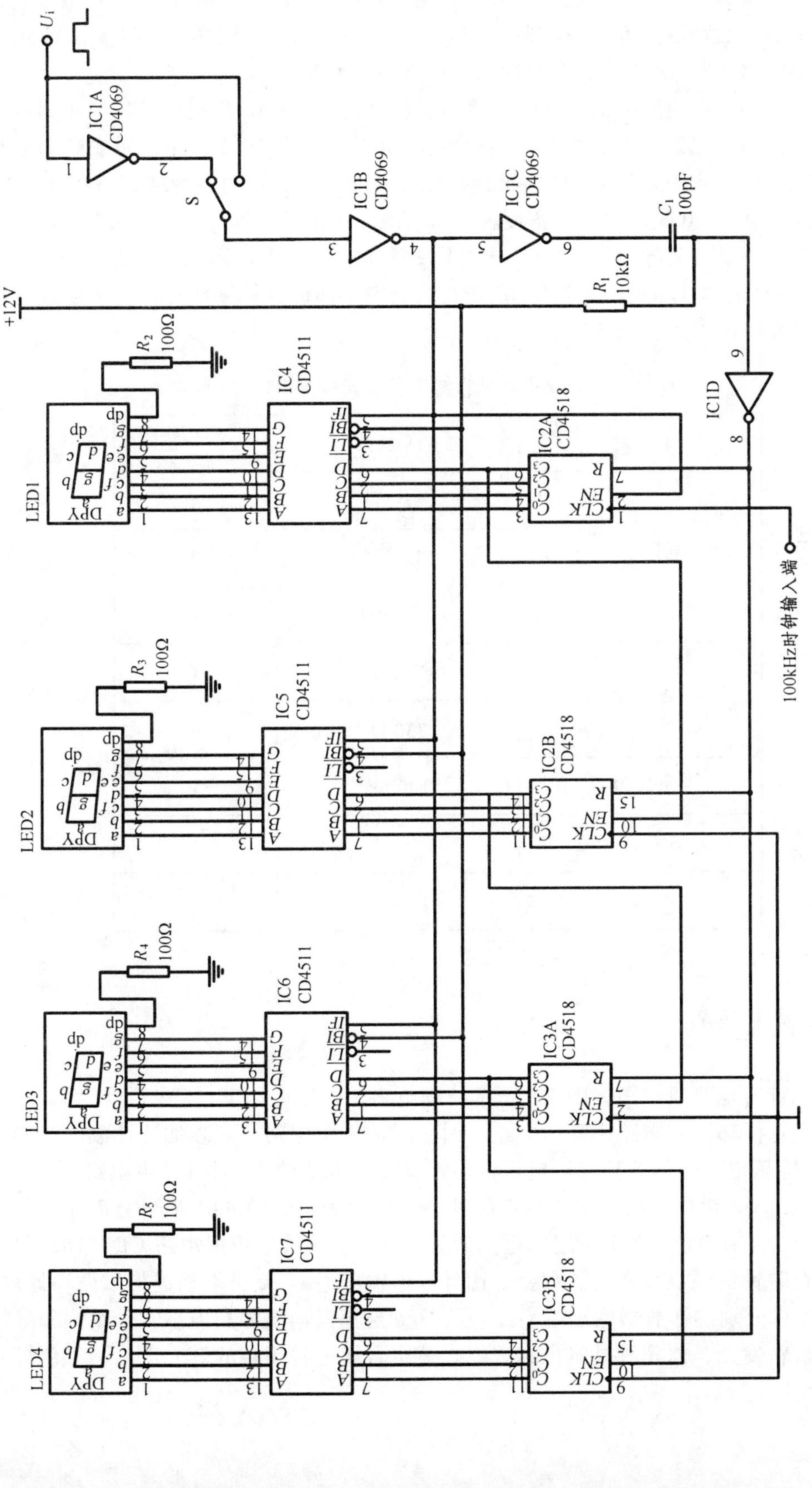

图 7.7　数字脉宽测量电路原理图（图中参数仅供参考）

IC2～IC3 为双 BCD 加法计数器 CD4518，当 *EN* 为高电平时，CD4518 的计数才起作用。IC4～IC7 为 BCD 七段锁存/译码/驱动器 CD4511，它与四个共阴极数码管 IC8～IC11 组成译码显示电路。IC4～IC7 的 *LE* 端为锁存控制端，高电平时锁存。

开关 S 用来选择测量脉冲的极性，测量为正脉冲时，开关 S 应置于“1”；而测量为负脉冲时，开关 S 应置于“2”。当脉冲从 U_i 端输入时，IC2 的 *EN* 端由低电平跳变到高电平。此时 IC4～IC7 的 *LE* 端因获高电平而将被计数锁存起来。与此同时，经非门 3 反相，C_1，R_1 微分后使计数器 IC2，IC3 复位。当宽度为 1 μs 的复位脉冲结束后，IC2，IC3 开始计数，计数时间的长短取决于被测脉冲的宽度。一旦 IC2 的 *EN* 端电平由高电平降为低电平，IC2 及 IC3 立即停止计数，而 IC4～IC7 也因 *LE* 端变为低电平而离开锁存状态，重新取数显示。数显脉宽测量仪元件清单列于表 7.7 中。

表 7.7　数显脉宽测量仪元件清单

名　称	型号（参数）	数　量
集成电路	CD4511	4
	CD4518	2
	CD4069	1
电　阻	10 kΩ	1
	330 Ω	4
电　容	100 pF	1
单刀双闸开关	—	1
数码管	共　阴	4

八、简易七色灯

简易七色灯的电路原理图如图 7.8 所示。其电路工作原理如下：

简易七色灯循环控制电路由降压电路、时基脉冲发生电路、同步加法计数电路和发光二极管等组成。降压电路输出 5 V 直流电压供芯片 IC1 和 IC2 使用。时基发生电路由 IC2(555)，R_1，R_2，R_{P1} 和 C_3 等组成，它产生的周期脉冲序列频率为：$f_c = 1.44/[(R_1+R_2+R_{P1})C_3]$，其中占空比通过调节 R_{P1} 来确定。IC3 采用的是 1/2 双二进制加法计数集成电路 CD4518，用作多级同步计数。在时钟信号上跳变时计数，并由计数器输出 Q_4 与复位端相连构成循环计数电路。VT_1，VT_2，VT_3 分别接计数器输出端 Q_1，Q_2，Q_3。当基极输出为高电平时分别饱和导通使相应的发光二极管发光，由三种基本色红、绿、蓝组合成七种颜色的灯光。简易七色灯元件清单列于表 7.8 中。

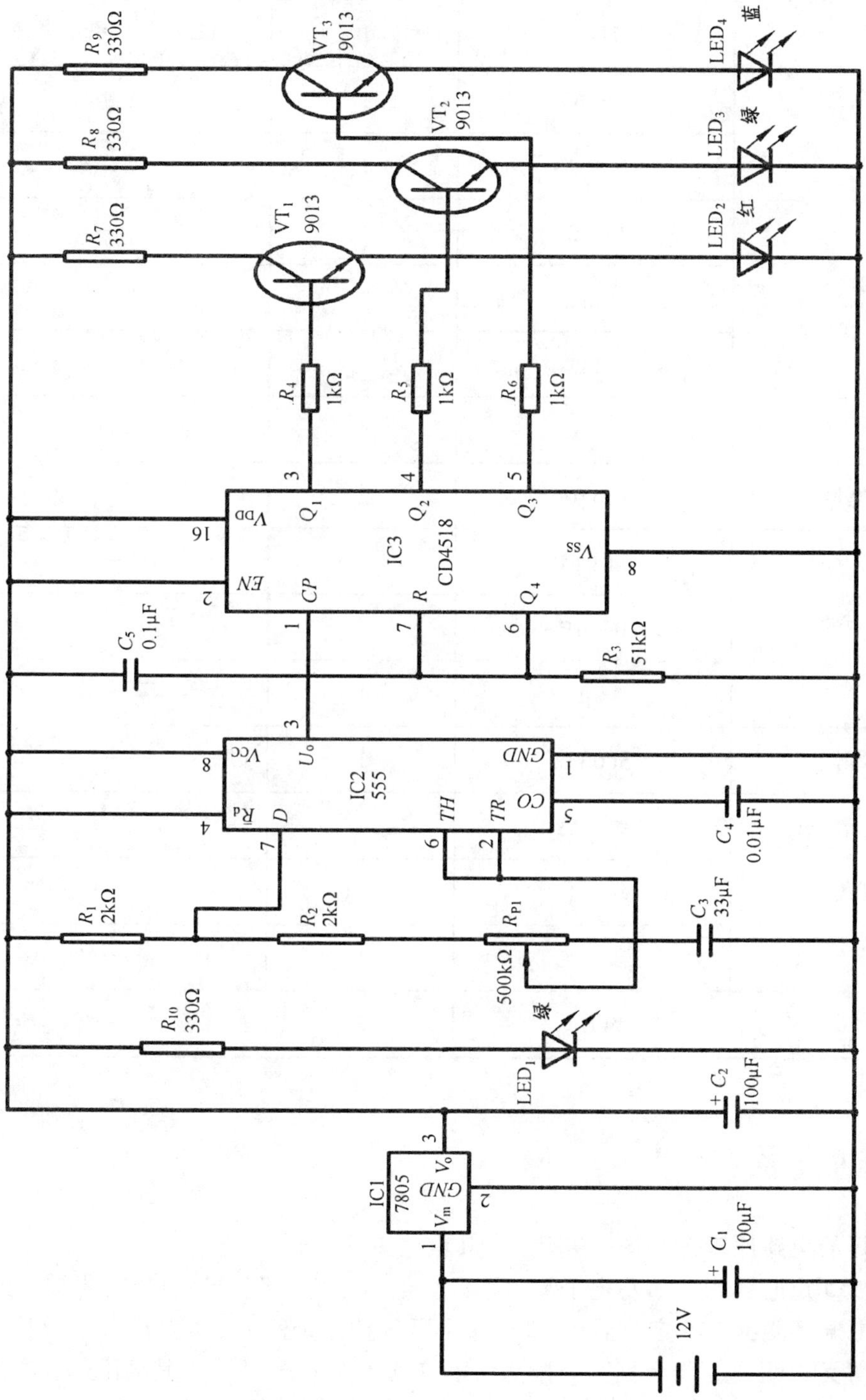

图 7.8　简易七色灯电路原理图（图中参数仅供参考）

表 7.8　简易七色灯元件清单

名　称	型号（参数）	数　量	备　注
集成电路	7805	1	三端集成稳压电源
	NE555	1	定时器
	CD4518	1	计数器
电　阻	51 kΩ	1	—
	2 kΩ	2	—
	1 kΩ	3	—
	330 Ω	4	—
电解电容	100 μF	2	—
电　容	0.01 μF	1	—
	0.1 μF	1	—
	33 μF	1	—
电位器	500 kΩ	1	—
发光二极管	红　色	1	—
	绿　色	2	—
	蓝　色	1	—
三极管	9013	3	—

九、简易电子琴

简易电子琴的电路原理图如图 7.9 所示。其电路工作原理如下：

采用两个 555 定时器组成简易电子琴电路。全电路由主振荡器、颤音振荡器和扬声器三个部分组成。主振荡器由 555 定时器（IC2），7 个琴键按钮，外接电容 C_1，C_2，外接电阻 R_1，以及 R_{21}～R_{27} 等元件组成。颤音振荡器振荡频率较低，为 6 Hz。若将其输出 U_{o2} 连接到 555 定时器（IC1）的复位端 4，则主振荡器输出 U_{o1} 出现颤音。根据 555 定时器的振荡周期 $T=0.693(R_1+R_2)C$，在主振荡器中，取 $C=C_1+C_2=0.2\ \mu F$，$R_1=200\ \Omega$，可计算出不同音阶频率时电阻 R_2 的阻值，R_2 由 R_{21}～R_{27} 决定。

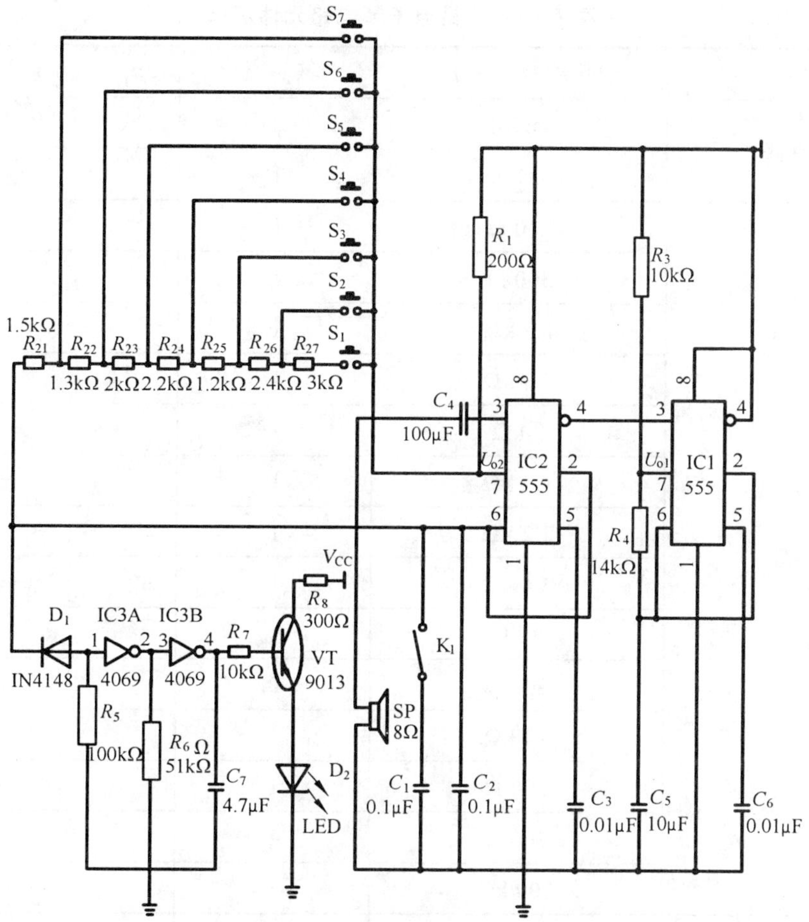

图 7.9　简易电子琴电路原理图（图中参数仅供参考）

本试验采用 C 调，其音阶频率对应的电阻 R_2 值如表 7.9 所示。如采用电容 $C=C_1+C_2=0.2\ \mu F$，保持其他外界电阻阻值不变，则振荡频率减半，U_{o1} 变为低 8 度音阶输出。表 7.10 列出了简易电子琴电路元件清单。

表 7.9　音频与电阻对应表

音　阶	频率（Hz）	电阻 R_2（kΩ）
1	263	27.0
2	295	24.1
3	330	21.5
4	350	20.3
5	395	18.0
6	440	16.1
7	480	14.8

表 7.10　简易电子琴电路元件清单

名　称	型号（参数）	数　量	备　注
集成电路	NE555	2	定时器
	CD4069	1	—
电　阻	200 Ω	1	—
	300 Ω	1	—
	1.5 kΩ	1	—
	1.3 kΩ	1	—
	2 kΩ	1	—
	1.2 kΩ	1	—
	2.2 kΩ	1	—
	2.4 kΩ	1	—
	3 kΩ	1	—
	10 kΩ	2	—
	14 kΩ	1	—
	200 Ω	1	—
	300 Ω	1	—
	100 kΩ	1	—
电解电容	100 μF	1	—
	10 μF	1	—
	4.7 μF	1	—
电　容	0.01 μF	2	—
	0.1 μF	2	—
二极管	IN4148	1	—
发光二极管	红　色	1	—
三极管	9013	1	—
自复位常开按钮	黄　色	7	—
拨码开关	—	1	—

十、流动人口统计器

流动人口统计器电路原理图如图 7.10 所示。其电路工作原理如下：

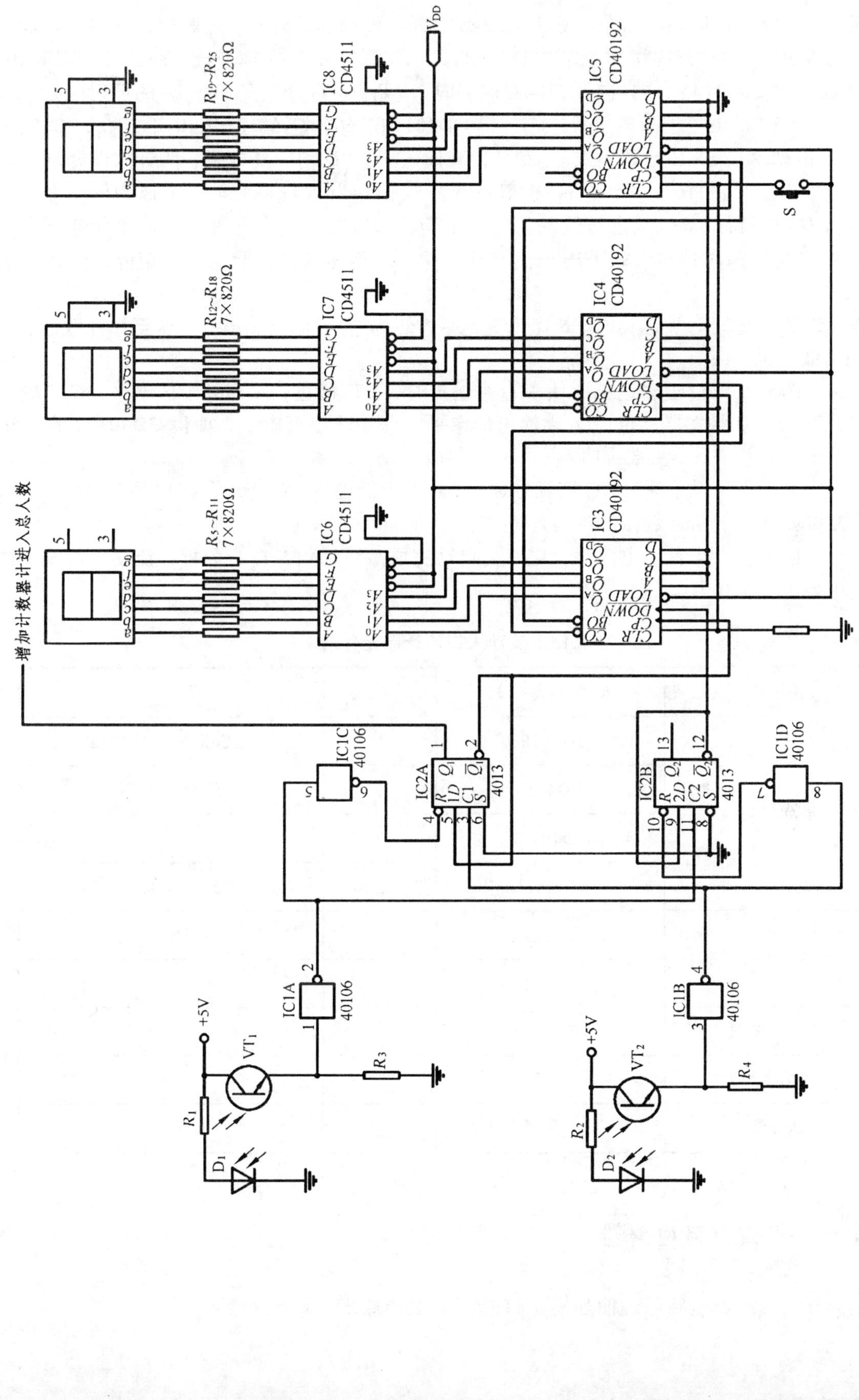

图 7.10　流动人口统计器原理图（图中参数仅供参考）

流动人口统计器电路是一个可逆的计数器，由运动方向识别、十进制加减计数器、译码驱动电路等组成。运动方向识别电路由 D_1, VT_1, D_2, VT_2 等元件组成，施密特触发器 CD40106 和双 *D* 触发器 CD4013 组成方向互锁电路。平时，VT_1，VT_2 分别受 D_1，D_2 的照射而处于导通状态，*C* 点和 *D* 点处于高电平状态，使得 CD4013 的 Q_1，Q_2 端输出低电平，$\bar{Q}_1$，$\bar{Q}_2$ 输出高电平，加减计数器的加计数输入端 *CPU* 和减计数端 *CPD* 均为高电平，为计数做好准备。

当有人进门时，首先遮挡 VT_1，接着将 VT_2 遮挡。当 VT_1 截止时，*A* 点为低电平，与之相接的 *D* 触发器的复位状态被解除，此时由于其 CP_1 端无输入脉冲，因此其状态不变。第二个 *D* 触发器的时钟输入端 CP_2 虽然有脉冲输入，但是其复位状态未被解除，其输出状态也不变。

当 VT_1 和 VT_2 同时被遮挡时，*B* 点为高电平，使得 Q_1 端输出高电平，送至加计数器，同时 $\bar{Q}_1$ 输出低电平。

当进门的人使 VT_1 退出遮挡而使 VT_2 被遮挡时，VT_1 截止，*A* 点处于低电平，*C* 点处于高电平，第一个 *D* 触发器复位，Q_1 端输出低电平，$\bar{Q}_1$ 端输出高电平，使得 CD40192 的 *CPU* 端输入一个计数脉冲，计数器加 1。

当进门的人完全进来后，VT_2 恢复导通，*B* 点处于低电平，*D* 点处于高电平，使第二个 *D* 触发器复位，为下一次计数做好准备。

同理可以分析，当有人出门时，电路会自动完成减法计数，自行分析。流动人口统计器元件清单列于表 7.11 中。

表 7.11 流动人口统计器元件清单

名 称	型号（参数）	数 量	备 注
集成电路	CD40106	1	施密特触发器非门
	CD4013	1	双 *D* 触发器
	CD40192	2	加/减计数器
	CD4511	2	BCD 码锁存/译码/驱动电路
电 阻	47 kΩ	2	—
	820 Ω	22	—
自复位按钮	常 开	1	—
拨码开关	2 位	1	—
数码管	共阴极	2	—

十一、电流方向检测器

电流方向检测器电路原理图如图 7.11 所示。其电路工作原理如下：

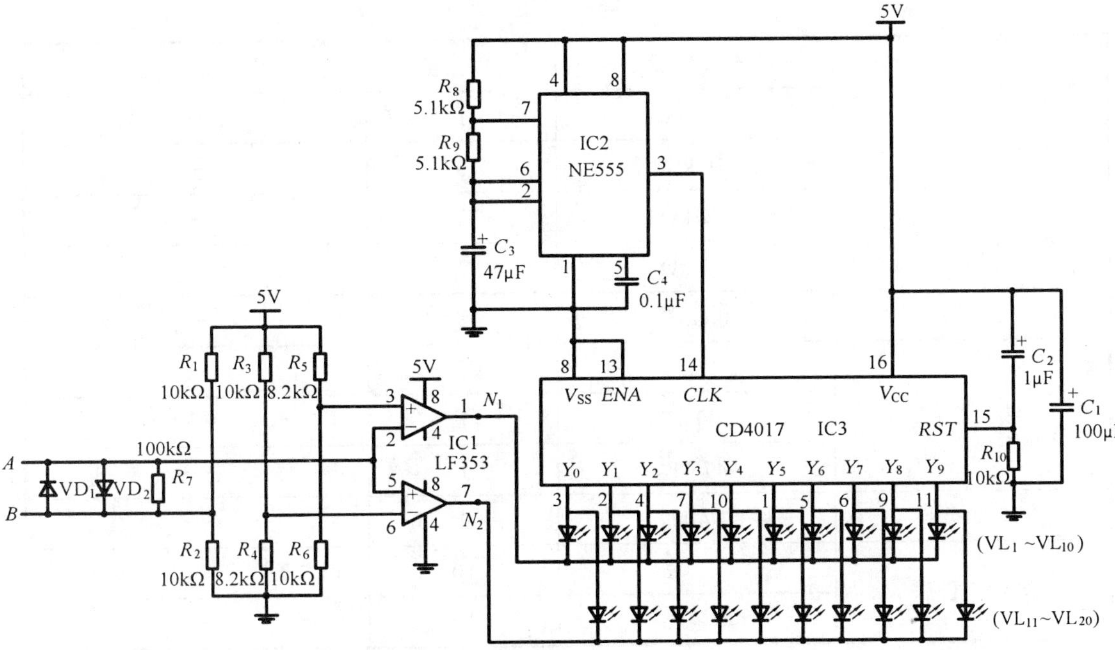

图 7.11　电流方向检测器原理图（图中参数仅供参考）

电流方向检测器电路由电流方向检测控制电路、振荡器和 LED 驱动电路组成。电流方向检测控制电路由二极管 VD_1（IN4007）、VD_2（IN4007）、电阻器 R_1～R_7、运算放大器集成电路 IC1（LF353）组成。振荡器由 555 定时器（IC2）、电阻器 R_8，R_9 和电容 C_3 组成。LED 驱动电路由计数器/分配器集成电路 IC3（CD4017）、电阻 R_{10}、电容 C_1，C_2 和发光二极管 VL_1～VL_{20} 组成。

未测量时，VD_1 和 VD_2 中无电流流过，N_1 和 N_2 均输出高电平，VL_1～VL_{20} 因负极为高电平不发光。

将 AB 两端串入被测电路后，若电流方向为从 A 到 B，则 VD_1 导通，VD_2 截止，使 N_1 输出为低电平，N_2 输出为高电平。振荡器振荡为 IC3 的 CP 端提供计数脉冲，IC3 的 Y_0～Y_9 端依次轮流输出高电平，使其 VL_1～VL_{10} 依次轮流发光。此时由于 N_2 输出高电平，故 VL_{11}～VL_{20} 不发光。

若被测电路的电流方向是从 B 到 A，则 VD_2 导通，VD_1 截止，使 N_1 输出高电平，N_2 输出低电平。振荡器振荡工作，IC3 的 Y_0～Y_9 端依次轮流输出高电平，使 VL_{11}～VL_{20} 依次轮流发光。此时由于 N_1 输出高电平，故 VL_1～VL_{10} 不发光。电流方向检测器元件清单列于表 7.12 中。

表 7.12　电流方向检测器元件清单

名　称	型号（参数）	数　量	备　注
集成电路	LF353	1	双运放
	CD4017	1	计数/分配器
	NE555	1	—

续表 7.12

名　称	型号（参数）	数　量	备注
电　阻	100 kΩ	1	—
	10 kΩ	5	—
	8.2 kΩ	2	—
	5.1 kΩ	2	—
电　容	0.1 μF	1	—
电解电容	1 μF	1	—
	100 μF	1	—
	47 μF	1	—
二极管	IN4007	2	—
发光二极管	红　色	10	—
	绿　色	10	—

十二、反应能力测试仪

反应能力测试仪的电路原理图如图 7.12 所示。其电路工作原理如下：

反应能力测试仪电路由延时电路、测试信号灯、多谐振荡器、减法计数器、LED 驱动显示电路和测控电路组成。

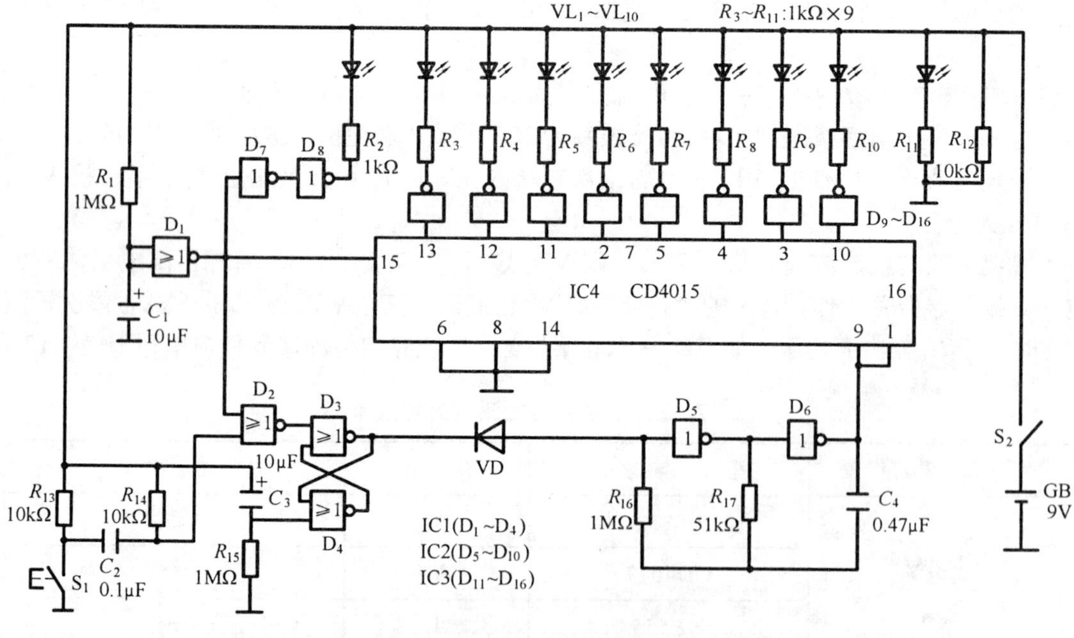

图 7.12　反应能力测试仪原理图（图中参数仅作参考）

延时电路由或非门集成电路 IC1（CD4001）内部的或非门 D_1 和电阻 R_1、电容 C_1 组成。测试信号灯电路由发光二极管 VL_1、非门集成电路 IC2（CD4069）内部的非门 D_7、D_8 和电阻 R_2 组成。多谐振荡器由 IC2 内部的非门 D_5、D_6 和电阻 R_{16}、R_{17}、电容 C_4 组成。减法计数器由移位寄存器集成电路 IC4（CD4015）实现。LED 驱动显示电路由发光二极管 VL_2～VL_9 和电阻 R_3～R_{10}、非门集成电路 IC2、IC3（CD4069）中的非门 D_9～D_{16} 组成。控制电路由控制按钮 S_1、电阻 R_{13}～R_{15}、电容 C_2、C_3、二极管 VD 和或非门 D_2～D_4 组成。

接通电源开关 S_2 后，电源指示灯 VL_{10} 点亮。在开机瞬间，由于 C_1 两端的电压不能突变，D_1 的输入端为低电平，输出为高电平。此时 D_7 输出低电平，D_8 输出高电平，VL_1 不发光；多谐振荡器振荡工作，为 IC4 提供周期约为 50 ms 的时钟脉冲。IC4 在该时钟脉冲的作用下，各输出端依次逐端变为高电平。通过 D_9～D_{16} 反相缓冲后使 VL_2～VL_9 依次递增发光，直至全部点亮。

当 C_1 充电完毕（约 3～4 s）时，D_1 的输出端变为低电平，使 D_7 输出为高电平，D_8 输出低电平，VL_1 点亮。同时，IC4 因 15 脚输入低电平而由加法计数变为减法计数，在时钟脉冲的作用下，其各输出端从左至右依次逐端变为低电平，使 VL_2～VL_9 依次递减熄灭。

在 VL_1 点亮的同时，若测试者在 50 ms 之内按下 S_1，使 D_3 的输出端变为低电平，VD 导通，迫使多谐振荡器停振，IC4 保持加法计数，VL_2～VL_9 全部点亮；若测试者在 50～100 ms 的时间内按下 S_1，则 IC4 已进入减法计数状态，其 13 脚已变为低电平，使 VL_2 熄灭，而 VL_3～VL_9 仍然点亮；若测试者在 100～150 ms 内按下按钮 S_1，则 IC4 的 12 脚也变为低电平，此时 VL_2，VL_3 熄灭，VL_4～VL_9 仍然点亮……若测试者在 VL_1 点亮 400 ms 后才按动按钮 S_1，则 VL_2～VL_9 全部熄灭。即按下 S_1 后，点亮的发光二极管越多，说明测试者反应速度越快；反之，则反应速度就越慢。为了增强测试效果，可以根据实际情况调整参数，改变谐振频率。反应能力测试仪元件清单列于表 7.13 中。

表 7.13 反应能力测试仪元件清单

名 称	型号（参数）	数 量	备 注
集成电路	CD4001	1	—
	CD4069	2	非 门
	CD4015	1	4 位移位寄存器
电 阻	51 kΩ	1	—
	1 MΩ	3	—
	10 kΩ	3	—
	1 kΩ	10	—
电 容	0.1 μF	1	—
	0.47 μF	1	
电解电容	10 μF	2	—
发光二极管	红 色	1	—
	绿 色	9	—
三极管	9013	1	—
复位按钮	常 开	1	—
拨码开关	1 位（或 2 位）	1	—

十三、电子骰子游戏

电子骰子游戏的电路原理图如图 7.13 所示。其电路工作原理如下：

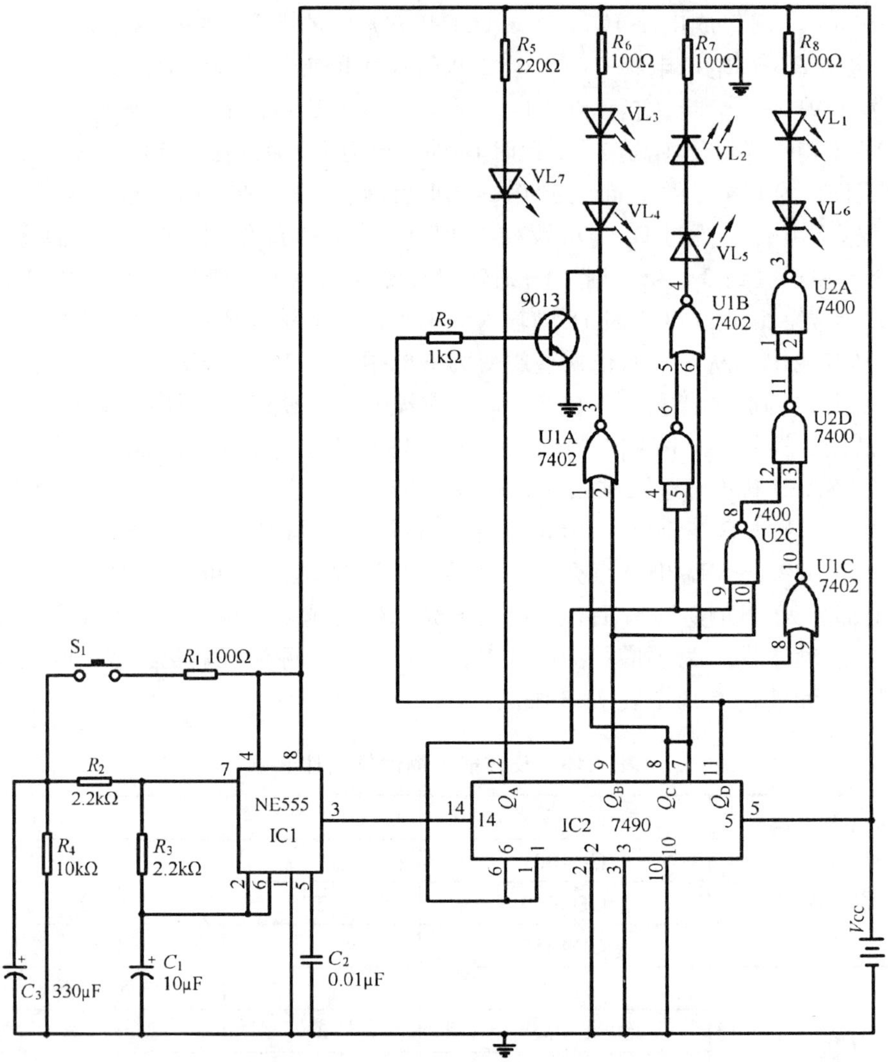

图 7.13 电子骰子游戏电路原理图（图中参数仅供参考）

电子骰子游戏的电路由受控时钟振荡器和 LED 驱动显示电路组成。受控时钟振荡器由 555 集成电路 IC1、电阻 R_1～R_4、电容 C_1～C_3 和控制按钮 S 组成。LED 显示驱动电路由十进制计数器集成电路 IC2（HD7490）、与非门集成电路（7400）、或非门集成电路（7402）、发光二极管 VL_1～VL_7 和电阻 R_5～R_8 组成。

按动控制按钮 S，受控时钟振荡器振荡工作，从 IC1 的 3 脚输出时钟脉冲信号，为 IC2 提供计数脉冲。按钮复位后，由于电容 C_2 储能，会使振荡延迟一段时间，延迟时间由 C_2 和 R_2 确定。IC2 输出的控制电平经门电路译码变换后，驱动 VL_1～VL_7 显示骰子的点数。电子骰子游戏元件清单列于表 7.14 中。

表 7.14 电子骰子游戏元件清单

名 称	型号（参数）	数 量
集成电路	74LS90	1
	NE555	1
	74LS00	1
	74LS02	1
电 阻	100 Ω	4
	10 kΩ	1
	2.2 kΩ	2
	220 Ω	1
	1 kΩ	1
电解电容	330 μF	1
	10 μF	1
电 容	0.01 μF	1
发光二极管	绿 色	6
复位常开开关	红 色	1

十四、5 路抢答器

5 路抢答器的电路原理图如图 7.14 所示。其电路工作原理如下：

该抢答器运用集成电路 74LS273 的锁存特性，在单向晶闸管的控制下，能成功地实现优先抢答、数字显示等功能。其工作稳定可靠，抗干扰能力强。

S_1～S_5为自复式常开按钮，分别用作抢答按钮。S_6为供主持人用于清除抢答信号的自复式的常开按钮。VD_6，R_6，C_1 组成上电复位清零电路。VD_1～VD_5 组成“或”门电路，为单向晶闸管 Q_1 提供触发电流。R_1～R_5 的作用是保证 S_1～S_5 中任意键未按下时，集成电路 IC2 对应的数据输入端为低电位，以确保输出无误。IC2 是有复位功能的、上升沿触发的 8 位数据锁存器。IC1 与 IC3 组成数显电路。

工作时：当主持人发布抢答命令后，如果第四小组抢先按下“S_4”，则 IC3 的 8 脚为高电位，同时 VD_1～VD_5 构成的“或”门电路输出高电位，触发单向晶闸管 Q_1 导通，IC3 的 11 脚（时钟触发端 *CLK*）的电位由低变高，上升沿触发 IC3，使 IC3 输入端的数据送到数据输出端上。由于单向晶闸管一旦导通，控制极就失去作用，IC3 的 11 脚一直维持高电平，IC3 数字被锁存，故 IC3 的 9 脚与 IC1 的输出也一直维持不变，译码显示保持“4”。如果再按其他的抢答键，不能使 IC3 的输出数据发生改变，因此，数码管的显示也不会发生变化，从而实现抢答功能。按一下 S_6，电路便因电源中断而自动复位，显示熄灭，为下一次抢答做好准备。5 路数显抢答器元件清单列于表 7.15 中。

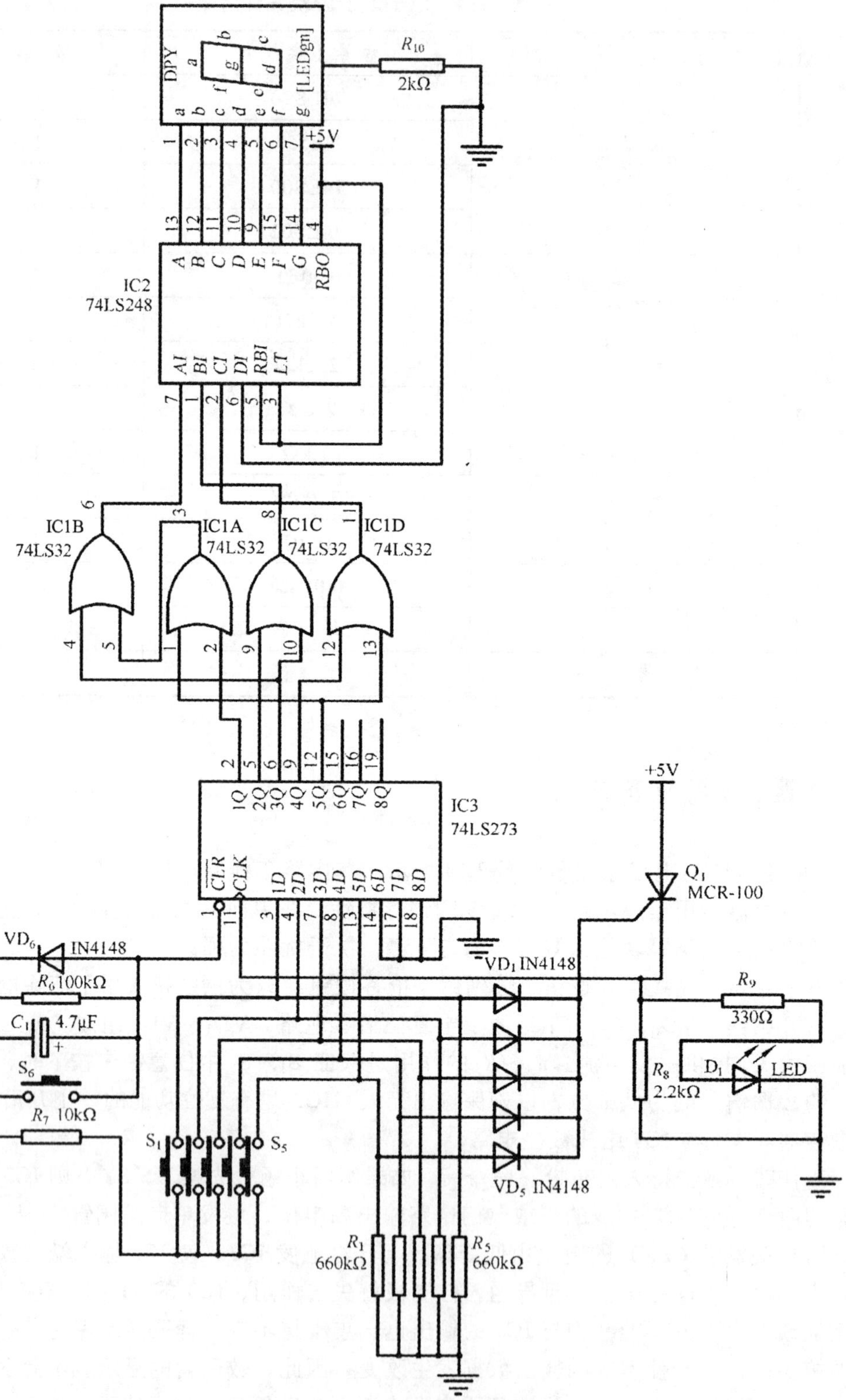

图 7.14　5 路抢答器原理图（图中参数仅供参考）

表 7.15　5 路数显抢答器元件清单

名　称	型号（参数）	数　量
集成电路	74LS273	1
	74LS32	1
	74LS248	1
电　阻	660 kΩ	5
	10 kΩ	1
	2.2 kΩ	1
	330 Ω	1
	100 kΩ	1
	2 kΩ	1
电解电容	4.7 μF	1
发光二极管	红　色	1
二极管	IN4148	6
数码管	共阴极	1
自复位常开按钮	—	6
单向晶闸管	MCR－100	1

十五、电子轮盘游戏

电子轮盘游戏的电路原理图如图 7.15 所示。其电路工作原理如下：

电子轮盘游戏电路由控制电路、多谐振荡器、音频发生器、计数器和 LED 显示驱动电路组成。控制电路由控制按钮 K_2、电阻 R_1、R_2、R_5～R_8、晶体管 VT_1～VT_3（9013）、电容 C_1～C_3、VD_1 和 VD_2 组成。多谐振荡器由 IC1（555 定时器）、电阻 R_3、R_4 和电容 C_4、C_7 组成。计数器由二进制计数器集成电路 IC2（CD4040）组成。LED 显示驱动电路由译码器集成电路 IC3（CD4515）、发光二极管 VL_1～VL_{16}、电阻 R_9 组成。

接通电源开关 K_1 后，C_1 通过 R_1 充电。在 C_1 充电期间，VT_1 的输入端为低电平，输出端为高电平，多谐振荡器振荡工作，为 IC2 提供计数脉冲信号，IC3 的 $S0$～$S15$ 端依次输出低电平，VL_1～VL_{16} 依次轮流点亮，形成闪光圆环。约 3 s 后，C_1 结束充电，VT_1 输入端由低电平变为高电平，使 VT_1 导通，多谐振荡器停振，IC2，IC3 停止工作，VL_1～VL_{16} 均熄灭。

当按下控制按钮 K_2 时，C_2 通过 R_6 快速充电，使 VT_2 的基极输入端变为高电平，输出端变为低电平，C_1 经 VT_2 放电，由 555 定时器组成的多谐振荡器振荡工作，CD4040 开始计数，其输出的计数信息经 CD4515 译码处理后，驱动 VL_1～VL_{16} 轮流闪亮，电子轮盘快速旋转起来。松开 K_2 后，C_2 通过 R_6 和 R_5 放电，使 VT_2 的基极输入端由高电平变为低电平，集电极输出端则变为高电平，VT_3 导通，使 C_3 和 C_7 并联，多谐振荡器的振荡周期变长，IC2 慢慢停止计数，电子轮盘旋转的速度由快变慢，数秒后停止旋转。电子轮盘游戏元件清单列于表 7.16 中。

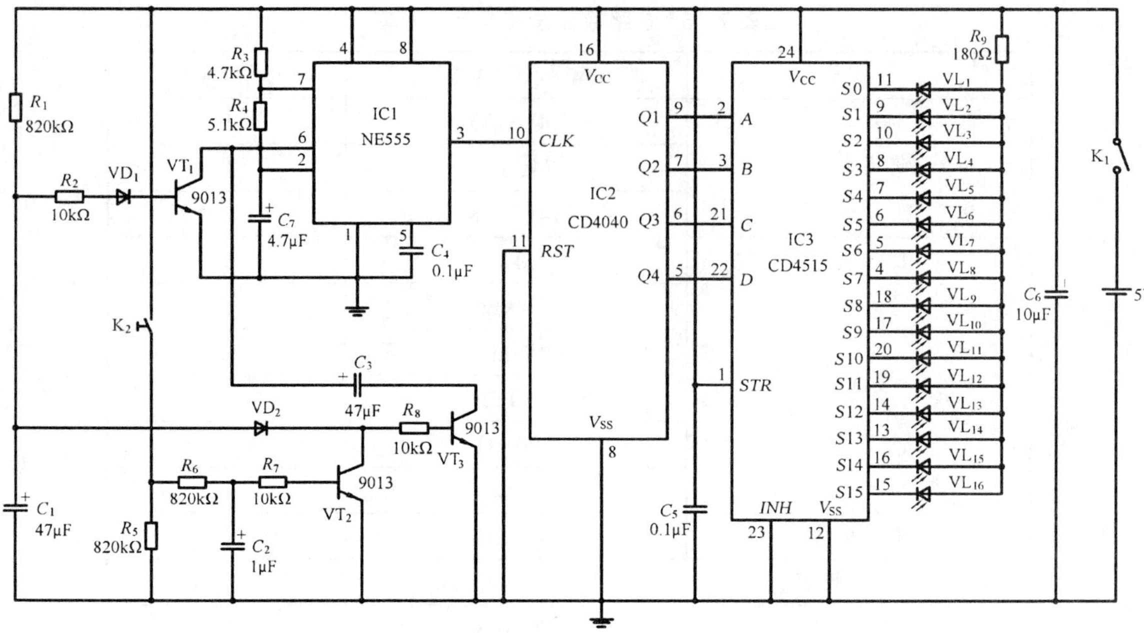

图 7.15　电子轮盘游戏原理图（图中参数仅供参考）

表 7.16　电子轮盘游戏元件清单

名　称	型号（参数）	数　量	备　注
集成电路	NE555	1	—
	CD4040	1	二进制计数器
	CD4515	1	4－16 线译码器
电　阻	820 kΩ	3	—
	10 kΩ	3	—
	4.7 kΩ	1	—
	5.1 kΩ	1	—
	180 Ω	1	—
电　容	0.1 μF	2	—
电解电容	1 μF	1	—
	4.7 μF	1	—
	10 μF	1	—
	47 μF	2	—
二极管	IN4148	2	—
发光二极管	绿　色	16	—
三极管	9013	3	—
自复位开关	常　开	1	—
拨码开关	1 位（或 2 位）	1	—

十六、倒计时指示灯

倒计时指示灯电路原理图如图 7.16 所示。其电路工作原理如下：

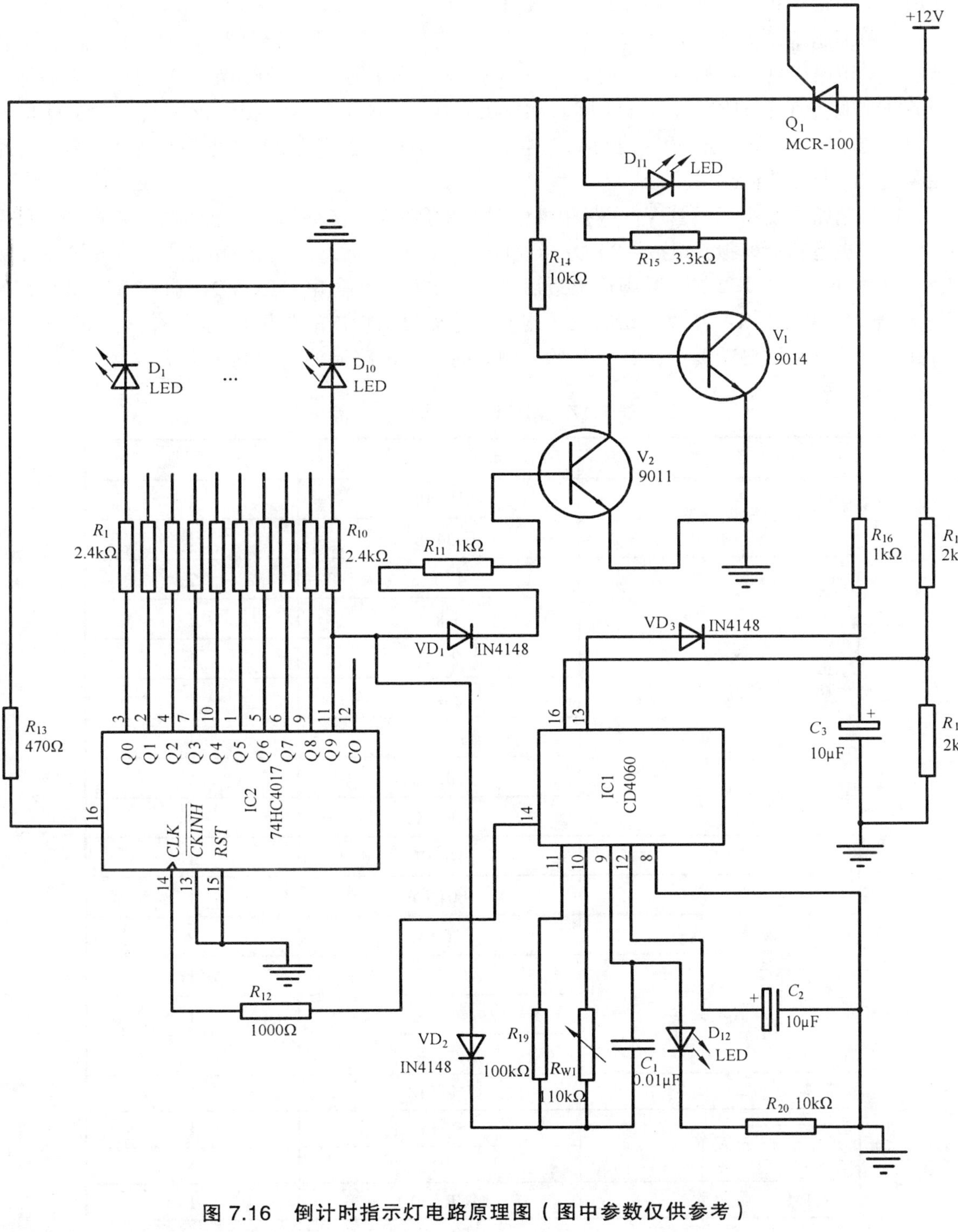

图 7.16　倒计时指示灯电路原理图（图中参数仅供参考）

该电路分为时钟信号脉冲电路、计数电路、显示电路和控制电路四个部分。

时钟信号脉冲电路的核心是 IC1（CD4060）。它是内含振荡器的 14 级二分频电路，R_{W1} 和 C_1 构成 RC 振荡器，调节 R_{W1} 可以改变时钟频率。通电后，振荡器开始振荡，指示灯 D_{12} 开始闪烁，IC1 的 13 脚、14 脚是两个分频脉冲输出脚。当 13 脚的脉冲到来时，触发晶闸管导通，供电给计数器、显示器和控制器工作。14 脚的脉冲信号作为计数器的时钟信号源。

计数显示电路的核心是 IC2（74HC4017），它是十进制计数分频器。时钟脉冲信号从 14 脚输入。电路得到电源后开始计时，当第 10 个脉冲到来时，3 脚开始输出高电平，之后随着 14 脚时钟脉冲信号的输入，2～11 脚依次输出高电平。驱动发光二极管依次点亮。当 11 脚输出为高电平时，一路经过 VD_3 控制 IC1 停止振荡，D_{12} 停止闪烁，IC2 也停止计数；另外一路经 VD_2 和 VD_1 去控制电路。

控制电路主要由三极管 V_1、V_2 和继电器 KA（考虑到实际情况，继电器电路略去，只是用指示灯进行功能模拟）组成。当 Q_1 导通以后，V_2 也导通，指示灯 D_{11} 点亮，继电器 KA 吸合，接通电源。当 IC2 的 11 脚输出最后一个高电平后，高电平经 VD_1 到达 V_1 的基极，使 V_1 导通，V_2 截止，KA 释放，切断负载电源，达到自动控制的作用。调节 R_{W1} 可以改变定时时间，电路通电即自动复位，计时开始。倒计时指示电路元件清单列于表 7.17 中。

表 7.17　倒计时指示电路元件清单

名　称	型号（参数）	数　量
集成电路	74HC4017	1
	CD4060	1
电　阻	470 Ω	2
	1 kΩ	1
	2 kΩ	1
	2.4 Ω	1
	3.3 kΩ	1
	10 kΩ	1
	100 kΩ	2
电解电容	10 μF	1
电　容	0.01 μF	1
电位器	110 kΩ	2
发光二极管	红　色	1
	黄　色	1
	绿　色	1
二极管	IN4148	3
三极管	9014	1
	9011	1
晶闸管	MCR100-6	1

十七、防短路直流可调稳压电源

防短路直流可调稳压电源电路原理图如图 7.17 所示。其电路工作原理如下：

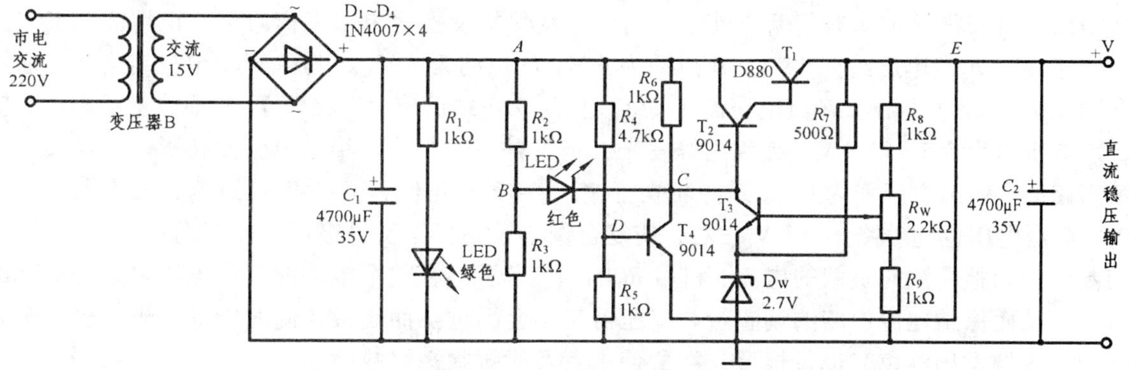

图 7.17　防短路直流可调稳压电源电路原理图（图中参数仅供参考）

本电路为一款直流稳压电源，输出电压从 4.5～14.3 V 连续可调，工作电流最大可达 600 mA，并且带有输出短路自动保护及报警功能。

220 V 交流市电经变压器 B 降压为 15 V 交流电压，再经二极管 D_1～D_4 桥式整流，电容 C_1 滤波，得到约 18 V 的直流电压。大功率 NPN 型三极管 T_1 与小功率 NPN 型三极管 T_2 组成复合调整管，这种复合结构大大提高了电源电流输出（即带负载）能力。三极管 T_3 是比较放大管，作为其集电极负载的电阻 R_6，同时又为复合调整管的基极提供偏置电流。电阻 R_7 与稳压二极管 D_W 构成基准电压源。R_8，R_9 及可调电阻 R_W 组成取样电路，当由于市电波动或负载变化导致输出电压变化量 ΔU_o 的一部分取出送到三极管 T_3 的基极，与恒定的基准电压相比较，并经过三极管 T_3 放大后送入三极管 T_2 的基极，以控制复合调整管 CE 间的管压降变化，从而使输出电压向相反方向偏移，最终确保输出电压稳定。通过调整 R_W 大小就可以改变取样电压大小，同时也就改变了输出电压与基准电压的比例关系。因为基准电压为恒定值，所以调整 R_W 就能在一定范围内改变输出电压。根据实际需要，可以选用不同阻值组合的取样电路，以获得较为理想的输出电压调整范围。按图 7.17 中所标电阻取值，由理论分析可知，当 R_W 调到最上端时，输出电压将达到最小值，即

$$U_{o\min} = \frac{(R_8 + R_W + R_9)(U_{DW} + U_{be3})}{R_W + R_9}$$

$$\approx \frac{(1+2.2+1)(2.7+0.7)}{2.2+1} \approx 4.5 \quad (V)$$

当 R_W 调到最下端时，输出电压将达到最大值，即

$$U_{o\max} = \frac{(R_8 + R_W + R_9)(U_{DW} + U_{be3})}{R_W + R_9}$$

$$\approx \frac{(1+2.2+1)(2.7+0.7)}{1} \approx 14.3 \quad (V)$$

电压经调整管调整后，最后由电容 C_2 进一步滤波平滑后输出。电阻 R_1 和绿色发光二极管组成电源工作指示电路。

以上部分与常见的直流可调稳压电源大同小异，并无独特之处，不过加上由 R_4，R_5 和三极管 T_4 组成的输出短路保护电路，以及由 R_2，R_3 和红色闪烁发光二极管组成的输出短路报警电路，就使得该电源有创新之处了。输出短路保护及报警电路工作原理：正常情况下，图 7.17 中所示 A 点电压约为 18 V，B 点约为 6 V，D 点约为 3 V，E 点等于输出稳定电压，通常介于 4.5～14.3 V，由于 E 点电压高于 D 点电压，BE 结反偏，三极管 T_4 处于截止状态，对应 C 点电压约为 5.5～15.3 V，红色闪烁发光二极管并不发光，对稳压电路没有影响；当负载不慎短路时，输出电压降为 0 V，E 点相当于接地，BE 结正偏，三极管 T_4 迅速进入饱和导通状态，C 点电压也随着降为 0.1 V 左右，使复合调整管基极与发射极近乎短路而进入截止状态，切断经由调整管流向负载的电流，利用 R_6 的限流作用，将整个电路的工作电流限定在 50 mA 以下，从而保护电源电路的调整管、变压器等不会因过热而烧毁，同时闪烁发光二极管开始一闪一闪地发出红色光进行报警，提醒使用者及时排除短路故障。

表 7.18　防短路直流可调稳压电源元件清单

元件名称	型号（参数）	数量
变压器	15 V，25 W	1
二极管	IN4007	4
发光二极管	绿色（Φ5）	1
	红色（Φ5）	1
稳压二极管	2.7 V	1
三极管	D880	1
	9014	3
电阻	500 Ω（1/8 W）	2
	1 kΩ（1/8 W）	5
	1 kΩ（1/2 W）	2
	4.7 kΩ（1/8 W）	1
电解电容	4 700 μF（35 V）	2
多圈电位器	2.2 kΩ	1

十八、电流流动方向测试仪

电流流动方向测试仪的电路原理图如图 7.18 所示。其电路工作原理如下：

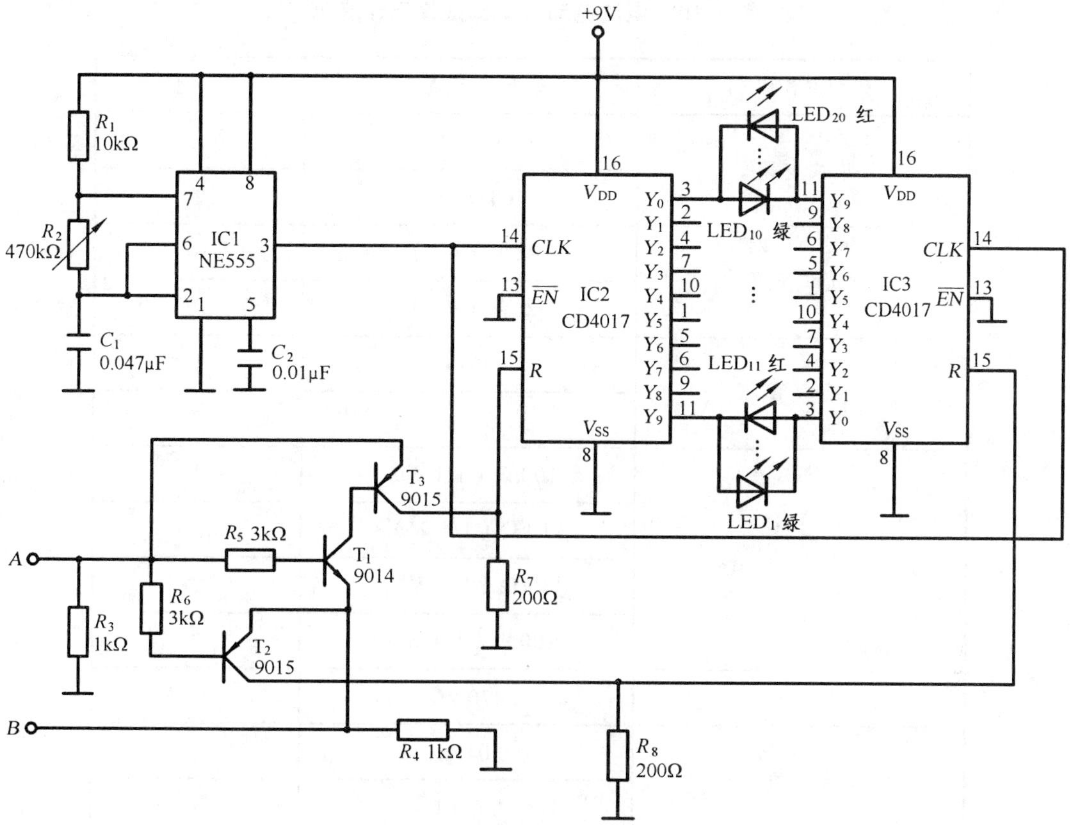

图 7.18　电流流动方向测试仪电路原理图（图中参数仅供参考）

该电路由脉冲信号发生器、LED 驱动电路和电源极性自动切换电路组成。脉冲信号发生器电路由时基集成电路 IC1、电阻器 R_1，R_2 和电容器 C_1，C_2 组成。LED 驱动电路由发光二极管 LED_1～LED_{20} 和十进制计数/脉冲分配器集成电路 IC2，IC3 组成。电源极性自动切换电路由晶体管 T_1～T_3 和电阻器 R_3～R_8 组成。

脉冲信号发生器产生的振荡信号分别加至 IC2 和 IC3 的 15 脚，作为计数时钟脉冲。

A，*B* 两端为直流电压输入端，两端外接电源的正、负极性决定 LED 流动显示的方向。

当 *A* 端接直流电压的正极，*B* 端接直流电压的负极时，T_1 和 T_3 导通，T_3 集电极输出恒定高电平至 IC2 的 15 脚（复位端），使 IC2 停止计数，各输出端均输出低电平；此时 T_2 截止，IC3 因 15 脚为低电平而正常计数。IC3 在计数脉冲的作用下，其 Y_0～Y_9 端依次输出高电平，使 LED_1～LED_{10} 中的红色发光二极管依次轮流点亮，从而模拟显示出某一方向的电荷运动。

当 *A* 端接直流电压的负极，而 *B* 端接直流电压的正极时，T_2 导通，T_1 和 T_3 截止，IC3 因 15 脚为高电平而停止计数，IC2 在计数脉冲的作用下，其 Y_0～Y_9 输出端依次输出高电平，使 LED_{11}～LED_{20} 中的绿色发光二极管依次轮流点亮，显示电荷的运动方向与直流电压的极性一致。

调整 R_2 的阻值，可以改变脉冲信号发生器的振荡频率，从而改变 LED 的移动速度。电流流动方向测试仪元件清单列于表 7.19 中。

表 7.19 电流流动方向测试仪元件清单

元件名称	型号（参数）	数 量
集成电路	NE555	1
	CD4017	2
发光二极管	绿色（Φ5）	10
	红色（Φ5）	10
三极管	9014	1
	9015	2
电 阻	10 kΩ（1/4 W）	1
	1 kΩ（1/4 W）	2
	3 kΩ（1/4 W）	2
	200 Ω（1/4 W）	2
电位器（3296）	470 kΩ	1
电 容	0.047μF	1
	0.01μF	1

十九、数字式频率计

数字式频率计电路原理如图 7.19 所示。其电路工作原理如下：

由频率的定义可知，频率是脉冲信号每秒钟振动的次数。因此，如果用一个电子计数器和一个控制闸门，尽量让被测信号只输入 1 s，那么该计数器所显示的数值即为该被测信号的频率。电子数字式频率计就是按照这个原理设计的。

图 7.19 所示电路为一个结构较为简单的两位数字式计数器，它由两位计数器、控制闸门、秒时基发生电路和被测信号输入电路组成。

两位数字式计数器由两只十进制加、减可逆计数集成电路 CD40110 和两只数码管以及输入电路组成。CD40110 是集计数、译码、锁存、驱动的四合一电路，它既可作加法计数，又可作减法计数。它有一个电源正端 V_{DD}，一个电源负端 V_{SS}，7 个数码笔段输出端 a～g，一个加计数脉冲输入端 CP+，一个减计数输入端 CP−，一个清零端 R，一个进位输出端 CO，一个借位端 BO，一个锁存控制端 LE，低电平时正常显示，高电平时显示被锁定。还有一个禁止控制端 TE，高电平时禁止计数。

两只计数器 IC1，IC2 串联组成一个两位数的十进制计数器，与非门 D_1，D_2 组成计数脉冲输入电路。当被测信号从 D_2 的输入端 6 输入后，经 D_2，D_1 两级反相和整形后加至计数器 IC2 的加计数输入端 CP+，通过计数器内部的运算转换，将输入的脉冲数转换为相应数码的显示笔段，通过数码显示管显示出来，它的显示范围为 1～9。当输入端输入第十个脉冲时，IC2 的数码显示管显示为 0，它的进位输出端 *CO* 输出一个进位脉冲加至十位计数器 IC1 的加计数脉冲输入端 CP＋，十位计数器开始计数，范围为 1～9。这就是说该计数器的计数范围为 99。

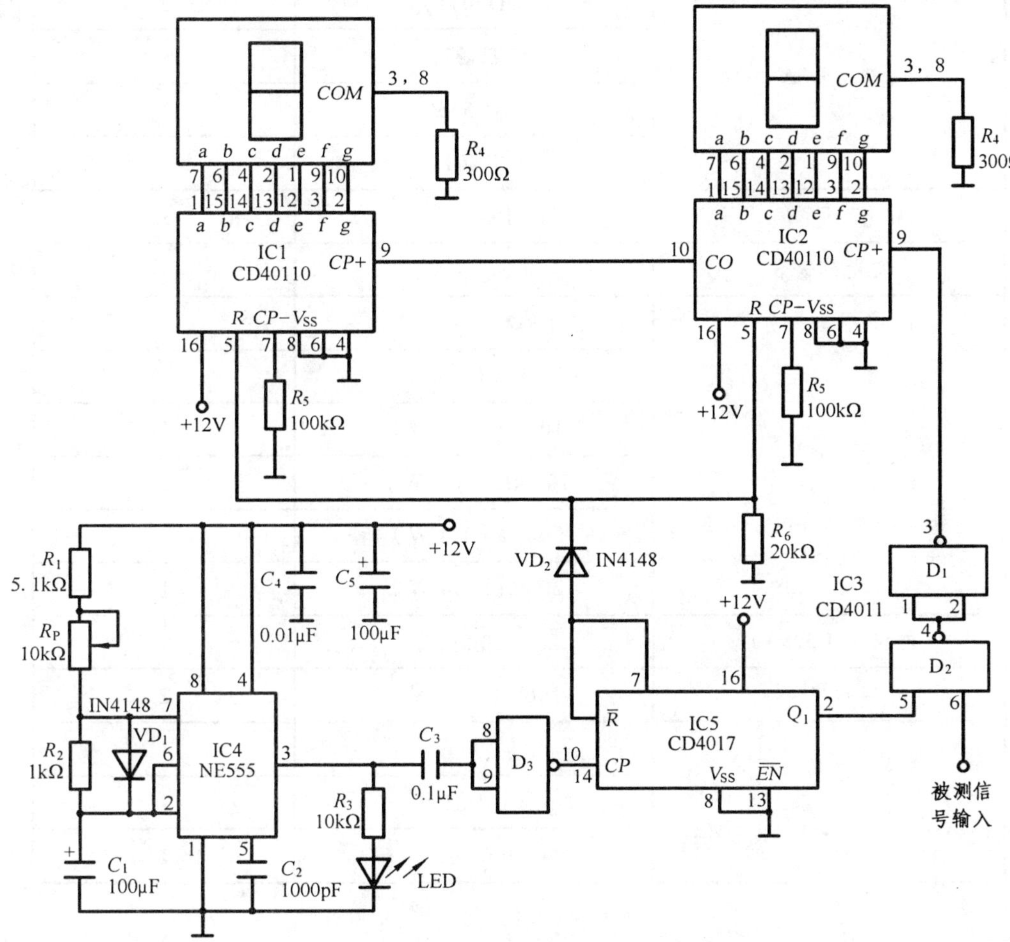

图 7.19　数字式频率计电路原理图（图中参数仅供参考）

计数脉冲输入电路中的与非门 D_2，是一个能够控制信号是否能够输入计数电路的控制闸门。当它的一个输入端 5 为高电平时，控制闸门被打开，信号可以输入；否则，信号不能输入。

时基电路 555 与 R_1，R_P，R_2 及 100 μF 电容组成一个低频多谐振荡器，产生 1 Hz 的秒时基脉冲，作为闸门控制信号。其振荡频率可按公式：$f=1.44/[(R_1+R_P+2R_2)C_1]$来确定。

D_3 与 IC_5 组成门控电路，在测量时，它的输出端 2 输出时间为 1 s 的高电平加至控制闸门 D_2 的输入端 5，将其打开，使被测信号输入。当秒时基发生电路 IC4 输出第一个时基脉冲并通过 D_3 反相后加至 IC3 的 *CP* 端后，IC3 的 2 脚输出高电平加至 D_2 的 5 脚将控制闸门打开，使电路进入测量过程。1 s 后，当 IC4 输出第二个时基脉冲时，IC5 的 2 脚变为低电平，控制闸门被关闭，测量结束。数码显示管所显示的数字即为被测信号的频率。在秒时基发生电路 IC4 输出第三个脉冲时，电路保持间歇 1 s，让测量人员看清显示数值。当第四个脉冲输出后，IC5 的 7 脚输出高电平并通过 VD_2 加至计数器的复位端 *R*，使显示器的显示变为 00，为下一次测量作准备。数字式频率计电路元件清单列于表 7.20 中。

表 7.20 数字式频率计电路元件清单

元件名称	型号（参数）	数 量
集成电路	CD40110	2
	CD4011	1
	NE555	1
	CD4017	1
二极管	IN4148	2
发光二极管	红色（Φ5）	1
电 阻	1 kΩ（1/4 W）	1
	5.1 kΩ（1/4 W）	1
	10 kΩ（1/4 W）	2
	100 kΩ（1/4 W）	2
	300 Ω（1/4 W）	2
	20 kΩ（1/4 W）	1
电位器（3296）	10 kΩ	1
电解电容	100 μF（25 V）	2
电 容	1 000 pF	1
	0.1 μF	1
	0.01 μF	1

二十、发音特殊的音频振荡器

发音特殊的音频振荡器电路原理图如图 7.20 所示。其电路工作原理如下：

通常，一种音频振荡器总是发出某一固定频率的声响。而本电路通过对振荡电路中参数的设置和工作程序的控制，可以发出各种声音。

本电路由音频振荡器和振荡元件参数变换及程序控制电路构成。

音频振荡器是由 IC3（NE555）组成的多谐振荡器，其振荡频率由公式 $f=1.44/[(R_{11}+2R_{12})C_X]$决定。在本电路中，若 C_X 取 0.01 μF，则电路的基本振荡频率为 1 125 Hz。如果改变式子中的电阻、电容值，则振荡频率就会发生相应的变化。在本电路中，将 R_{11} 和 R_{12} 的值固定，通过改变 C_X 的数值来改变振荡频率，使其获得不同的音频输出。本电路选用 8 个不同数值的 C_X（$C_4 \sim C_{11}$），通过程序控制电路，使其按一定程序有规律地接入和退出电路，使电路发出不同的声响。为了实现这一目标，电路中设置了振荡元件参数变换和程序控制电路，这一电路由 IC1 和 IC2 等元器件组成。

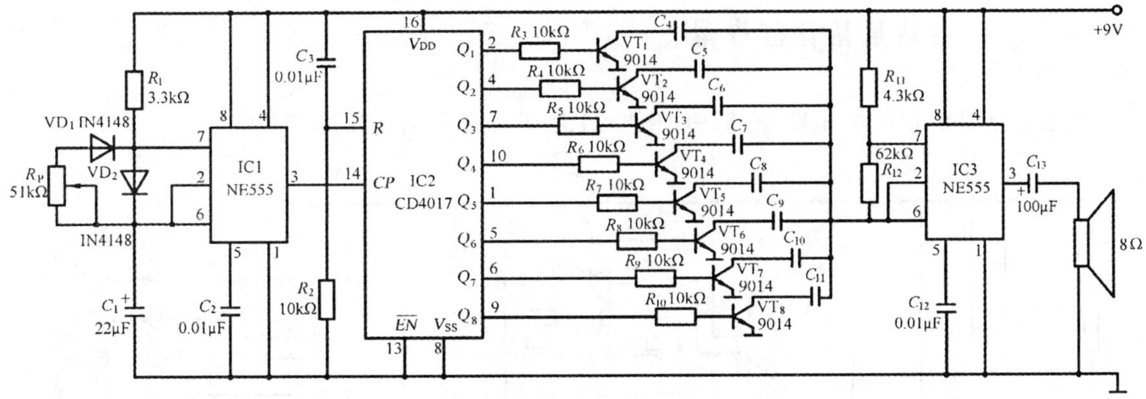

图 7.20　发音特殊的音频振荡器电路原理图（图中参数仅供参考）

在振荡元件参数变换及程序控制电路中，IC2 及 VT_1～VT_8 等元件组成程序控制电路，当它的输出端 Q_1～Q_8 依次输出高电平时，VT_1～VT_8 依次导通，C_4～C_{11} 被依次接入电路，适当选择 C_4～C_{11} 的数值可使振荡电路发出不同频率的声音。而电容 C_4～C_{11} 的容量可按照发声音频率的编排，由试验来决定。

IC1 与 R_1，C_1，VD_1，VD_2 及 R_P 组成一个频率和脉冲宽度均可调的多谐振荡器，为计数器 IC2 提供时钟脉冲，调节 R_P 既可改变振荡器的振荡频率，又可改变输出脉冲的宽度。使其既能可靠地触发计数器，又能根据需要调节发声的节奏。

电路中，C_3，R_2 组成计数器的复位电路，开机后复位电路产生复位脉冲加至复位端 R，使计数器复位。

本电路中，若将 IC2 改用二进制计数器 CD4040，它的输出端则可连接 12 个不同容量的电容，通过二进制输出的编码，发出更为复杂的声音。发音特殊的音频振荡器元件清单列于表 7.21 中。

表 7.21　发音特殊的音频振荡器元件清单

元件名称	型号（参数）	数　量	元件名称	型号（参数）	数　量
集成电路	NE555	2	电位器（3296）	51 kΩ	1
	CD4017	1	电解电容	22 μF（25V）	1
二极管	IN4148	2		100 μF（25V）	1
三极管	9014	8	电　容	22 μF（25V）	1
电　阻	3.3 kΩ（1/4 W）	1		0.01 μF	3
	10 kΩ（1/4 W）	9	电容（C_4～C_{11}）	自　定	8
	4.3 kΩ（1/4 W）	1	喇　叭	8 Ω（4W）	1
	62 kΩ（1/4 W）	1			

二十一、电话通话计时提醒器

电话通话计时提醒器电路原理图如图 7.21 所示。其电路工作原理如下：

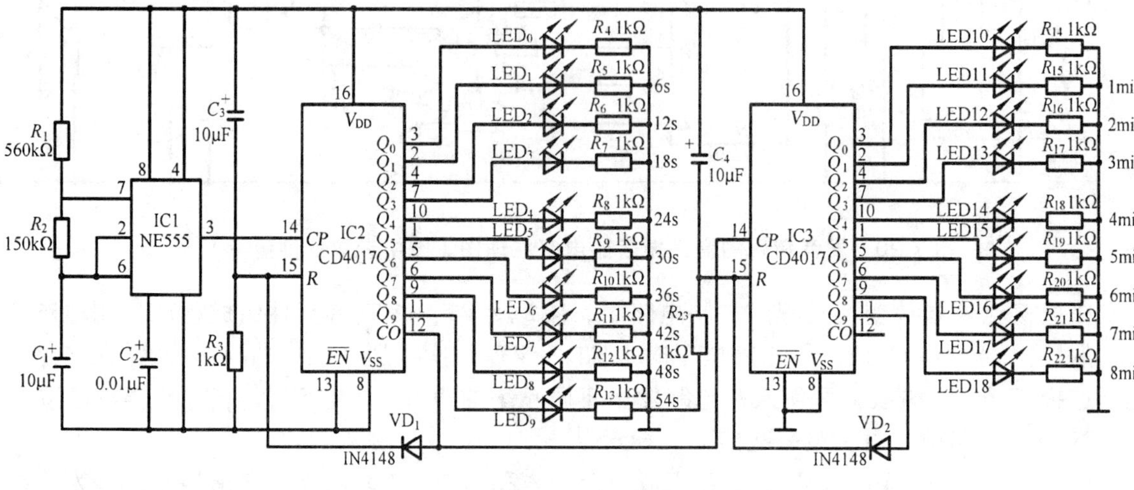

图 7.21 电话通话计时提醒器电路原理图（图中参数仅供参考）

目前我国电话实行以分为单位的计时收费方式，除了在第 1 min 内，即第一个时段为固定收费外，当进入下一个时段后的第 1 s 便立即增加一个时段的收费，对于时间较长的通话来说，多 1 min 的计时收费，在整个通话的计费中其比例是很小的。但是对于经常只需在 1 min 内完成通话的情况中，即使通话时间拖延 1 s，其多付出的话费在整个话费中的比例就显得很高了。本电路对于解决这样一类的通话是很有意义的。

全电路是由 6 s 时基发生电路、6 s 分频计时及显示电路和分计时及显示电路构成的。

6 s 时基发生电路是由一个 NE555 电路组成的多谐振荡器，它通过对 R_1，R_2 和 C_1 数值的设定，使振荡器每 6 s 输出一个时基脉冲。

6 s 分频及显示电路由十进制计数器 IC2（CD4017）和发光二极管 LED_0～LED_9 组成。它将 6 s 时基发生电路输入的脉冲，通过分频按 6 s，12 s，18 s，24 s，…，54 s 由各输出端输出，并通过发光二极管 LED_1～LED_9 向外显示。

分计时及显示电路和 6 s 分频与显示电路的组成完全相同。分计时电路的计数脉冲取自 IC2 的进位脉冲，每当 IC2 计数至 1 min 时向 IC3 输出一个进位脉冲，作为 IC3 的计数脉冲。IC_3 的输出是以分为单位的，每隔 1 min 输出一个脉冲并通过 LED_{10}～LED_{18} 向外显示。每当计满后计数器自动复位。

电路中，C_3，R_3 组成 IC2 的开机复位电路，C_4，R_{23} 组成 IC3 的开机复位电路。接通电源后计数器自动复位，Q_0 输出高电平，LED_0，LED_{10} 发光指示。VD_1，VD_2 分别是 IC2 和 IC3 的复位控制二极管。当计数器计满后通过 VD_1，VD_2 加至 R 端使其自动复位。电路通话计时提醒器元件清单列于表 7.22 中。

表 7.22　电话通话计时提醒器元件清单

元件名称	型号（参数）	数　量	元件名称	型号（参数）	数　量
集成电路	NE555	1	电　阻	1 kΩ（1/4 W）	21
	CD4017	2		150 kΩ（1/4 W）	1
二极管	IN4148	2		560 kΩ（1/4 W）	1
发光二极管	红色（Φ5）	19	电解电容	10 μF（25V）	3
			电　容	0.01 μF	1

二十二、8 路数显抢答器

8 路数显抢答器电路如图 7.22 所示。其电路工作原理如下：

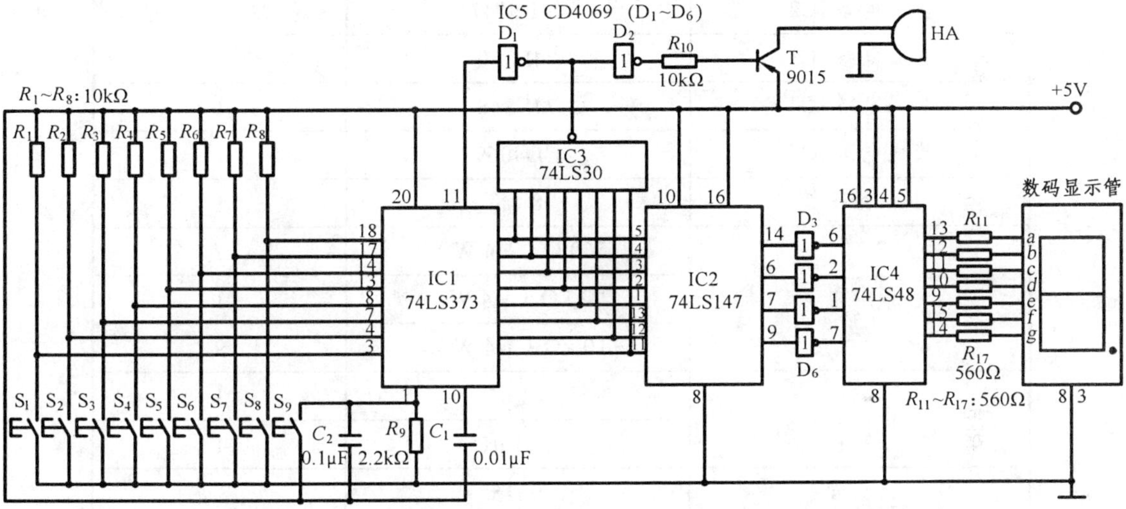

图 7.22　8 路数显抢答器电路原理图（图中参数仅供参考）

8 路数显抢答器电路由触发控制电路、复位电路、音频电路和 LED 显示驱动电路组成，具有优先抢答、音响提示和数字显示的功能。

抢答触发控制电路由抢答按钮 S_1～S_8、电阻器 R_1～R_8 和锁存器集成电路 IC1（74LS373）组成。

复位电路由复位按钮 S_9、电阻器 R_9、电容器 C_1，C_2 及锁存器集成电路 IC1（74LS373）组成。

音频电路由与非门集成电路 IC3（74LS30）、非门集成电路 IC5（CD4069）内部的非门电路 D_1、D_2 和电阻器 R_{10}、晶体管 T、蜂鸣器 HA 组成。

LED 显示驱动电路由编码器集成电路 IC2（74LS147）、非门集成电路 IC5（CD4069）内部的非门电路 D_3～D_6、译码驱动集成电路 IC4（74LS48）和 LED 数码显示器组成。

接通电源后，＋5V 电压经 C_2 为 IC1 的 1 脚提供一个高电平复位脉冲，使 IC1 清零复位。在未按动 S_1～S_8 时，IC1 的输入端和输出端均为高电平，HA 不发声，LED 数码显示没有显示。

当 S_1～S_8 中某按钮被按动后，IC1 中与该按钮相接的输入端将变为低电平，与其相对应的输出端也由高电平变为低电平，使 IC3 输出高电平，非门 D_1，D_2 的输出端均由高电平变为低电平。D_1 输出的低电平使 IC1 内部电路动作，将该路输出锁存为低电平；D_2 输出的低电平使晶体管 T 导通，HA 发出警示声。IC_1 输出的低电平经 IC2 优先编码及 D_3～D_6 反相处理后，通过 IC4 驱动 LED 数码显示器显示出相应的数字（若按动 S_4，则 IC1 的 8 脚和 9 脚将变为低电平，LED 数码显示器显示数字“4”）。

该抢答器具有优先抢答功能，当某一路抢答按钮被按下后，再按其他各路按钮时，抢答器不会再次触发。只有按动复位按钮 S_9，使 IC1 清零复位后，LED 数码显示器上的数字消失，才能进行下一轮抢答。8 路数显抢答器元件清单列于表 7.23 中。

表 7.23　8 路数显抢答器元件清单

元件名称	型号（参数）	数量
集成电路 IC1	74LS373	1
集成电路 IC2	74LS147	1
集成电路 IC3	74LS30	1
集成电路 IC4	74LS48	1
集成电路 IC5	CD4069	1
共阴数码管	8 字	1
电阻	560 Ω（1/4 W）	7
	2.2 kΩ（1/4 W）	1
	10 kΩ（1/4 W）	9
电容	0.1 μF	1
	0.01 μF	1
三极管	9015	1
蜂鸣器	—	1

第三节　综合性电子技术实习项目

一、交通灯控制器

1. 简要说明

在十字路口，每条道路各有一组红、黄、绿灯和倒计时显示器，用以指挥车辆和行人有序地通行。其中，红灯亮表示该道路禁止通行；黄灯亮表示停车；绿灯亮表示可以通行；倒计时显示器是用来允许通行或禁止通行的时间。此外，如人流量较大且通行时间较长的道路还设有行人申请通过的按钮。交通灯控制器就是用于自动控制十字路口的交通灯和计时器，指挥各种车辆和行人安全通行。

2. 任务和要求

(1) 在十字路口的四个方向上各设一组红、黄、绿灯，显示顺序为：其中一个方向是绿灯、黄灯、红灯，另一个方向是红灯、绿灯、黄灯。

(2) 在十字路口的四个方向上各设一组两位数码管，以倒计时的方式显示允许通行或禁止通行的时间。其中两条干道允许通行或禁止通行的时间可通过按键自行设定，黄灯闪烁时间为 3 s。

(3) 当一条干道通行倒计时在 30 s 以上时，允许行人通过按下申请通过按钮通行，通行时间为 10 s，且此时本干道上显示黄灯闪烁，行人通道绿灯允许通行。

(4) 当各条路中任意一条上出现特殊情况，例如，在十字路中央发生车祸，有消防车、救护车或其他需要优先放行的车辆时，各方向上均是红灯亮，倒计时停止，且显示数字在闪烁。当特殊运行状态结束后，交通灯控制器恢复原来状态，继续正常运行。

(5) 编辑程序，并在 EDA 实验箱上调试，调试通过后再下载至 CPLD 芯片上。

(6) 芯片外围电路的设计，如按键输入、时钟信号、显示电路等。

(7) 电路原理图的绘制及印刷电路板的制作。

(8) 电路的组装与调试。

(9) 报告的写作。设计思路、程序、波形调试、各子芯片模块图、电路原理图、印刷电路图、电路制作基本知识（PROTEL99SE、焊接工艺、调试工艺）、电路安装调试结果、故障的分析、检测及排除。

二、数字钟系统设计

1. 简要说明

本数字钟系统包含有年、月、日、时、分、秒计时功能，闹钟功能及秒表计数功能。如要调整时间，可分别调整年、月、日、时及分，且可设置闹钟的时间。秒表计数范围为 100 min，显示由 6 个数码管显示。

2. 任务和要求

(1) 能进行正常的年、月、日、时、分、秒计时功能，分别由 6 个数码管显示 99Y (24 h)、12 M（59 M)、31D（59 s)。

(2) 输入按键有调整年、月、日、时、分及闹钟时、分选择按键，显示时间、年、月、日、闹钟及秒表选择按键，调整输入按键，闹钟启用及停止按键，秒表的开始、暂停及停止按键。

(3) 按下调整年、月、日、时、分及闹钟时、分选择按键，选择所需调整的项目，再按下调整按键，则调整项目会迅速递增，否则按一次，递增数字 1。

(4) 按下显示选择按键，则可分别在 6 个数码管上分别显示时间、年、月、日、闹钟及秒表的状态。

(5) 调整年、月、日、时、分及闹钟时、分时，相应两个数码管呈闪烁状态。

（6）系统默认闹钟为关闭状态，按一次闹钟启用及停止按键，闹钟开启；按第二次，则闹钟关闭。

（7）当显示为秒表状态时，按一次秒表的开启、暂停及停止按键，则秒表从 0 开始计数；按第二次则为暂停计数状态；按第三次则为停止计数状态；按第四次秒表又从零开始计数。

（8）编辑程序，并在 EDA 实验箱上调试，调试通过后再下载至 CPLD 芯片上。

（9）芯片外围电路的设计，如按键输入、时钟信号、显示电路等。

（10）电路原理图的绘制及印刷电路板的制作。

（11）电路的组装与调试。

（12）报告的写作。设计思路、程序、波形调试、各子芯片模块图、电路原理图、印刷电路图、电路制作基本知识（PROTEL99SE、焊接工艺、调试工艺）、电路安装调试结果、故障的分析、检测及排除。

三、全自动电梯控制系统设计

1. 简要说明

电梯控制系统是控制电梯按顾客的要求自动上下楼层的装置。要求设计一个 4 层无人管理的全自动电梯控制系统。

2. 任务和要求

（1）一楼电梯门口设有上楼请求开关，四楼电梯门口设有下楼请求开关，二、三楼电梯门口则设有上楼和下楼的请求开关。电梯内设有供进入电梯的乘客选择要求到达楼层（1～4 层）的停站请求开关。

（2）应设有表示电梯目前正处于上升还是下降阶段以及电梯正位于哪一层楼的指示装置。

（3）能记忆电梯内、外的所有请求信号，并按照电梯的运行规则对信号进行分批响应。每个请求信号一直保留到执行后才撤除。电梯运行规则如下：

① 电梯处在上升阶段时，仅响应电梯所在位置以上楼层的上楼请求信号，依楼层次序逐个执行，直到最后一个请求执行完毕。然后电梯便直接升到有下楼请求信号的最高一层楼接乘客，开始执行下楼请求。

② 电梯处在下楼阶段时，仅响应电梯所在位置以下楼层的下楼请求信号，依楼层次序逐个执行，直到最后一个请求执行完毕。然后电梯便直接降到有上升请求的最低一层楼接乘客，开始执行上楼请求。

③ 一旦电梯执行完全部请求信号后，应停留在原来楼层等待，有新的请求信号时，再进入运行状态。

④ 电梯以 3 s 升（降）一层楼的速度运行。到达某楼层位置，指示该楼层的灯点亮，一直保持到电梯到达新的一层时，该楼层指示灯才灭。

⑤ 电梯到达有请求的楼层停下时，该楼层的指示灯即亮。电梯门自动打开。开门 4 s 后，电梯门自动关闭。电梯继续运行。开门时间还可以通过手动按钮开关任意延长或缩短。

⑥ 开机（接通电源）时，电路应处于起始状态，此时电梯停留在一层。

(4) 编辑程序，并在 EDA 实验箱上调试，调试通过后再下载至 CPLD 芯片上。

(5) 芯片外围电路的设计，如按键输入、时钟信号、显示电路等。

(6) 电路原理图的绘制及印刷电路板的制作。

(7) 电路的组装与调试。

(8) 报告的写作。设计思路、程序、波形调试、各子芯片模块图、电路原理图、印刷电路图、电路制作基本知识（PROTEL99SE、焊接工艺、调试工艺）、电路安装调试结果、故障的分析、检测及排除。

四、出租车计费系统设计

1. 简要说明

出租车计费系统是供出租车在载有乘客运行过程中，对出租车行驶的里程、停留时间的一个综合计费系统。本系统包含的优点有：出租车起步价格及每公里价格均可在芯片内部设定，修改很方便；内部有数字钟系统及打印机系统，在打印发票时可将车牌号、上车时间、下车时间、行驶里程、停留时间及总价等打印出来。

2. 任务和要求

(1) 实现计时功能：年、月、日、时、分、秒的计时及调节功能。

(2) 实现计费功能：计费标准分为按行驶里程计费及按停止时间计费，起步价可在程序内设定为某一值，并在车行 3 km 后按每公里在程序内设定的值计费，当计费器达到或超过 50 元时，按每公里加收 50%的车费，车在停止状态下按 1 元/min 收费（未达到 30 s 不收费），两项之和即为总价。

(3) 乘客到达时，打印机自动打印发票。

(4) 编辑程序，并在 EDA 实验箱上调试，调试通过后再下载至 CPLD 芯片上。

(5) 芯片外围电路的设计，如按键输入、时钟信号、显示电路等。

(6) 电路原理图的绘制及印刷电路板的制作。

(7) 电路的组装与调试。

(8) 报告的写作。设计思路、程序、波形调试、各子芯片模块图、电路原理图、印刷电路图、电路制作基本知识（PROTEL99SE、焊接工艺、调试工艺）、电路安装调试结果、故障的分析、检测及排除。

五、MCS-51 单片机与 FPGA/CPLD 总线接口逻辑设计

1. 简要说明

单片机具有性价比高、功能灵活、易于人机对话和良好的数据处理能力等特点；CPLD

则具有高速、高可靠性以及开发便捷规范等方面的优点，以此两类器件相结合的电路结构在许多高性能仪器仪表和电子产品中被广泛应用。单片机与 CPLD 的接口方式一般有两种，即总线方式与独立方式。

单片机以总线方式与 FPGA/CPLD 进行数据与控制信息通信，有以下优点:

（1）速度快。其通信工作时序是纯硬件行为，对于 MCS–51 单片机，只需一条单字节指令就能完成所需的读/写时序，如 MOV @DPTR，A；MOV A，@DPTR。

（2）节省 CPLD 芯片的 I/O 口线。如图 7.23 所示，如果将图中的译码 DECODER 设置足够的译码输出，以及安排足够的锁存器，就能仅通过 19 根 I/O 口线，在 FPGA/CPLD 与单片机之间进行各种类型的数据与控制信息的交换。

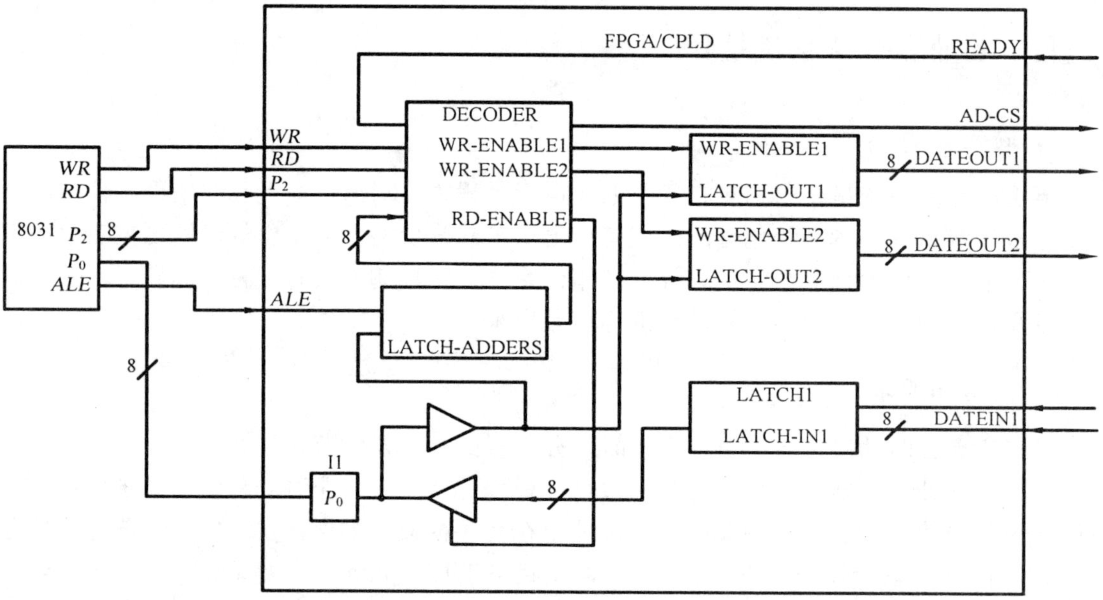

图 7.23 CPLD/FPGA 与 MCS–51 单片机的总线接口通信逻辑图

（3）相对于非总线方式，单片机的编程简捷，控制可靠。

（4）在 FPGA/CPLD 中通过逻辑切换，单片机易于与 SRAM 或 ROM 接口。这种方式有许多实用之处，如利用类似于微处理器 DMA 的工作方法，首先由 FPGA/CPLD 与接口的高速 A/D 等器件进行高速采样，并将数据暂存于 SRAM 中，采样结束后，通过切换，使单片机与 SRAM 以总线方式进行数据通信，以便发挥单片机强大的数据处理能力。

2. 任务和要求

（1）对单片机与 FPGA/CPLD 以总线方式通信的逻辑设计，应详细了解单片机的总线读写时序，根据时序图来设计逻辑结构。图 7.24 为 MCS–51 系列单片机的时序图，其时序电平的变化速度与单片机工作时钟频率有关。图中，*ALE* 为地址锁存使能信号，可利用其下降沿将低 8 位地址锁存于 FPGA/CPLD 中的地址锁存器（LATCH_ADDRES）中。当 *ALE* 将低 8 位地址通过 P_0 锁存的同时，高 8 位地址已稳定建立于 P_2 口，单片机利用读写指令允许信号 *PSEN* 的低电平，从外部 ROM 中将指令从 P_0 口读入。由时序图可见，其指令读入的时机是在 *PSEN* 上跳沿之前。接下来，由 P_2 口和 P_0 口分别输出高 8 位和低 8 位数据地址，并由 *ALE*

的下沿将 P_0 口的低 8 位地址锁存于地址锁存器。若需从"FPGA/CPLD"中读出数据，单片机则通过指令"MOV A，@DPTR"使 *RD* 信号变为低电平，由 P_0 口将图 7.24 中锁存器 LATCH_IN1 中的数据读入累加器 A。但如果要将累加器 A 的数据写入 FPGA/CPLD，需通过指令"MOV @DPTR，A"和写允许信号 *WR*。这时，*DPTR* 中的高 8 位和低 8 位数据作为高低 8 位地址分别向 P_2 和 P_0 口输出，然后由 *WR* 的低电平，并结合译码，将 A 的数据写入图中相关的锁存器。

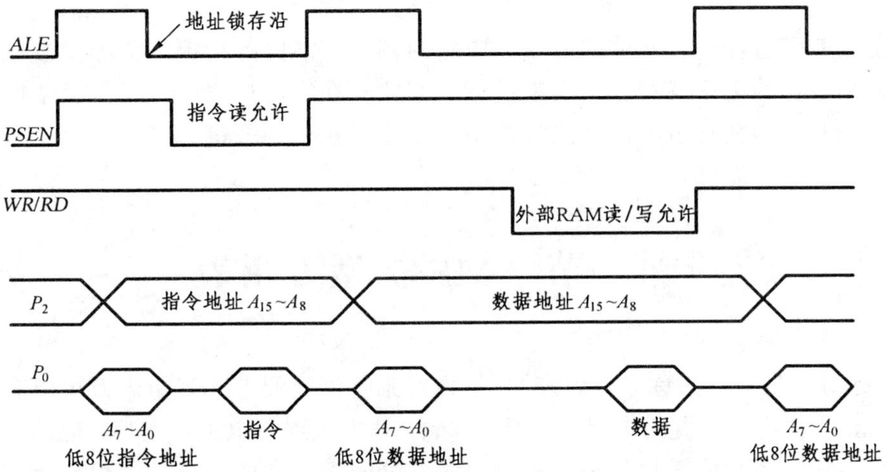

图 7.24　MCS-51 单片机总线接口方式工作时序

（2）编辑程序，并在 EDA 实验箱上调试，调试通过后再下载至 CPLD 芯片上。

（3）电路硬件设计。

（4）电路原理图的绘制及印刷电路板的制作。

（5）电路的组装与调试。

（6）报告的写作。设计思路、程序、波形调试、各子芯片模块图、电路原理图、印刷电路图、电路制作基本知识（PROTEL99SE、焊接工艺、调试工艺）、电路安装调试结果、故障的分析、检测及排除。

习　　题

7.1　简述电路调试过程中故障检测的基本方法。

第八章 常用电子仪器设备的使用

电子工艺实习过程中，元件的测量、电路的调试、故障的检测、波形及参数的测量等，都要依靠各种各样的电子仪器及仪表来进行。因此，在实习过程中，了解及掌握各种仪器仪表的基本知识及使用注意事项，是熟悉使用该种仪器仪表的关键。

第一节 MF47 型万用表

MF47 型万用电表（俗称“万用表”）是磁电系整流式便携式多量限万用电表。可供测量直流电流、交直流电压、直流电阻等，具有 26 个基本量程和电平、电容、电感、晶体管直流参数等 7 个附加参考功能量程，是一种量限多、分挡细、灵敏度高、体积轻巧、性能稳定、过载保护可靠、读数清晰、使用方便的便携式万用电表，适合于电子仪器、无线电电讯、电工、工厂、实验室等场所广泛使用。

一、结构特征

MF47 型万用电表设计紧凑，结构牢固，携带方便，零部件均选用优良材料及工艺处理，具有良好的电气性能和机械强度。MF47 型万用电表具有以下特点：

（1）测量机构采用高灵敏表头，性能稳定，并置于单独的表壳之中，可保证密封性且能延长使用寿命。表头罩采用塑料框架和玻璃相结合的独特设计，可避免静电的产生，从而保证测量精度。

（2）印刷电路板采用塑料压制而成，从而保证可靠、耐磨、整齐、维修方便。

（3）测量机械采用硅二极管保护，保证电流过载时不损坏表头，线路中设有 0.5 A 保险丝装置，以防止误操作时烧坏电路。

（4）设计上考虑了温度和频率补偿，使其受温度影响小，适用频率范围宽。

（5）低电阻挡选用 2 号干电池，容量大、寿命长。两组电池装于盒内，换电池时只需卸下电池盖板，不必打开表盒。

（6）若配以原产专用高压探头，还可以进行电视接收机内 25 kV 以下高压的测量。

（7）设计了晶体管静态直流放大系数检测装置，用以在临时情况下检查晶体管。

（8）刻度盘与开关指示盘印制成红、绿、黑三色。颜色分别按交流红色、晶体管绿色、其余黑色对应制成。使用时读取示数便捷。刻度盘其有六条刻度：第一条供测量电阻用；第二条供测量交直流电压及直流电流用；第三条供测量晶体管放大倍数用；第四条供测量电容用；第五条供测量电感用；第六条供测量音频用。刻度盘上装有反光镜，可消除视差。

（9）除交直流 2 500 V 和直流 5 A 分别有单独插座之外，其余各挡只需转动一个选择开关，使用方便。

（10）采用整体软塑料测试棒，可保持长期良好的使用。

（11）装有提把，不仅可以携带，还可以在必要时作倾斜支撑，便于读取数据。

二、主要技术指标

MF47 型万用电表的主要技术指标见表 8.1。该表外形尺寸为 165 mm×112 mm×149 mm；重量为 0.85 kg（不包括电池）。

表 8.1 MF47 型万用电表的主要技术指标

量限范围		灵敏度及电压降	精度	误差表示方法
直流电流	0 ~ 0.05 mA ~ 0.5 mA ~ 5 mA ~ 50 mA ~ 500 mA ~ 5 A	0.3 V	2.5	以上量限的百分数计算
直流电压	0 ~ 0.25 V ~ 1 V ~ 2.5 V ~ 10 V ~ 50 V ~ 250 V ~ 500 V ~ 1 000 V ~ 2 500 V	20 000 Ω/V	2.5 5	以上量限的百分数计算
交流电压	0 ~ 10 V ~ 50 V ~ 250 V（45 ~ 65 ~ 5 000 Hz）~ 500 V ~ 1 000 V ~ 2 500 V（45 ~ 65 Hz）	4 000 Ω/V	5	以上量限的百分数计算
直流电阻	R×1，R×10，R×100 R×1k，R×10k	R×1 中心刻度为 16.5 Ω	2.5	以标准尺弧长的百分数计算
			10	以指示值的百分数计算
音频电平	− 10 ~ + 22 dB	0 dB = 1 mW，600 Ω	—	—
晶体管直流放大倍数	0 ~ 300 h_{FE}	—	—	—
电感	20 ~ 1 000 H	—	—	—
电容	0.001 ~ 0.3 μF	—	—	—

该表要求在周围环境温度 0 ℃～40 ℃，相对湿度 85%的情况下使用，各项技术性能指标按 GB 7676 国家标准和 IEC51 国际标准有关条款规定。

三、使用方法及注意事项

（1）使用万用表前应认真检查表笔所插的插孔是否为所需的插孔，而且表笔的正、负不能互换插入插孔，以免造成正、负极接反，把表针打弯，甚至损坏线路。

（2）每次进行测量时，要认真核对测量项目和量程范围是否符合所需的被测电量，以免错用电阻挡去测量电压或电流，甚至用低量程挡去测大于该挡测量范围的电压、电流，否则将造成仪表的损坏。

（3）用万用表测量大电流或高电压时，禁止进行量程的切换。因为这样做会产生电弧，电弧会将转换开关烧毁，或因转换错误而烧坏邻近挡位的电路。如果需要更换量程时，一定要待表笔脱开电路后，方可进行。

（4）在测量高电压时，表笔插入专用插孔时，一定要把插头插牢，以防接触不良而造成高压打火现象。甚至因插接不牢而使插头脱落，发生触电事故。

（5）在测量高电压时，要养成单手操作的习惯。方法是：先把一支表笔固定在被测电路的公共地端，用一只手握住另一支表笔去触碰测试点，保持精力集中，避免发生触电事故。

（6）被测电路如果是带电的，不能用欧姆挡去测量其电阻，同样也不允许用欧姆挡去测量电池的电阻。

（7）使用欧姆挡时，要做到每更换一次量程，就必须重新调整一次欧姆零点。只有这样才能保证测量的准确。

（8）当不知道被测电量（电流、电压）的大小范围时，应先选用最大量程进行测量。测量时，如指针偏转过小，可逐次更换较小的量程；如指针偏转过大且发生打表时，应立即断开表笔。

（9）应用欧姆挡测量电阻时，应尽量使表针落到刻度线的中间部位，这样可以减小测量误差。因为该挡的刻度线是非线性的，越靠近高阻端，其刻度线越密；越靠近低阻端，其刻度线越疏，只有中间部分的刻度线较均匀。

（10）被测量的电路或元器件阻值较高时，两手不能同时触碰所测电路或元器件的引线，以免人体电阻与其并联，影响测量的准确度。

（11）使用万用表时应将万用表水平放置，这样可以减小测量误差。

（12）万用表的表盘上有多条刻度线，是供测量不同电量时读取的，因而要根据所测电量读取相应刻度线上的数值。在读取数值时，眼睛应位于指针的正上方，如果是斜视，所读数据就会有误差。有的万用表设置有反射镜，其目的就是要减小读数误差，提高读数的准确度，因此读取数据时应使指针和镜中的指针重合，这样就可以减小读数误差，否则就失去了设置反射镜的意义。

（13）万用表使用完毕，为防止下次使用不慎而烧表，应将转换开关拨至最高电压挡或空挡。

（14）当万用表长期搁置不用时，应将表内电池取出，以免电池的电解液渗出，腐蚀表内的印制板或元器件。

四、测量方法

1）直流电流测量

测量 0.05～500 mA 电流时，转动开关至所需电流挡。测量 5 A 时，红表笔插头则插到对应的 5A 插座中,转动开关可放在 500 mA 直流电流量程上,然后将测试笔串接于被测电路中。注意：测量过程中切忌用电流挡去测量电压。

2）交直流电压测量

测量交流 10～1 000 V 或直流 0.25～1 000 V 电压时，转动开关至所需电压挡。测量直流 2 500 V 电压时，开关应分别旋至交流 1 000 V 或直流 1 000 V 位置上，红表笔插头则应插至对应的 2 500 V 插座中，然后将测试笔跨接于被测电路两端。

若配以原产高压探头，则可测量电视机不高于 25 kV 的高压，测量时，开关应放在 50 μA 位置上，高压探头的红黑插头分别插入“＋”、“－”插座中，接地夹与电视机金属底板连接，然后握住探头进行测量。注意：测量直流电压时，黑表笔应接低电位点，红表笔应接高电位点。

3）直流电阻测量

① 装上原装电池（R14 型 2 号 1.5 V 及 6F22 型 9 V 各一只）。转动开关至所需测量的电阻挡，将红、黑表笔短接，调整零欧姆旋钮，使指针对准零欧姆“0”位上，然后分开两测试笔进行测量。

② 测量电路中的电阻时，应先切断电路中的电源，若电路中有电容时则应先放电。切忌在带电的电路中测量电阻，因为这样做实际上是把欧姆表当作电压表在使用，极易将万用表烧毁。

③ 万用表的电阻挡有 R×1，R×10，R×100，R×1k，R×10k 等五挡位置。而刻度盘上 Ω 的刻度只有一行，其中×1，×10，×100，×1k，×10k 等数值即为电阻挡的倍率。读数时，将刻度盘上指针所指的刻度乘以倍率即为所测电阻值。

④ 用万用表测量直流电阻时，每换一个量程，必须重新调零。测量电阻时，表头指针越接近刻度盘中心读数，测量结果越准确。所以测量中，为了减小测量误差，应选择适当的量程。

⑤ 当用万用表电阻挡检查电解电容器的漏电电阻时，可转动开关至 R×1k 挡，红表笔必须接电容器负极，黑表笔接电容器正极。

4）音频电平测量

在一定的负荷阻抗上，用以测量放大器的增益和线路输送的损耗，测量单位以分贝（dB）表示。

音频电平与功率电压的关系式为

$$N = 10\lg\frac{P_2}{P_1} = 20\lg\frac{U_2}{U_1}$$

式中，P_2，U_2分别为被测功率和被测电压。

音频电平的刻度系数按 0 dB＝1 mW，600 Ω输送线标准设计。即

$$U_1 = \sqrt{PZ} = \sqrt{0.001 \times 600} = 0.775\ (\text{V})$$

音频电平是以交流 10 V 为基准刻度，如指示值大于＋22 dB 时，可在 50 V 以上各量限测量，其指示值可按表 8.2 所示值修正。

表 8.2 音频电平修正值

量限（V）	按电平刻度增加值（dB）	电平的测量范围（dB）
10	—	－10～＋22
50	14	＋4～＋36
250	28	＋18～＋50
500	34	＋24～＋56

测量方法与交流电压基本相似，转动开关至相应的交流电压挡，并使指针有较大的偏转。如被测电路中带有直流电压时，可在"＋"插座中串接一个 0.1 μF 的隔直流电容器。

5）电容测量

转动开关至交流电压 10 V 位置，被测电容串接于任一测试笔，然后跨接于 10 V 交流电压电路中进行测量。

6）电感测量

与电容测量方法相同。

7）晶体管直流参数的测量

（1）直流放大倍数 h_{FE} 的测量。先转动开关至晶体管调节 ADJ 位置上，将红黑表笔短接，调节欧姆电位器，使指针对准 300 h_{FE} 刻度线上，然后转动开关至 h_{FE} 位置，将要测量的晶体管脚分别插入晶体管测试座的 e，b，c 管座内，指针偏转所示数值约为晶体管的直流放大倍数β值。N 型晶体管应插入 N 型管孔内，P 型晶体管应插入 P 型管孔内。

（2）反向截止电流 I_{CEO}，I_{CBO} 的测量。I_{CEO} 为集电极与发射极间的反向截止电流（基极开路）。I_{CBO} 为集电极与基极间的反向截止电流（发射极开路）。转动开关至 R×1 k 挡，将两测试笔短路，调节零欧姆电位器，使指针对准零欧姆上（此时满度电流值约为 90 μA）。分开两测试笔，然后将被测的晶体管按图 8.1（a），（b）所示插入管座内，此时指针指示的刻度值乘以 1.2 即为实际值。

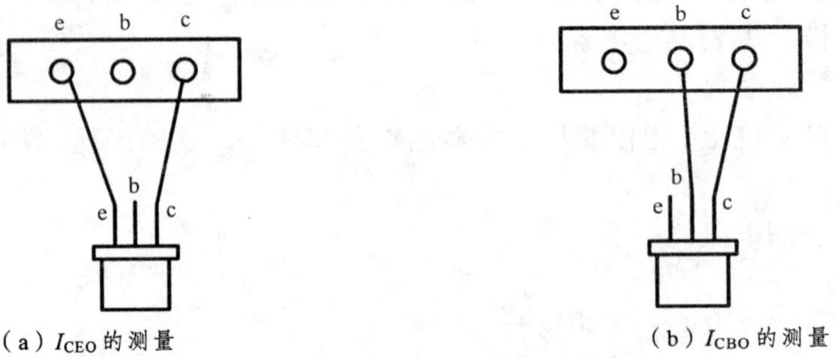

（a）I_{CEO} 的测量　　（b）I_{CBO} 的测量

图 8.1 反向截止电流 I_{CEO}，I_{CBO} 的测量

当 I_{CEO} 电流值大于 90 μA 时，可换用 R×100 挡进行测量（此时满度电流值约为 900 μA）。

N 型晶体管应插入 N 型管座，P 型晶体管应插入 P 型管座。

（3）三极管管脚极性的辨别，可用 R×1 k 挡进行。

先判定基极 b。由于 b 到 c，b 到 e 分别是两个 PN 结，它的反向电阻很大，而正向电阻很小。测试时可任意取晶体管一脚假定为基极。将红表笔接假定的“基极”，黑表笔分别去接触另外两个管脚，若此时测得的都是低阻值，则红表笔所接触的管脚即为基极 b，并且是 P 型管（如用上述方法测得的均为高阻值，则为 N 型管）。如测量时两个管脚的阻值差异很大，可另选一个管脚为假定基极，直至满足上述条件为止。

再判定集电极 c。对于 PNP 型三极管，当集电极接负电压，发射极接正电压时，电流放大倍数才比较大，而 NPN 型三极管则相反。测试时假定红表笔接集电极 c，黑表笔接发射极 e，记下其阻值，然后将红黑表笔交换测试，将测得的阻值与第一次测得的阻值相比，阻值小的红表笔接的是集电极 c，黑表笔接的是发射极 e，而且可以判定是 P 型管（N 型管则相反）。

（4）二极管极性判别。测试时选 R×1 k 挡，黑表笔一端测得阻值小的一极为正极。

万用表在欧姆电路中，红表笔为电池负极，黑表笔为电池正极。

注意：以上介绍的测试方法，一般都只能用 R×100，R×1 k 挡，如果用 R×10 k 挡，则因表内有 15 V 的较高电压，可能将二极管的 PN 结击穿，若用 R×1 挡测量，因电流过大（约 60 mA），也可能损坏管子。

第二节　DT9806 型数字万用表

DT9806 型数字万用表性能稳定，结构合理，整机以高精度的 A/D 转换器为核心，可进行直流电压和交流电压、直流电流和交流电流、电阻、电容、电感、频率、三极管测试、二极管通断测试、温度等参数的测量，可靠性高，适合于野外作业、实验室、工厂等场合使用。

一、一般特性

DT9806 型数字万用表具有以下特性：

① 显示方式：LCD 液晶显示。

② 最大显示：19999$\left(4\frac{1}{2}\right)$，自动显示极性。

③ 超量程显示：最高位显示“1”或“－1”，其余笔画不显示。

④ 低电压显示：“[+ -]”符号出现。

⑤ 采样速率：3 次/秒。

⑥ 电源：NEDA1604/6F22 或同等型号的 9 V 电池 1 只。

⑦ 工作环境：温度 0 °C～40 °C，湿度≤75%RH。

⑧ 储存条件：温度－10 °C～50 °C，湿度≤80%RH。

⑨ 外形尺寸：190 mm×88 mm×37 mm。

⑩ 重量：约 500 g（包括电池及防震套）。

二、主要技术指标

DT9806 型数字万用表的主要技术指标见表 8.3。

表 8.3 DT9806 型数字万用表主要技术指标

量限范围		准确度	分辨率	备注
直流电压（DCV）	200 mV	±（0.05%×读数＋3 个字）	10 μV	输入阻抗：10 MΩ 过载保护：200 mV 量程为 250V 直流或交流峰值，其余均为 1 000 V 直流或交流峰值
	2 V		100 μV	
	20 V		1 mV	
	200 V		10 mV	
	1 000 V	±（0.1%×读数＋5 个字）	100 mV	
交流电压（ACV）	200 mV	±（1.0%×读数＋15 个字）	10 μV	输入阻抗：10 MΩ 频响范围：200 V 以下量程为 40～400 Hz，700 V 量程为 40～200 Hz 过载保护：200 mV 量程为 250 V 直流或交流峰值，其余均为 1 000 V 直流或交流峰值 显示：正弦波有效值
	2 V	±（0.8%×读数＋10 个字）	100 μV	
	20 V		1 mV	
	200 V		10 mV	
	700 V	±（1.0%×读数＋15 个字）	100 mV	
直流电流（DCA）	2 mA	±（0.5%×读数＋2 个字）	0.1 μA	过载保护：为 0.2 A/250 V 快速熔断丝（20 A 挡未设保险丝）
	20 mA		1 μA	
	200 mA	±（0.75%×读数＋10 个字）	10 μA	
	20 A	±（2.0%×读数＋10 个字）	1 mA	
交流电流（ACA）	200 mA	±（1.2%×读数＋10 个字）	10 μA	过载保护：为 0.2 A/250 V 快速熔断丝（20 A 挡未设保险丝） 频响范围：40～400 Hz 显示：正弦波有效值
	20 A	±（2.5%×读数＋10 个字）	1 mA	
电阻（Ω）	200 Ω	±（0.2%×读数＋10 个字）	0.01 Ω	过载保护：250 V 直流或交流峰值 开路电压：小于约 3 V
	2 kΩ	±（0.2%×读数＋1 个字）	0.1 Ω	
	20 kΩ		1 Ω	
	200 kΩ		10 Ω	
	2 MΩ		100 Ω	
	20MΩ	±（0.5%×读数＋10 个字）	1 kΩ	过载保护：250 V 直流或交流峰值 开路电压：小于约 3 V
电容（CAP）	2 nF	±（2.5%×读数＋5 个字）	0.1 pF	过载保护：36 V 直流或交流峰值
	20 nF		1 pF	
	200 nF		10 pF	
	2 μF		100 pF	
	20 μF		1 nF	
频率（FREQ）	20 kHz	±（1.5%×读数＋25 个字）	1 Hz	过载保护：250 V 直流或交流峰值

续表 8.3

量限范围	准确度	分辨率	备注
二极管通断测试			
量程	说明	测试条件	备注
▶|	显示二极管正向压降	正向测试直流电流约 1 mA	过载保护：250 V 直流或交流峰值
		反向测试直流电压约 3 V	
·))	被测电阻低于 70 Ω时，机内蜂鸣器发声	开路电压约 3 V	
三极管 h_{FE} 参数测试（h_{FE}）			
量程	说明	测试条件	备注
h_{FE}	测量 NPN 型或 PNP 型晶体三极管的 h_{FE} 参数（显示范围 0～1 000）	基极电流 I_B 约为 10 μA，U_{CE} 约为 3.0 V	—

三、使用方法及注意事项

在使用数字万用表之前要认真、仔细地阅读使用说明书，了解所用数字万用表的功能、特点及插孔，熟悉旋钮、各功能键、专用插口、附件的作用。另外，还应了解所用表的极限参数、出现过载显示时的显示方法，以及低电压显示、极性显示、报警显示和标志符显示的特征，并掌握小数点位置变化的规律等。使用数字万用表时应注意以下方面：

(1) 首先检查数字万用表的电池和保险管是否安装完好。

(2) 在进行测量前应认真检查表笔及导线的绝缘是否良好，如有破损应进行更换后再使用，以确保使用人员的安全。

(3) 在进行测量时，特别要注意表笔的位置是否插对，功能转换开关是否置于相应的档位上。特别是测量 220 V 以上交流电压时要更加小心，一旦出现表笔位置不对、功能开关位置不对，便会损坏仪表。

(4) 测量时如果无法估计所测电量的大小（特别是电流、电压）时，应将量程拨至最高量限上进行测量，然后再根据情况选择合适的量限进行检测。

(5) 有的数字万用表具有溢出功能，即在最高位显示数字“1”，其他位均消隐，表明仪表已发生过载，此时应更换新的量程。

(6) 数字万用表在电路上虽然有较完善的保护功能，但在操作上仍要尽量避免出现误操作。例如用电阻挡去测量电压、电流；用电流挡去测量电压；将带电的电容器插入测电容插孔进行测量等，这些操作都会损坏仪表。

(7) 目前大多数数字万用表都带有读数保持功能键（HOLD），使用此键可使被测量的读数保持下来，用于记录或读数。如果对被测数据不需要进行长时间的读数或记录，尤其是进行连续测量时，就不需要使用此键。如果在使用数字万用表的过程中，出现某一个显示数据不随测量而相应变化，则可能是对读数保持键进行了误操作，此时可将读数保持键松开，可使显示器的读数正常。

（8）对于具有自动关机功能的数字万用表，当停止使用的时间超过 15 min 时便会自动关机，切断主电源，使仪表进入备用状态，LCD 显示器也为消隐状态。此时仪表就不能再进行测量了，如要继续使用必须按动电源开关两次才能恢复正常。

（9）使用数字电压表时要注意插孔旁边所注明的危险标记数据，该数据表示插孔所输入的电压、电流的极限值，使用时如果超过此值就可能损坏仪表，甚至击伤使用者。

（10）由于数字万用表在进行测量时会出现数字跳动的现象，为了读数的准确，应等到显示值稳定后再读数。

（11）每次使用完万用表后，应将量程开关拨至最高电压挡，以避免下次使用时不慎损坏万用表。同时也应把电源开关关掉，以延长电池的使用寿命。

四、DT9806 型数字万用表面板

DT9806 型数字万用表面板如图 8.2 所示。面板各部分功能如下：

① 液晶显示器。

② 电源开关：打开或关闭仪表整机电源。

③ 功能量程旋钮开关。

④ 电容测试插座。

⑤ 测试输入插孔。

⑥ 晶体管测试插座。

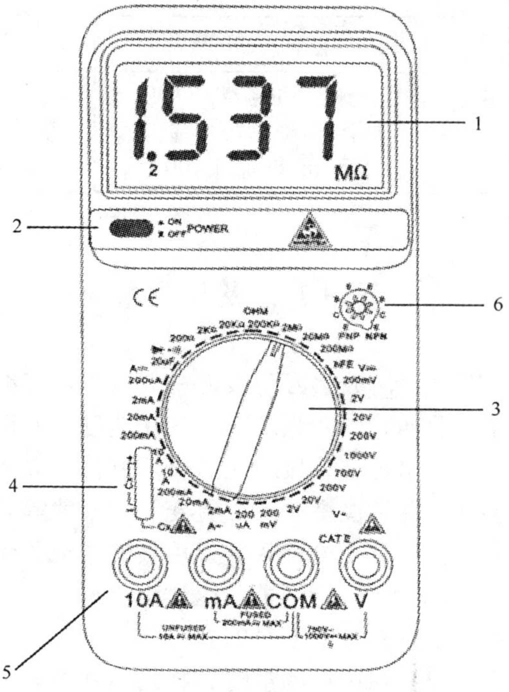

图 8.2　DT9806 型数字万用表面板

五、测量方法

将电源开关置于“ON”位置，将功能量程旋钮开关拨到测试挡位，检查 9 V 电池，如果电池不足，则显示屏上会出现“[+ −]”提示电池电量不足，这时需更换电池。还要注意测试输入插孔旁的⚠、⚡符号，表示输入电压或电流不应超过指示值或存在危险电压。

1）交直流电压测量（ACV、DCV）

将红表笔插入“VΩHz”插孔，黑表笔插入“COM”插孔，将功能量程旋钮开关置于所需的 ACV 或 DCV 量程范围，并将测试表笔可靠并接在被测负载或信号测试点上，仪表显示值即是被测电压值。

注意：

① 若在测量之前无法估计被测电压的范围时，应将量程开关置于最高挡，然后根据显示值再逐步调低至相应挡位上。

② 当仪表只在最高位显示“1”（或“−1”）时，说明被测电压已超过量程，须调高挡位。

③ 不要测量高于 DC 1 000 V 或 AC 750 V 有效值的电压，测量这类电压时虽然可获得读数，但可能会损坏仪表内部线路。

④ 当测量高电压电路时，人体千万注意避免触及高压部件。

2）交直流电流测量（ACA、DCA）

将黑表笔插入“COM”插孔，红表笔插入“mA”插孔或“A”插孔（最大测量电流为 20 A）。将功能量程旋钮开关置于所需的 ACA 或 DCA 量程范围，并将测试笔可靠串联接入被测电路中，仪表显示值即是被测电流值。

注意：

① 测量前应切断电路电源，在功能挡位及量程范围选择正确后，进行测量时再打开电源。

② 当无法估计被测电流大小时，应选用仪表的最大电流量程挡测试，根据测试值逐步调低至最佳量程。

③ 仪表内设有快速熔断保险丝，若有过载损坏，正常测量无显示值时，应予以更换。

④ 当仪表只在最高位显示“1”（或“－1”）时，说明被测电流已超过量程，须调高挡位。

3）电阻测量（Ω）

将红表笔插入“VΩHz”插孔，黑表笔插入“COM”插孔。将功能量程旋钮开关置于所需的 Ω 量程范围，并将测试表笔可靠跨接在被测电阻两端，仪表显示值即是被测电阻值。

注意：

① 当测试输入端开路时，仪表显示超量程状态“1”。

② 如果被测电阻值超过所选的量程值，仪表显示超量程状态“1”，这时需要将功能量程旋钮开关换高量程再进行测量。

③ 当测量电阻超过 1 MΩ时，仪表需要几秒钟后才能稳定读数，对于高阻测量这是正常现象。

④ 测量小电阻时，由于表笔存在的电阻可能会引起测量误差，为了消除误差，可在测量之前将表笔短接，记下此时仪表的显示值，然后再测量被测电阻，将仪表显示值减去表笔短接时的仪表显示值所得的结果即是被测电阻的实际值。

⑤ 切勿在电阻量程输入电压。即测量电阻时，切记将电路中电源断开。

4）电容测量（CAP）

将功能量程旋钮开关置于所需的电容量程范围。将被测电容连接到电容测试插座 Cx 上。对于有极性电容，一定要按所标注的极性正确连接。

注意：

① 接被测电容之前，显示可能缓慢地自动调零，但在 200 pF 挡存在 20 个字以内，2nF 存在 10 个字以内不能回零属于正常，不会影响测量准确度，实际显示值减掉不回零的字，即为实际被测电容值。

② 如果被测电容值超过所选的量程值，仪表显示超量程状态“1”，这时需要将功能量程旋钮开关换高量程再进行测量。

③ 如果要测量一个已充电的电容器，必须先将其充分放电才能再进行测试。

④ 测量大电容时，稳定读数的时间会稍有增大。

⑤ 在测量大电容时，应尽可能将被测电容直接插入电容测试插座中，由于长输入线在大电容测量中容易感应干扰信号，使读数不稳定。

⑥ 单位换算：1 mF＝1 000 μF，1 μF＝1 000 nF，1 nF＝1 000 pF。

5）频率测量（FREQ）

将红表笔或屏蔽电缆芯线插入“VΩHz”插孔，黑表笔或屏蔽电缆屏蔽层插入“COM”插孔。将功能量程旋钮开关置于 20 kHz 位置，将测试表笔或屏蔽电缆的另一端接在被测点上，仪表即显示出被测信号的频率值。

注意：

① 输入电压高于 100V 有效值时虽可显示频率读数，但可能会超出技术指标。

② 在噪声环境中对小信号进行测试时，为提高信噪比，减小测量误差，输入端采用屏蔽电缆较好。

③ 如果仪表显示超量程状态“1”，说明被测信号频率超过所选的量程值，这时需要选取量程适合的仪表进行测量。

④ 测量高压信号时，应使用外部衰减网络，以避免仪表直接与高压接触，并且在测量高电压电路时，人体千万注意避免触及高压部件。

6）二极管通断测试（→|—·))）

将红表笔插入“VΩHz”插孔，黑表笔插入“COM”插孔（注意红表笔极性为内部电路“+”极）。将功能量程旋钮开关置于“→|—·))”位置，并将表笔可靠接触被测点。对二极管测量，若显示有 0.3～0.8 V 的电压读数，表示二极管正常，当二极管被反接时，仪表显示超量程状态；对于通断测试时，当被测电阻小于 70 Ω时，仪表内置蜂鸣器发声。

7）三极管 h_{FE} 参数测试（h_{FE}）

将功能量程旋钮开关置于 h_{FE} 位置，确认被测三极管类型为 NPN 型还是 PNP 型，然后再将被测三极管的 E，B，C 三个管脚分别插入仪表面板上对应的晶体管测试插座内，此时仪表显示值即是被测三极管的 h_{FE} 大约值。

第三节　DF2173B 型晶体管毫伏表

万用表中的交流电压挡只能测量零点几伏以上的交流电压，不能测量无线电设备中的毫伏级微弱信号，如收音机、电视机信号等。另外，万用表的内阻较小，工作频率比较低，这样会引起较大的测量误差，因此不能正确反映出频率较高但又微弱的信号的交流电压值。

要想精确地测量交流电压和微弱的高频信号，就必须采用输入阻抗高、工作频率高、输入电容小的晶体管毫伏表。常用的晶体管毫伏表有 DA16 型、DA16-1 型、YB2173 型、DF2173B 型等。下面介绍 DF2173B 型晶体管毫伏表。

DF2173B 型晶体管毫伏表是通用型单通道单针毫伏表，测量精度高，输入阻抗高，且有监视输出功能，可作为放大器使用。适用于 100 μV～300 V、5 Hz～2 MHz 交流信号电压有效值的测量，广泛用于工厂、学校和科研单位。

一、主要技术参数

DF2173B 型晶体管毫伏表的主要技术参数见表 8.4。

表 8.4　DF2173B 型晶体管毫伏表的主要技术参数

名　　称	参　　数	精　　度
电压测量范围	100 μV ~ 300 V	—
电压刻度	1 mV，3 mV，10 mV，30 mV，100 mV，300 mV，1 V，3 V，10 V，30 V，100 V，300 V，	—
dB 刻度	− 60 ~ + 50 dB（0 dB = 1 V）	—
电压测量工作误差	≤5%（满刻度 400 Hz）	—
频率响应	100 Hz ~ 100 kHz	± 5%
	10 Hz ~ 1 MHz	± 8%
输入阻抗	1 MΩ//45 pF	—
最大输入电压	不得大于 AC450 V	—
噪　声	输入端良好短路时，低于满刻度值的 5%	—
监视输出	√	—
开路输出电压	0.1 Vrms（满刻度时）≤5%	—
输出阻抗	600 Ω	—
频率响应	50 Hz ~ 200 kHz ± 3 dB（400 Hz 基准）	—
失真系数	小于 3%（输入量程 1 V 挡）	—
电　源	220（1 ± 10%）V，50 Hz ± 2 Hz	—

二、DF2173B 型晶体管毫伏表前后面板说明

DF2173B 型晶体管毫伏表前后面板如图 8.3 所示。

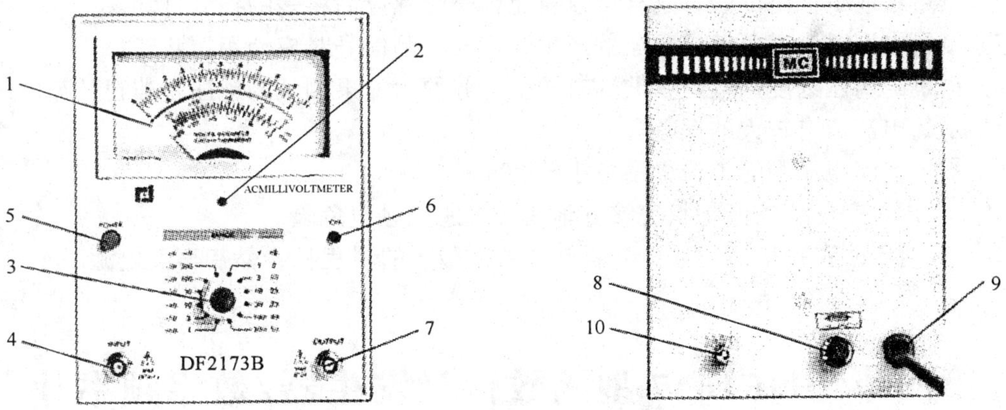

图 8.3　DF2173B 型晶体管毫伏表前后面板

1—表头；2—机械调零旋钮；3—量程开关；4—通道输入；5—电源开关；6—电源指示灯
7—监视输出端；8—保险丝座；9—电源线（或电源插座）；10—接地端

三、DF2173B 型晶体管毫伏表使用方法

（1）通电前，先调整电表指针的机械零位。调节机械调零旋钮，使指针指向零位。

（2）接通电源，按下电源开关，发光二极管灯亮，仪器立刻开始工作。但为了保证性能稳定，可预热 10 min 后使用，开机后 10 s 内指针无规则摆动数次是正常的。

（3）先将量程开关置于适当量程，再加入被测信号。若被测信号电压未知，应将量程开关置最大挡，然后逐级减小量程。

（4）当输入电压在任何量程指示都为满刻度时，监视输出端的输出电压为 0.1 Vrms。

（5）若要测量高电压时，输入端必须接在“地”端。

四、DF2173B 型晶体管毫伏表使用注意事项

使用 DF2173B 型晶体管毫伏表时需要注意以下事项：

（1）接通电源前，应先观察表的指针是否指在零位上，如果有错位，可对表进行机械零点的调整。

（2）接通电源，按下电源开关，发光二极管灯亮，仪器立刻开始工作。但为了保证性能稳定，可预热 10 min 后使用，开机后 10 s 内指针无规则摆动数次是正常的。

（3）测量电压时，应将量程开关置于合适的挡位。若无法估计被测电压的最大值，可将量程开关先置于最大的量程挡位，然后再输入被测信号，以免打坏指针。

（4）为减小测量误差，测量时应根据被测电压的大小选择合适的量程，一般应使指针指示在满刻度线 2/3 的区域为最好。

（5）在使用该表的低量程挡时，由于噪声的影响，会出现指针抖动现象，这是一种正常现象。

（6）测量电压时应先接低电位线（地线），然后再接高电位线。测量结束后，应先取下高电位线，然后再取下低电位线，这样可以避免因交流感应而将表的指针打坏。

（7）测量电压时为避免感应现象的产生，输入被测信号时应使用屏蔽线。

（8）该表的电压刻度是按正弦波的有效值划分的，如果测试的电压是非正弦波电压时，电表所指示的电压值有较大的误差。

（9）被测交流电压中的直流分量应小于 300 V。

（10）使用该表时应注意把机壳接好地线，以避免触电危险。

（11）当电压测量完毕后，应将量程开关置于最大的量程挡，然后再关电源。

第四节　DF1647 型函数信号发生器/数字频率计

函数信号发生器是一种能够为电子测量提供具有一定标准和技术要求的电信号仪器，它可以产生频率、幅度均可连续调节的正弦波、调频、调幅信号，还可以产生各种频率的锯齿波、三角波、方波等多种信号。其用途很广，在生产、科研和开发中，对几乎所有的电的系统进行静态或动态特性测试时必用的信号源，也是目前应用最为广泛的基本电子测量仪器之一。

DF1647 型函数信号发生器/数字频率计是一种宽频带、多功能的函数发生器。它由两个独立的函数发生器和一个数字频率计组成。主发生器频率范围为 0.05 Hz～5 MHz，调制发生器频率范围为 0.001 Hz～10 kHz。它们可独立工作，也可相互配合，产生调频（FM）、调幅（AM）、扫频（SWP）、单周期（Singlecyc）、猝发（Tone-burst），甚至线性调频猝发（Chirp）等极端复杂波形。数字频率计可显示发生器工作频率，也可外接测试 20 MHz 以内的信号频率。

一、主要技术参数

DF1647 型函数信号发生器/数字频率计的主要技术参数见表 8.5、表 8.6 及表 8.7。

表 8.5　主发生器（F1）的主要技术参数

名　称		参　数
频率范围		0.05 Hz～5 MHz 分 1 Hz, 10 Hz, 100 Hz, 1 kHz, 10 kHz, 100 kHz, 1 MHz 共 7 挡
波　形		正弦波、三角波、方波、正向锯齿波、负向锯齿波、正向脉冲波、负向脉冲波、TTL 脉冲波、触发（单周期）、猝发（多周期）、调频、调幅及扫频等，锯齿波及脉冲波对称可变范围为 80∶20（频率 1 Hz～10 kHz 范围）
输出幅度		开路时不小于 20 V_{p-p}，50 Ω负载时不小于 10 V_{p-p}，均连续可调
输出衰减器		0 dB，20 dB，40 dB，60 dB
直流偏置		±10V，连续可调（输出波形幅度 10 V_{p-p} 时）
同步输出		TTL 脉冲，可驱动 20 个 TTL 负载
方波前、后沿		不大于 50 ns
正弦波失真度		小于 1%（10 Hz～100 kHz）
正弦波幅频特性		±3%（f≤100 kHz）；±10%（100 kHz～10 MHz）
调频（FM）	频偏范围	0%～10%
	调频失真度	不大于 1.5%（f_c = 500 kHz，f_m = 1 kHz，10%调制）
	外接调制频率	0～50 kHz
调幅（AM）	调制范围（M%）	0%～100%
	调制失真	不大于 1.5%（f_c = 500 kHz，f_m = 1 kHz，M% = 60%）
	载波 3 dB 带宽	100 Hz～4 MHz
扫频（SWP）	扫频速率	10 ms～1 000 s
	扫频比	不小于 1 000∶1
触发/闸门	频率范围	0.01 Hz～1MHz
	相　位	−90°～+90°连续可调

表 8.6　内调制发生器（F2）的主要技术参数

名　　称	参　　数
周期范围	1 000 s～10 ms（0.001 Hz～10 kHz）分 100 s，10 s，100 ms，1 ms 共四挡，另设 0 Hz 挡（“0 Hz” 位置时振荡被抑制，供校正 FM 频偏及扫频起始点用）
波　形	正弦波、三角波、方波，三角波、方波对称可变范围为 90：10
输出幅度	直接输出时不小于 10 V_{p-p}，输出阻抗 50 kΩ。经 F1 功放输出时不小于 20 V_{p-p}
正弦波失真度	不小于 1%（10 Hz～10 kHz）
方波前沿	不大于 1 μs
三角波非线性	不大于 3%（100 Hz）

表 8.7　数字频率计的主要技术参数

名　　称	参　　数
测量范围	1 Hz～10 MHz，六位 LED 数码管显示
输入阻抗	1 MΩ/20 pF
灵敏度	100 mVrms
分辨率	100 Hz，10 Hz，1 Hz，0.1 Hz
最大输入	150 V（AC＋DC）（带衰减器）
输入衰减器	20 dB，0 dB
测量误差	不大于 $3\times10^{-5}\pm1$ 个字

二、DF1647 型函数信号发生器/数字频率计面板标志及功能说明

（1）DF1647 型函数函信号发生器/数字频率计前面板标志见图 8.4，各键功能说明见表 8.8。

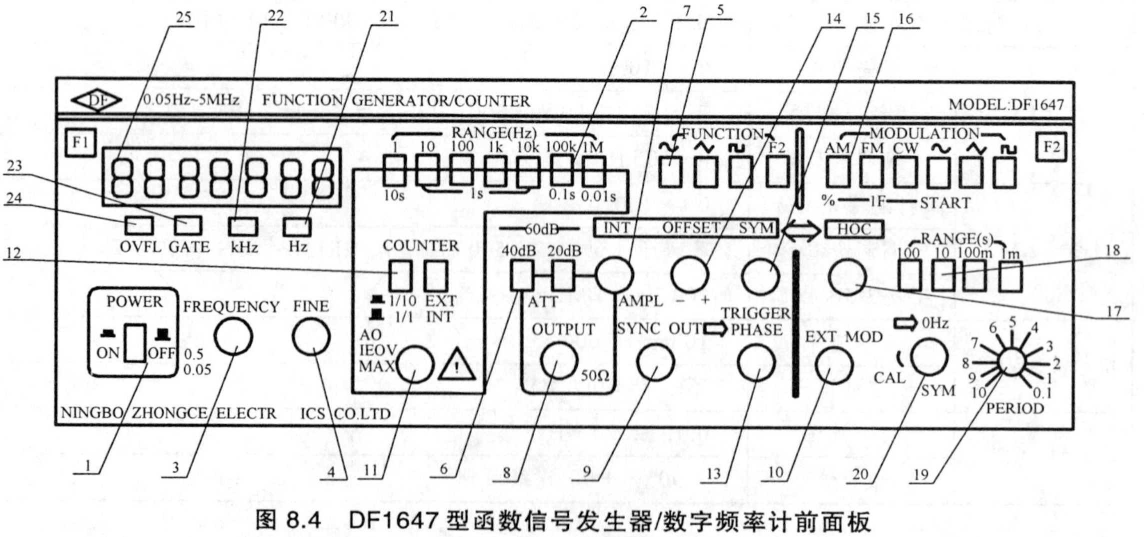

图 8.4　DF1647 型函数信号发生器/数字频率计前面板

表 8.8　DF1647 型函数信号发生器/数字频率计前面板标志说明

序 号	面板标志	作　　用
1	POWER	按下开关，接通电源，频率计显示
2	RANGE（Hz）	F1 频率选择开关，与 3 配合选择 F1 的工作频率 外测频率和 F2 波形输出时的闸门时基
3	FREQUENCY	调节 F1 的工作频率（粗调）
4	FINE	微调 F1 的工作频率（微调）
5	FUNCTION	F1 输出波形选择 与 SYM、INV 配合，可得到正、负锯齿波和脉冲波 与 MODULATION 等配合可得到各种调制波形 按下“F2”输出为 F2 的波形
6	ATT	可产生 0 dB，－20 dB，－40 dB，－60 dB 衰减
7	AMPL	调节输出幅度
	PULLINV	拉出时使输出波形反相
8	OUTPUT	F1 信号输出端
9	SYNCOUT	F1 的同步输出信号端，输出信号为 TTL 脉冲
10	EXT MOD	外调制信号输入端 F2 直接输出端，幅度不小于 10 $V_{p\text{-}p}$，阻抗不小于 10 kΩ
11	COUNTER	频率计外测时的信号输入端
12	1/10，1/1 EXT，INT	外测频率信号衰减选择开关，当外部输入幅度大于时按下此键 频率计内、外测频率功能选择开关
13	PULL TRIGGER PHASE	拉出开关，调节旋钮位置可得到需要的触发相位
14	PULL OFFSET	拉出开关，可调节直流偏置大小
15	PULLSYM	拉出开关，调节旋钮位置可得到脉冲波或锯齿波
16	PULLMOD	拉出开关，调节旋钮位置可改变调制度
17	MODULATION	调制选择和 F2 波形选择，非调制时按下 SWP/CW
18	RANGE（s）	F2 频率选择开关，与 19 配合可调节工作频率
19	PERIOD	调节 F2 的工作频率
20	SYM	调节旋钮位置可得到脉冲波或锯齿波（F2），左旋到底时为对称波形
21	Hz	频率单位，灯亮时有效
22	kHz	频率单位，灯亮时有效
23	GATE	闸门时基显示
24	OVFL	频率溢出显示
25	LED	频率显示器

（2）DF1647 型函数信号发生器/数字频率计后面板标志见图 8.5，各按键功能说明见表 8.9。

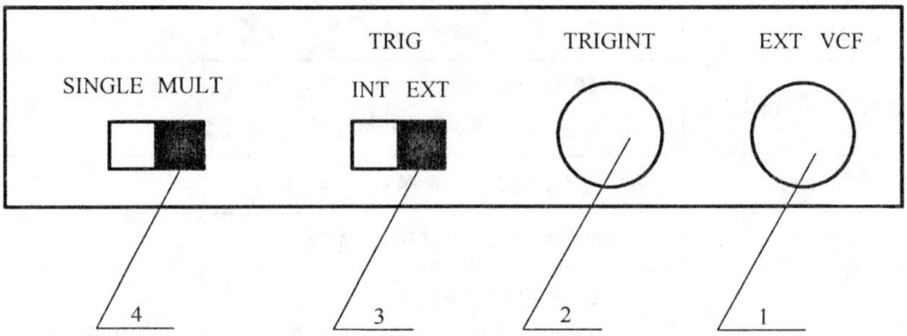

图 8.5 DF1647 型函数信号发生器/数字频率计后面板

表 8.9 DF1647 型函数信号发生器/数字频率计后面板标志说明

序 号	面 板 标 志	作 用
1	EXT VCF	外接 VCF 信号输入端
2	TRIG INT	外接触发信号输入端
3	TRIG INT/EXT	触发选择开头，内触发/外触发
4	SINGE/MULT	单周期/多周期选择开关

三、DF1647 型函数信号发生器/数字频率计使用方法

（1）接通电源后仪器立即工作，但为保证性能稳定，可预热 10 min 后使用。

（2）F1 函数波形调节。调制选择开关置于正常，对称度、直流偏置、触发相位、调制控制开关不拉出，频率计工作选择开关置于“内接”，当波形选择处于函数波形时，按下频率倍乘开关和波形选择开关，应输出相对应的波形。频率旋钮从最大变化到最小时，LED 显示相对应有 100 倍以上变化，需用频率倍乘“1”挡的低频率信号时，可用“100”频率倍乘，开关调好频率，然后再按下“1”挡，这样可较快地调准频率。衰减开关可按下任一只也可按两只，同时按下最大衰减是 60 dB，调节幅度电位器可以改变输出信号的幅度。

（3）F1 产生锯齿波和脉冲波。当波形选择开关为“三角波”或“方波”时，拉出对称度旋钮，调节电位器可得到锯齿波或脉冲波。拉出“倒置”开关时，可以得到反相的锯齿波或反相的脉冲波。

（4）直流偏置。波形幅度为 $10V_{p\text{-}p}$ 时，拉出并调整“直流偏置”旋钮，可提供大于±101V（空载）或±5 V（50 Ω）的直流电平。若波形幅度大于 $10V_{p\text{-}p}$，有可能被削波。

（5）VCF 输入。VCF 电路具有正向控制特性，即控制电压越高输出频率越高，当频率度置于最大位置时，输入 0～－5 V 电压，输出频率将从高到低变化，范围大于 1 000 : 1。

（6）F2 函数波形调节。波形选择开关置于“F2”时，输出为 F2 的波形，频率计也显示 F2 的频率。按下 F2 波形选择开关和周期（频率）倍乘开关，对称度开关置于校正状态，应输出相应的波形。周期旋钮从最大调节到最小时周期应有 100 倍以上的变化。0 Hz 开关供校正调频频偏和校正扫频起点。调节对称度旋钮，可以得到锯齿波和脉冲波。

（7）猝发波形调节。拉出触发相位开关，调节触发相位旋钮至需要的位置，后面板触发选择开关置于“内”，触发/闸门开关置于“单周期”时，F1 输出即为单周期波形，如图 8.6（a）所示；当触发/闸门开关置于“多周期”时，F1 输出波形即为多周期波形，如图 8.6（b）所示。

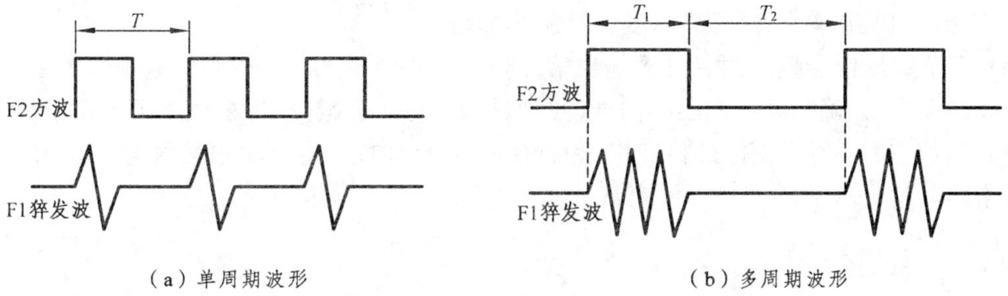

图 8.6　猝发波形

（8）调制波形调节。

① 调幅。将调幅开关“AM”按下，此时载波幅度自动降低一半（为的是避免 100%调幅时功率放大器过载），拉出调制控制开关，调节调制电位器至需要的位置。调制度测量可按图 8.7 进行。

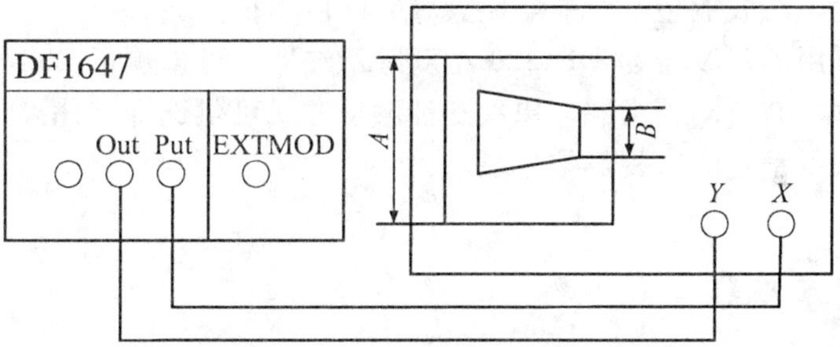

图 8.7　调制度测量原理图

② 调频（FM）。将调制开关“FM”按下，拉出调制控制开关，调节调制电位器即可。在需要同时调频调幅的场合，可将“AM”调制开关也按下，在仪器后面板“EXT VCF”插座上外加电压进行调频。

③ 扫频（SWP）。将调制开关“SWP”按下，此时 F2 三角波的幅度在−6.2～0 V 变化，频率升高一倍。拉出“MOD”调制控制开关，调节调制电位器，最大扫频范围为 1 000：1。调频与扫频的区别在于调频为双向频偏（调节范围较小），扫频为单向频偏（调节范围较大）。在这两种情况下，F2 的 0 Hz 开关供检测“FM”下频偏和“SWP”起点。为保证“0”挡检测正确可靠，F2 应选择“三角波”，此时连续振荡时负峰电平与“0”挡电平严格一致。

（9）数字频率计外接测频。按下频率计的“外接”选择开关时，则该仪器可作为一台频率计来测量外部信号的频率。根据外测信号的大小，可选择 0 dB 或 20 dB 的衰减。最大输入信号幅度不应大于 150V，否则有可能损坏仪器。

四、DF1647型函数信号发生器/数字频率计使用注意事项

（1）熟悉仪器面板，弄清各种旋钮的功能。

（2）调节函数信号发生器时先选择函数信号发生器输出信号波形的种类（正弦波、方波、三角波、调频、调幅等信号）。接着调节输出信号的频率，先选择输出信号频率的挡位，通过调节频率粗调和微调旋钮，调准输出信号的频率。

（3）调节函数信号发生器输出信号的幅度时，先要明确输出信号幅度的具体值，然后根据该值选择输出衰减量，再调节幅度调节旋钮即可。

（4）调节输出信号幅度时，注意输出信号幅度不能调得太小，否则函数信号发生器就会产生短路报警信号。如确实要求输出小信号，可通过调节电压衰减分贝数，达到调节小信号的目的。

（5）函数信号发生器输出信号时，为避免感应现象的产生，输出信号时应使用屏蔽线。且要与电路共地。

第五节　DF4320型双踪示波器

示波器现在已广泛应用于电子行业，其主要用途是观察和测量电信号的波形，同时还可直接测量电信号的相位、周期、频率、时间和电压的大小。示波器不但能测量观察到电信号的动态过程，配上传感器后，还可以测量非电信号的一些参数。所以示波器的应用越来越广泛，如在医疗卫生、工农业生产及航空航天等方面应用很广。

本实验中心采用的示波器为DF4320型双踪示波器，可以测量20 MHz以内的电信号波形，触发功能完善，有自动、常态、单次三种触发方式可供选择。此外，该仪器还具有电视场同步功能，可获得稳定的电视场信号显示。

一、主要技术参数

DF4320型双踪示波器的主要技术参数见表8.10。

表8.10　DF4320型双踪示波器主要技术参数

名　称	主要项目	指　标
垂直偏转系统	偏转因数范围	5 mV/div～20 V/div，按顺序分12挡
	精　度	±5%
	微调控制范围	>2.5：1
	上升时间（+5 °C～+35 °C）	≤17.5 ns
	上升时间（0 °C～5 °C或35 °C～40 °C）	≤23.3 ns
	带宽（−3 dB）+5 °C～+35 °C	≥20 MHz
	带宽（−3 dB）0 °C～5 °C或35 °C～40 °C	≥15 MHz
	AC耦合下限频率	≤10 Hz
	输入RC	直接：1×（1±2%）MΩ/±5 pF

续表 8.10

名 称	主要项目		指 标
触发系统	触发灵敏度	常态或自动方式	内：1.5 div
			外：0.5 V
		电视场方式（复合同步信号测试）	内：1 div 外：0.3 V
	在“自动”方式时的下限触发频率		≤20 Hz
水平偏转系统	扫描时间因数范围		0.2 s/div ~ 0.1 μs/div，按 1–2–5 顺序分为 20 挡，使用扩展×5 时，最快扫描速率为 20 ns/div
	精 度		×1：±5%
			×5：±8%
	微调控制范围		≥2.5∶1
	扫描线性		×1：±5%
			×5：±10%
X–*Y* 方式	偏转因数		同垂直偏转系统
	精 度		同垂直偏转系统
	带宽（−3 dB）		DC ~ 1 MHz
	X–*Y* 相位差		≤3°（DC ~ 50 kHz）
Z 轴系统	灵敏度		5 V
	输入极性		低电压加亮
	频率范围		DC ~ 1 MHz
	输入电阻		10 kΩ
	最大安全输入电压		50 V（DC + AC）
校准信号	波 形		方 波
	幅 度		0.5（1 ± 2%）V
	频 率		1×（1 ± 2%）kHz
示波管	有效工作		8 div × 10 div，1 div = 1 cm
	加速电压		2 000 V
	发光颜色		绿 色

二、DF4320 型双踪示波器面板标志及功能说明

DF4320 型双踪示波器面板控件位置见图 8.8。

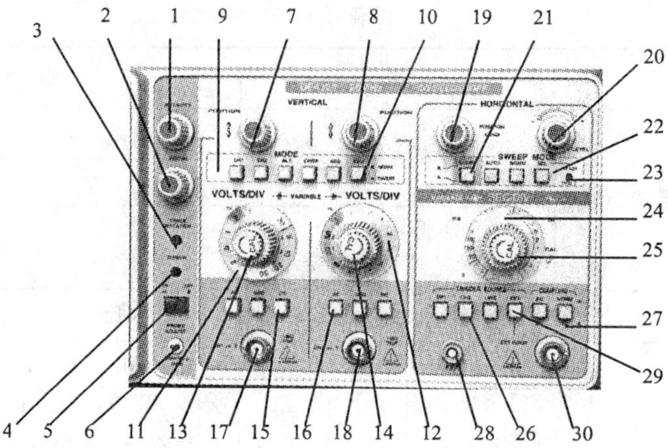

图 8.8 DF4320 型双踪示波器前面板控件位置图

DF4320 型双踪示波器的控件作用见表 8.11。

表 8.11 DF4320 型双踪示波器控件名称及功能

序号	控制件名称	功 能
1	亮度（INTENSITY）	轨迹亮度调节
2	聚焦（FOCUS）	轨迹清晰度调节
3	轨迹旋转（TRACE ROTAION）	调节轨迹与水平刻度线平行
4	电源指示（POWER INDICATOR）	电源接通时指示灯亮
5	电源（POWER）	电源接通或关闭
6	校准信号（PROBE ADJUST）	提供幅度为 0.5 V，频率为 1 kHz 的方波信号，用于调整探头的补偿和检测垂直和水平电路的基本功能
7、8	垂直移位（VERTICAL POSITION）	调整轨迹在屏幕中的垂直位置
9	垂直方式（VERTICAL MODE）	垂直通道的工作方式选择 CH1 或 CH2：通道 1 或通道 2 单独显示 ALT：两个通道交替显示 CHOP：两个通道断续显示，用于在扫描速度较低时的双踪显示 ADD：用于显示两个通道的代数和或差
10	通道 2 极性（CH2 NORM/INVERT）	通道 2 的极性转换，垂直方式工作在“ADD”方式时，“NORM”或“INVERT”可分别获得两个通道代数和或差的显示

续表 8.11

序号	控制件名称	功　能
11、12	电压衰减（VOLTS/DIV）	垂直偏转灵敏度的调节
13、14	微调（VARIABLE）	用于连续调节垂直偏转灵敏度
15、16	耦合方式（AC-GND-DC）	用于选择被测信号馈入至垂直的耦合方式
17、18	CH1 OR X；CH2 OR Y	被测信号的输入端口
19	水平移位（HORIZONTAL POSITION）	用于调节轨迹在屏幕中的水平位置
20	电平（LEVEL）	用于调节被测信号在某一电平触发扫描
21	触发极性（SLOPE）	用于选择信号上升或下降沿触发扫描
22	扫描方式（SWEEP MODE）	扫描方式选择 自动（AUTO）：信号频率在 20 Hz 以上时常用的一种工作方式 常态（NORM）：无触发信号时，屏幕中无轨迹显示，在被测信号频率较低时选用 单次（SINGLE）：只触发一次扫描，用于显示或拍摄非重复信号
23	被触发或准备指示（TRIG READY）	在被触发扫描时指示灯亮，在单次扫描时，灯亮指示扫描电路在触发等待状态
24	扫描速率（SEC/DIV）	用于调节扫描速度
25	微调、扩展（VARIABLE　PULL×5）	用于连续调节扫描速度，在旋钮拉出时，扫描速度被扩大 5 倍
26	触发源（TRIGGER SOURCE）	用于选择产生触发的源信号
27	触发耦合（COUPLING）	用于选择触发信号的耦合方式
28	接地（⊥）	安全接地，可用于信号的连接
29	外触发输入（EXT INPUT）	在选择外触发方式时触发信号插座
30	Z 轴输入（ZAXIS INPUT）	亮度调制信号输入插座
31	电源插座（后面板）	电源输入插座
32	电源设置（后面板）	110 V 或 220 V 电源设置
33	保险丝座（后面板）	电源保险丝座

三、DF4320 型双踪示波器使用方法

1）电源电压的设置

DF4320 示波器具有两种电源电压设置，在接通电源前，应根据当地标准参见仪器后盖

提示，将开关置合适的挡位，并选择合适的保险丝装入保险丝座。

2）面板一般功能的检查

① 将有关控制件置于表 8.12 所示的位置。

表 8.12 控件位置

控制件名称	作用位置	控制件名称	作用位置
亮度（INTENSITY）	居　中	输入耦合（AC–GND–DC）	DC
聚焦（FOCUS）	居　中	扫描方式（SWEEP MODE）	自　动
位移（三只）(POSITION）	居　中	极性（SLOPE）	正　常
垂直方式（MODE）	CH1	扫描速率（SEC/DIV）	0.5 ms
电压衰减（VOLTS/DIV）	0.1 V（X）	触发源（TRIGGER SOURCE）	CH1
微调（VARIABLE）	顺时针旋足	触发耦合方式（COUPLING）	AC　常态

② 接通电源，电源指示灯亮，稍等预热，屏幕中出现光迹，分别调节亮度和聚焦旋钮，使光迹的亮度适中、清晰。

③ 通过连接电缆将本机校准信号输入至 CH1 通道。

④ 调节电平旋钮使波形稳定，分别调节垂直移位和水平移位，使波形与图 8.9 相吻合。

⑤ 将连接电缆换至 CH2 通道插座，垂直方式置“CH2”，重复④操作。

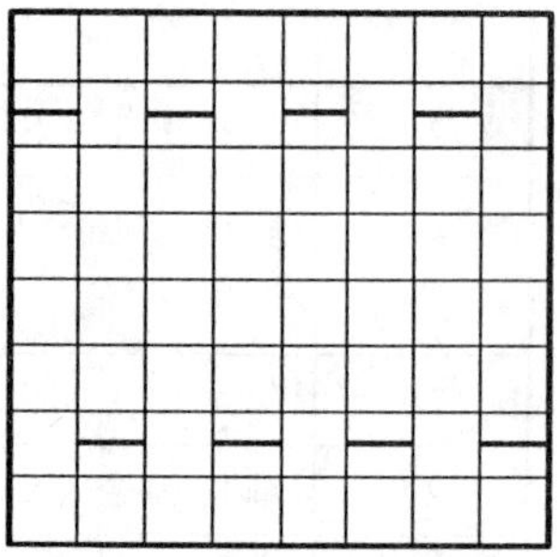

图 8.9 校准信号波形

3）亮度控制

调节辉度电位器，使屏幕显示的轨迹亮度适中。一般观察不宜太亮，以避免荧光屏过早老化。高亮度的显示用于观察一些低重复频率信号的快速显示。

4）垂直系统的操作

(1) 垂直方式的选择。当只需观察一路信号时，将“MODE”开关按入“CH1”或“CH2”，此时被选中的通道有效，被测信号可从通道端口输入；当需要同时观察两路信号时，将“MODE”开关置交替“ALT”，该方式使两个通道信号得到交替显示，交替显示的频率受扫描周期控制。当扫描速度在低速挡时，交替方式的显示将会出现闪烁，此时应将开关置连续“CHOP”位置；当需要观察两路信号的代数和时，将“MODE”开关置“ADD”位置，在选择该方式时，两个通道的衰减必须一致，将“CH2 INVERT”按入，可得到两路信号代数差的显示。

(2) 输入耦合选择：

① 直流（DC）耦合。适用于观察包含直流成分的被测信号，如信号的逻辑电平和静态信号的直流电平，当被测信号的频率很低时，也必须采用该方式。

② 交流（AC）耦合。信号中的直流成分被隔断，用于观察信号的交流成分，如观察较高直流电平中的小信号。

③ 接地（GND）。通道输入端接地（输入信号断开）用于确定输入为零时光迹所在位置。

5）水平系统的操作

扫描速度的设定，扫描范围从 0.1 μs/div～0.2 s/div 按 1–2–5 进位分 20 挡步进，微调“VARIABLE”提供至少 2.5 倍的连续调节，根据被测信号频率的高低，选择合适的挡级，在微调顺时针旋足至校正位置时，可根据刻度盘的指示值和波形在水平轴方向上的距离读出被测信号的时间参数，当需要观察波形的某一个细节时，可拉出扩展旋钮，此时原波形在水平方向被扩展 5 倍。

6）触发控制

(1) 扫描方式的选择（SWEEP MODE）：

① 自动（AUTO）。当无触发信号输入时，屏幕上显示扫描光迹，一旦有触发信号输入，电路自动转换为触发扫描状态，调节电平可使波形稳定地显示在屏幕上，此方式是观察频率在 20 Hz 以上信号的最常用的一种方式。

② 常态（NORM）。当无信号输入时，屏幕上无光迹显示，有信号输入时，触发电平调节在合适位置上，电路被触发扫描，当被测信号频率低于 20 Hz 时，必须选择该方式。

③ 单次（SINGLE）。用于产生单次扫描，按动此键，扫描方式开关均被复位，电路工作在单次扫描方式，“READY”指示灯亮，扫描电路处于等待状态，当触发信号输入时，扫描产生一次，“READY”指示灯灭，下次扫描需再按动单次按键。

(2) 触发源的选择（TRIGGER SOURCE）。触发源有四种方式选择，当垂直方式工作于“交替”或“断续”时，触发源选择某一通道，可用于两通道时间或相位的比较，当两通道的信号（相关信号）频率有差异时，应选择频率低的那个通道用于触发。

在单踪显示时，触发源选择无论是置“CH1”或“CH2”，其触发信号都来自于被显示的通道。

(3) 极性的选择（SLOPE）。用于选择触发信号的上升沿或下降沿去触发扫描。

(4) 电平的设置（LEVEL）。用于调节被测信号在某一合适的电平上启动扫描，当产生触发扫描后，“TRIG”指示灯亮。

(5) 耦合方式的选择（COUPLING）。触发信号输入的耦合方式选择，“AC/DC”仅适用于选择外触发信号的耦合，内触发信号的耦合被固定于 AC 状态，当需观察电视场信号时，将耦合方式置“TV”，并同时根据电视场信号的极性，置触发极性“SLOPE”于相应位置，可获得稳定的电视场信号的同步。

四、DF4320 型双踪示波器使用注意事项

① 熟悉仪器面板，弄清各种旋钮的功能。

② 为延长双踪示波器的使用寿命，示波器扫描线的辉度不能调得过大。

③ 使用双踪示波器观测波形前，先选择双踪示波器的工作方式，即双踪示波器是单通道工作、双通道工作,还是要将两个通道的波形进行叠加或相减等。

④ 使用双踪示波器观测波形前，应先确定基准扫描线的位置。

⑤ 调节波形时，应使示波器显示屏上显示 1～2 个周期的波形为最佳观测状态。

⑥ Y 轴输入耦合方式开关置于所需的挡位。“AC”挡适合观测交流分量，“DC”挡适合

观测含有直流分量的信号。

⑦ 将触发信号的极性转换开关置于“+”或“−”。

⑧ 测量波形时，注意要将电压衰减挡位及扫描速率挡位中央的微调旋钮置于锁定位置，即顺时针旋至最大。

⑨ 如显示屏上显示的波形呈现不稳定的状态，即出现左右晃动的现象，可通过调节“电平”调节旋钮使波形稳定下来。

⑩ 记录波形时，某点横坐标的值为该点距 Y 轴的距离在水平方向上所占的大格数与扫描速度挡位的乘积；该点纵坐标的值为该点距 X 轴的距离在垂直方向上所占的大格数与所在通道电压衰减挡位的乘积。

习　题

8.1 简述 MF47 型万用表的使用方法及注意事项。

8.2 简述 DT9806 型数字万用表的使用方法及注意事项。

8.3 简述 DF2173B 型晶体管毫伏表的使用方法及注意事项。

8.4 简述 DF1647 型函数发生器/数字频率计的使用方法及注意事项。

8.5 简述 DF4320 型双踪示波器的使用方法及注意事项。

附 录 1

常用 74 系列标准数字集成电路器件功能表

型 号	器 件 功 能	型 号	器 件 功 能
7400	四 2 输入端与非门	7401	四 2 输入端与非门
7402	四 2 输入端或非门	7403	四 2 输入端与非门
7404	六反相器	7405	六反相器
7406	六反相高压驱动器	7407	六正相高压驱动器
7408	四 2 输入端与门	7409	集电极开路 2 输入端四与门
7410	三 3 输入端与非门	7411	三 3 输入端与门
7412	三 3 输入端与非门	7413	双 4 输入端与非施密特触发器
7414	六反相施密特触发器	7415	三 3 输入端与门
7416	六反相缓冲/驱动器	7417	六同相缓冲/驱动器
7420	双 4 输入端与非门	7421	双 4 输入端与门
7422	双 4 输入端与非门	7426	四 2 输入端高压接口与非门
7427	三 3 输入端或非门	7428	四 2 输入端或非门缓冲器
7430	8 输入端与非门	7432	四 2 输入端或门
7433	四 2 输入端或非缓冲器	7437	四 2 输入端与非缓冲器
7438	开路输出 2 输入端四与非缓冲器	7439	开路输出 2 输入端四与非缓冲器
7440	双 4 输入端与非缓冲器	7442	BCD–十进制代码转换器
7445	BCD–十进制代码转换/驱动器	7446	BCD–7 段低有效译码/驱动器
7447	BCD–7 段高有效译码/驱动器	7448	BCD–7 段译码器/内部上拉输出驱动
7450	2–3/2–2 输入端双与或非门	7451	2–3/2–2 输入端双与或非门
7454	四路输入与或非门	7455	4 输入端二路输入与或非门
7473	带清除负触发双 *JK* 触发器	7474	带置位复位正触发双 *D* 触发器
7476	带预置清除双 *JK* 触发器	7483	四位二进制快速进位全加器
7485	四位数字比较器	7486	四 2 输入端异或门
7490	可二/五分频十进制计数器	7493	可二/八分频二进制计数器

续表

型 号	器 件 功 能	型 号	器 件 功 能
7495	四位并行输入\输出移位寄存器	7497	6位同步二进制乘法器
74107	带清除主从双 *JK* 触发器	74109	带预置清除正触发双 *JK* 触发器
74112	带预置清除负触发双 *JK* 触发器	74121	单稳态多谐振荡器
74122	可再触发单稳态多谐振荡器	74123	双可再触发单稳态多谐振荡器
74125	三态输出高有效四总线缓冲门	74126	三态输出低有效四总线缓冲门
74132	四2输入端与非施密特触发器	74133	13输入端与非门
74136	四异或门	74138	3–8线译码器/转换器
74139	双2–4线译码器/转换器	74145	BCD–十进制译码/驱动器
74150	16选1数据选择/多路开关	74151	8选1数据选择器
74153	双4选1数据选择器	74154	4线–16线译码器
74155	图腾柱输出译码器/分配器	74156	开路输出译码器/分配器
74157	同相输出四2选1数据选择器	74158	反相输出四2选1数据选择器
74160	可预置BCD异步清除计数器	74161	可预置四位二进制异步清除计数器
74162	可预置BCD同步清除计数器	74163	可预置四位二进制同步清除计数器
74164	八位串行入/并行输出移位寄存器	74165	八位并行入/串行输出移位寄存器
74166	八位并入/串出移位寄存器	74169	二进制四位加/减同步计数器
74170	开路输出4×4寄存器	74173	三态输出四位 *D* 型寄存器
74174	带公共时钟和复位六 *D* 触发器	74175	带公共时钟和复位四 *D* 触发器
74180	9位奇数/偶数发生器/校验器	74181	算术逻辑单元/函数发生器
74185	二进制–BCD代码转换器	74190	BCD同步加/减计数器
74191	二进制同步可逆计数器	74192	可预置BCD双时钟可逆计数器
74193	可预置四位二进制双时钟可逆计数器	74194	四位双向通用移位寄存器
74195	四位并行通道移位寄存器	74196	十进制/二–十进制可预置计数锁存器
74197	二进制可预置锁存器/计数器	74221	双/单稳态多谐振荡器
74240	八反相三态缓冲器/线驱动器	74241	八同相三态缓冲器/线驱动器
74243	四同相三态总线收发器	74244	八同相三态缓冲器/线驱动器
74245	八同相三态总线收发器	74247	BCD–7段15V输出译码/驱动器
74248	BCD–7段译码/升压输出驱动器	74249	BCD–7段译码/开路输出驱动器
74251	三态输出8选1数据选择器/复工器	74253	三态输出双4选1数据选择器/复工器
74256	双四位可寻址锁存器	74257	三态原码四2选1数据选择器/复工器

续表

型 号	器 件 功 能	型 号	器 件 功 能
74258	三态反码四2选1数据选择器/复工器	74259	八位可寻址锁存器/3-8线译码器
74260	5输入端双或非门	74266	2输入端四异或非门
74273	带公共时钟复位八*D*触发器	74279	四图腾柱输出*SR*锁存器
74283	4位二进制全加器	74290	二/五分频十进制计数器
74293	二/八分频四位二进制计数器	74295	四位双向通用移位寄存器
74298	四2输入多路带存储开关	74299	三态输出八位通用移位寄存器
74322	带符号扩展端八位移位寄存器	74323	三态输出八位双向移位/存贮寄存器
74347	BCD–7段译码器/驱动器	74352	双4选1数据选择器/复工器
74353	三态输出双4选1数据选择器/复工器	74365	门使能输入三态输出六同相线驱动器
74365	门使能输入三态输出六同相线驱动器	74366	门使能输入三态输出六反相线驱动器
74367	4/2线使能输入三态六同相线驱动器	74368	4/2线使能输入三态六反相线驱动器
74373	三态同相八*D*锁存器	74374	三态反相八*D*锁存器
74375	4位双稳态锁存器	74377	单边输出公共使能八*D*锁存器
74378	单边输出公共使能六*D*锁存器	74379	双边输出公共使能四*D*锁存器
74380	多功能八进制寄存器	74390	双十进制计数器
74393	双四位二进制计数器	74447	BCD–7段译码器/驱动器
74450	16：1多路转接复用器多工器	74451	双8：1多路转接复用器多工器
74453	四4：1多路转接复用器多工器	74460	十位比较器
74461	八进制计数器	74465	三态同相2与使能端八总线缓冲器
74466	三态反相2与使能八总线缓冲器	74467	三态同相2使能端八总线缓冲器
74468	三态反相2使能端八总线缓冲器	74469	八位双向计数器
74490	双十进制计数器	74491	十位计数器
74498	八进制移位寄存器	74502	八位逐次逼近寄存器
74503	八位逐次逼近寄存器	74533	三态反相八*D*锁存器
74534	三态反相八*D*锁存器	74540	八位三态反相输出总线缓冲器
74563	八位三态反相输出触发器	74564	八位三态反相输出*D*触发器
74573	八位三态输出触发器	74574	八位三态输出*D*触发器
74645	三态输出八同相总线传送接收器	74670	三态输出4×4寄存器堆

附 录 2

常用 4000 系列标准数字集成电路器件功能表

型　号	器件功能	型　号	器件功能
CD4000	双 3 输入端或非门+单非门	CD4098	双单稳态触发器
CD4001	四 2 输入端或非门	CD4099	8 位可寻址锁存器
CD4002	双 4 输入端或非门	CD40100	32 位左/右移位寄存器
CD4006	18 位串入/串出移位寄存器	CD40101	9 位奇偶校验器
CD4007	双互补对加反相器	CD40102	8 位可预置同步 BCD 减法计数器
CD4008	4 位超前进位全加器	CD40103	8 位可预置同步二进制减法计数器
CD4009	六反相缓冲/变换器	CD40104	4 位双向移位寄存器
CD4010	六同相缓冲/变换器	CD40105	先入先出 FI-FD 寄存器
CD4011	四 2 输入端与非门	CD40106	六施密特触发器
CD4012	双 4 输入端与非门	CD40107	双 2 输入端与非缓冲/驱动器
CD4013	双主从 *D* 型触发器	CD40108	4 字×4 位多通道寄存器
CD4014	8 位串入/并入-串出移位寄存器	CD40109	四低-高电平位移器
CD4015	双 4 位串入/并出移位寄存器	CD40110	十进制加/减，计数，锁存，译码驱动
CD4016	四传输门	CD40147	10-4 线编码器
CD4017	十进制计数/分配器	CD40160	可预置 BCD 加计数器
CD4018	可预制 1/N 计数器	CD40161	可预置 4 位二进制加计数器
CD4019	四与或选择器	CD40162	BCD 加法计数器
CD4020	14 级串行二进制计数/分频器	CD40163	4 位二进制同步计数器
CD4021	08 位串入/并入-串出移位寄存器	CD40174	六锁存 *D* 型触发器
CD4022	八进制计数/分配器	CD40175	四 *D* 型触发器
CD4023	三 3 输入端与非门	CD40181	4 位算术逻辑单元/函数发生器
CD4024	7 级二进制串行计数/分频器	CD40182	超前位发生器
CD4025	三 3 输入端或非门	CD40192	可预置 BCD 加/减计数器（双时钟）
CD4026	十进制计数/7 段译码器	CD40193	可预置 4 位二进制加/减计数器

续表

型 号	器 件 功 能	型 号	器 件 功 能
CD4027	双 *JK* 触发器	CD40194	4位并入/串入–并出/串出移位寄存
CD4028	BCD码十进制译码器	CD40195	4位并入/串入–并出/串出移位寄存
CD4029	可预置可逆计数器	CD40208	4×4多端口寄存器
CD4030	四异或门	CD4501	4输入端双与门及2输入端或非门
CD4031	64位串入/串出移位存储器	CD4502	可选通三态输出六反相/缓冲器
CD4032	三串行加法器	CD4503	六同相三态缓冲器
CD4033	十进制计数/7段译码器	CD4504	六电压转换器
CD4034	8位通用总线寄存器	CD4506	双二组2输入可扩展或非门
CD4035	4位并入/串入–并出/串出移位寄存器	CD4508	双4位锁存 *D* 型触发器
CD4038	三串行加法器	CD4510	可预置BCD码加/减计数器
CD4040	12级二进制串行计数/分频器	CD4511	BCD锁存，七段译码，驱动器
CD4041	四同相/反相缓冲器	CD4512	八路数据选择器
CD4042	四锁存 *D* 型触发器	CD4513	BCD锁存，七段译码，驱动器（消隐）
CD4043	4三态 *RS* 锁存触发器（“1”触发）	CD4514	4位锁存，4线–16线译码器
CD4044	四三态 *RS* 锁存触发器（“0”触发）	CD4515	4位锁存，4线–16线译码器
CD4046	锁相环	CD4516	可预置4位二进制加/减计数器
CD4047	无稳态/单稳态多谐振荡器	CD4517	双64位静态移位寄存器
CD4048	4输入端可扩展多功能门	CD4518	双BCD同步加计数器
CD4049	六反相缓冲/变换器	CD4519	四位与或选择器
CD4050	六同相缓冲/变换器	CD4520	双4位二进制同步加计数器
CD4051	八选一模拟开关	CD4521	24级分频器
CD4052	双4选1模拟开关	CD4522	可预置BCD同步1/N计数器
CD4053	三组二路模拟开关	CD4526	可预置4位二进制同步1/N计数器
CD4054	液晶显示驱动器	CD4527	BCD比例乘法器
CD4055	BCD–7段译码/液晶驱动器	CD4528	双单稳态触发器
CD4056	液晶显示驱动器	CD4529	双四路/单八路模拟开关
CD4059	“N”分频计数器	CD4530	双5输入端优势逻辑门
CD4060	14级二进制串行计数/分频器	CD4531	12位奇偶校验器
CD4063	四位数字比较器	CD4532	8位优先编码器
CD4066	四传输门	CD4536	可编程定时器

续表

型　号	器 件 功 能	型　号	器 件 功 能
CD4067	16 选 1 模拟开关	CD4538	精密双单稳
CD4068	八输入端与非门/与门	CD4539	双四路数据选择器
CD4069	六反相器	CD4541	可编程序振荡/计时器
CD4070	四异或门	CD4543	BCD 七段锁存译码，驱动器
CD4071	四 2 输入端或门	CD4544	BCD 七段锁存译码，驱动器
CD4072	双 4 输入端或门	CD4547	BCD 七段译码/大电流驱动器
CD4073	三 3 输入端与门	CD4549	函数近似寄存器
CD4075	三 3 输入端或门	CD4551	四 2 通道模拟开关
CD4076	四 *D* 寄存器	CD4553	三位 BCD 计数器
CD4077	四 2 输入端异或非门	CD4555	双二进制四选一译码器/分离器
CD4078	8 输入端或非门/或门	CD4556	双二进制四选一译码器/分离器
CD4081	四 2 输入端与门	CD4558	BCD 八段译码器
CD4082	双 4 输入端与门	CD4560	NBCD 加法器
CD4085	双 2 路 2 输入端与或非门	CD4561	9 求补器
CD4086	四 2 输入端可扩展与或非门	CD4573	四可编程运算放大器
CD4089	二进制比例乘法器	CD4574	四可编程电压比较器
CD4093	四 2 输入端施密特触发器	CD4575	双可编程运放/比较器
CD4094	8 位移位存储总线寄存器	CD4583	双施密特触发器
CD4095	3 输入端 *JK* 触发器	CD4584	六施密特触发器
CD4096	3 输入端 *JK* 触发器	CD4585	4 位数值比较器
CD4097	双路八选一模拟开关	CD4599	8 位可寻址锁存器

附 录 3

常用集成电路封装图（DIP）

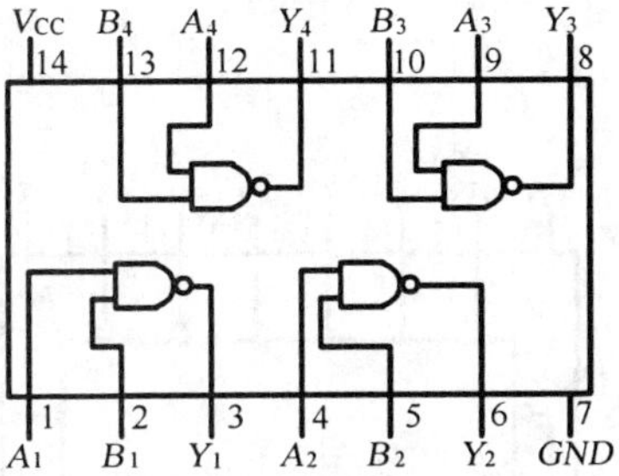

74LS00

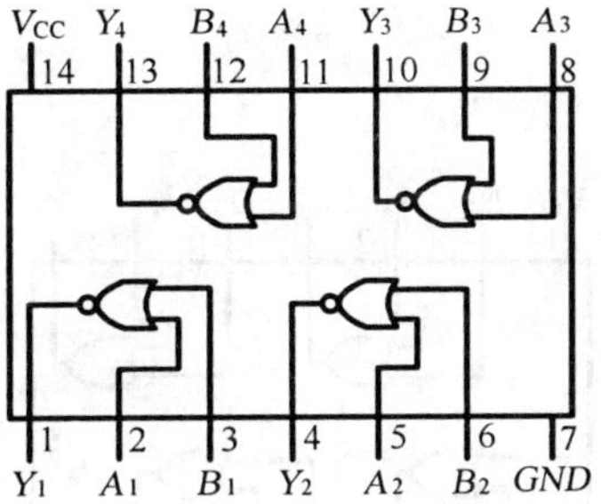

74LS02

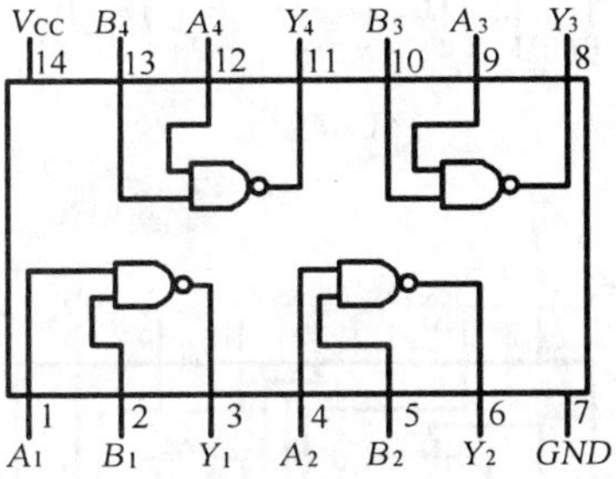

74LS03

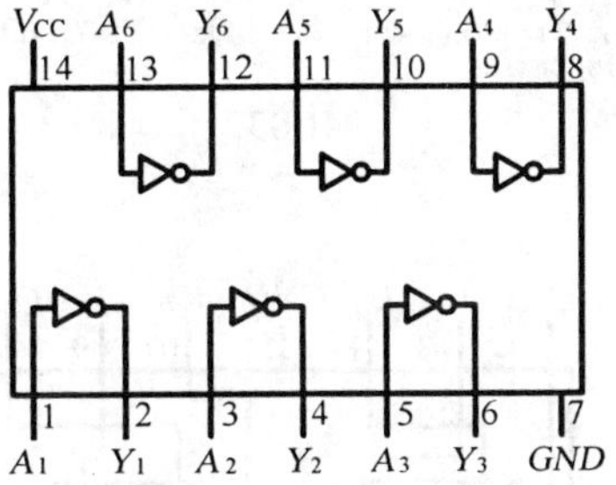

74LS04

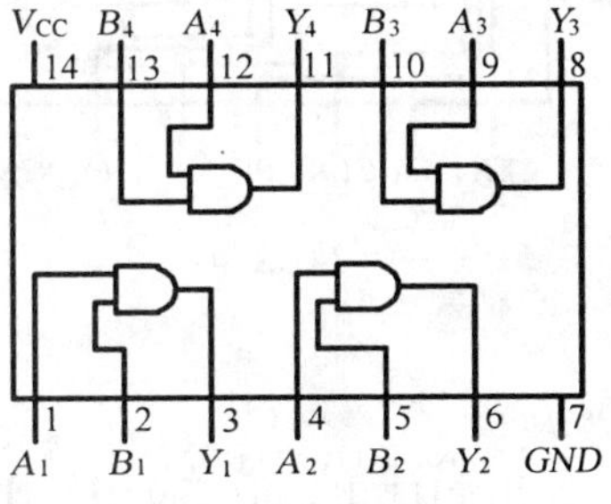

74LS08

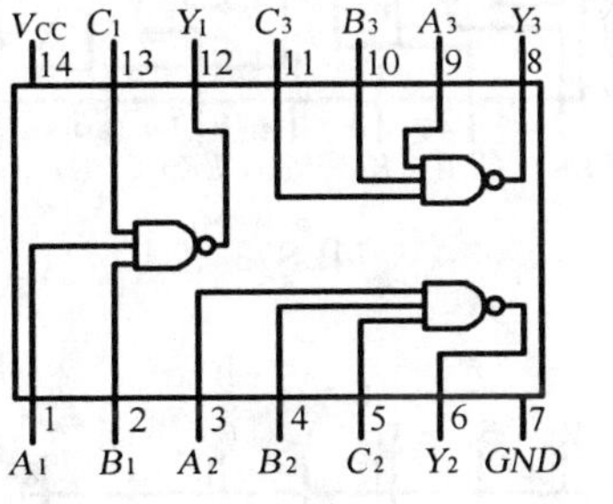

74LS10

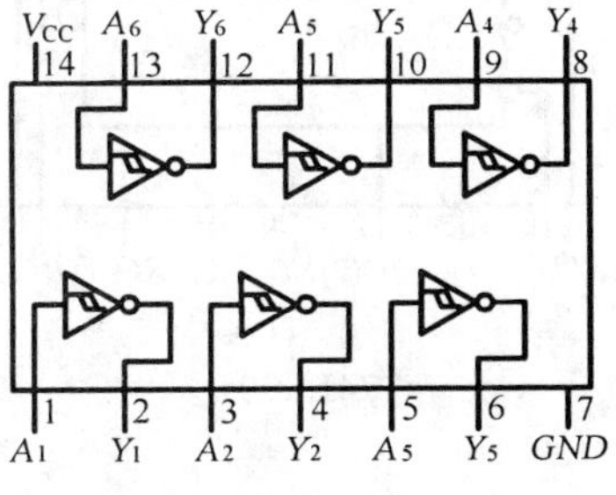

74LS14

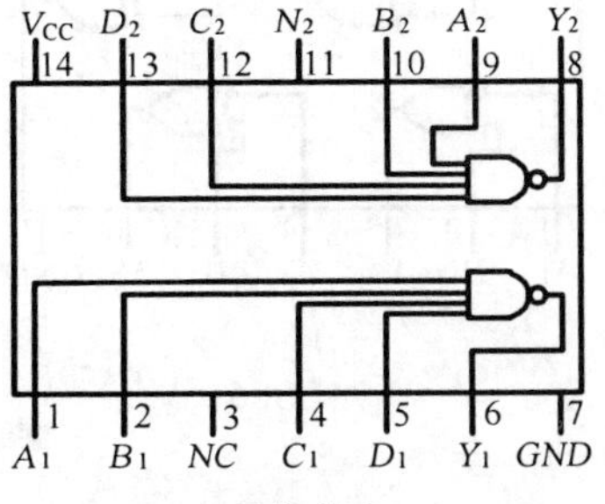

74LS20

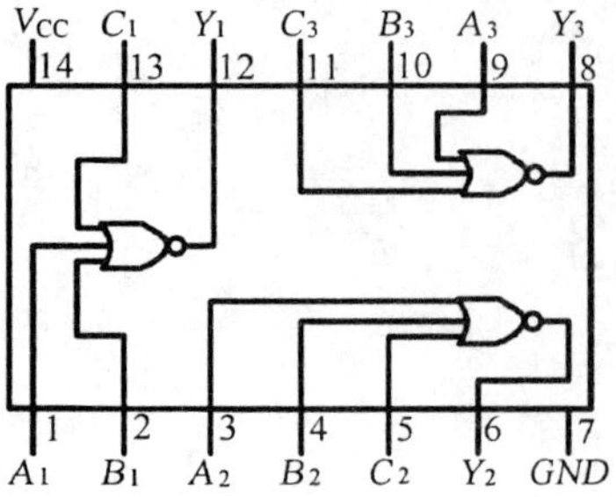

74LS27

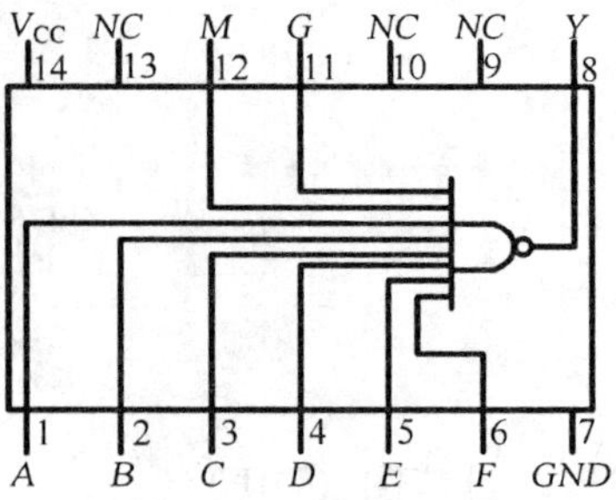

74LS30

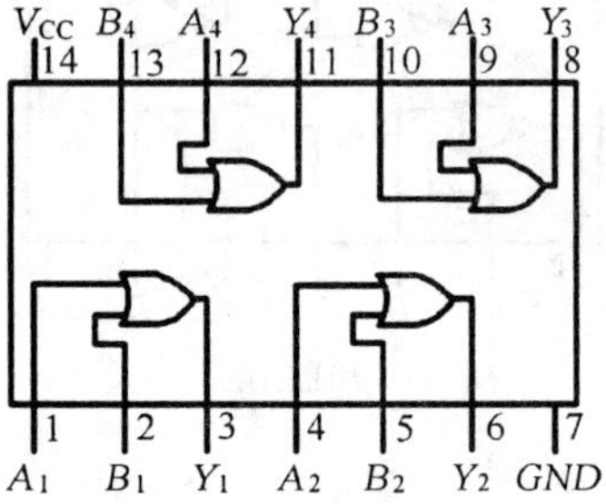

74LS32

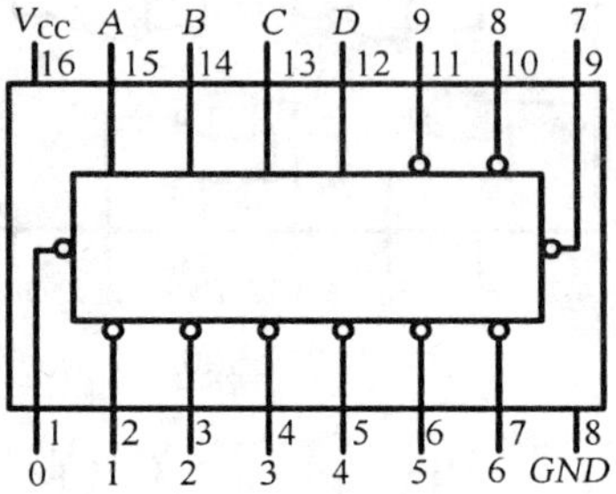

74LS42

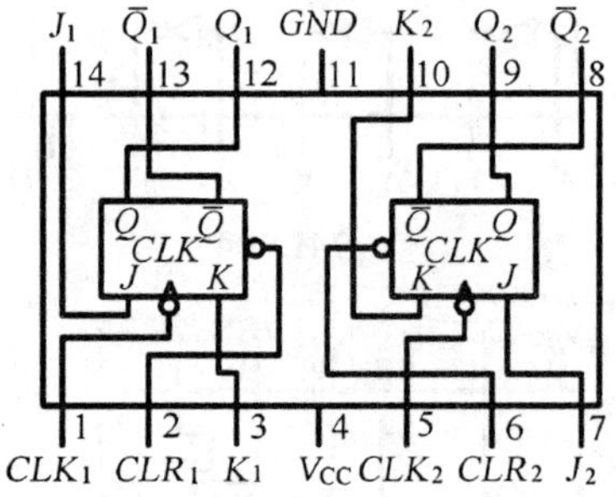

74LS73

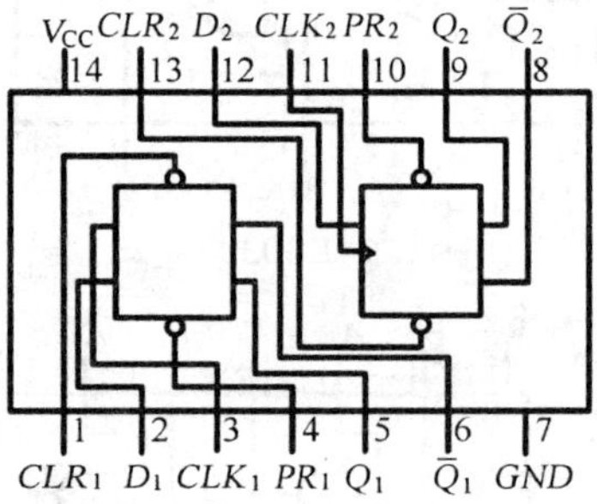

74LS74

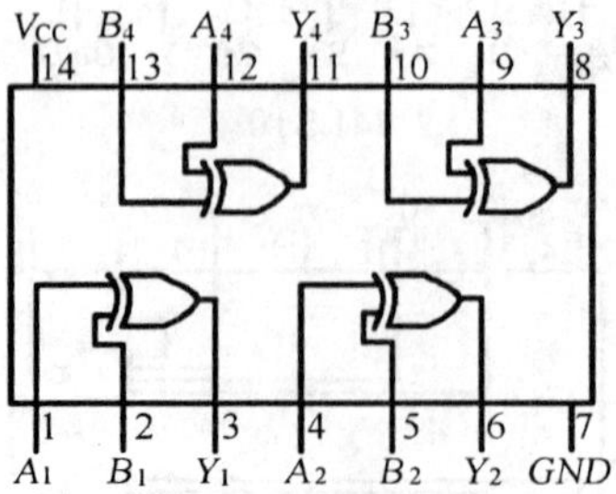

74LS86

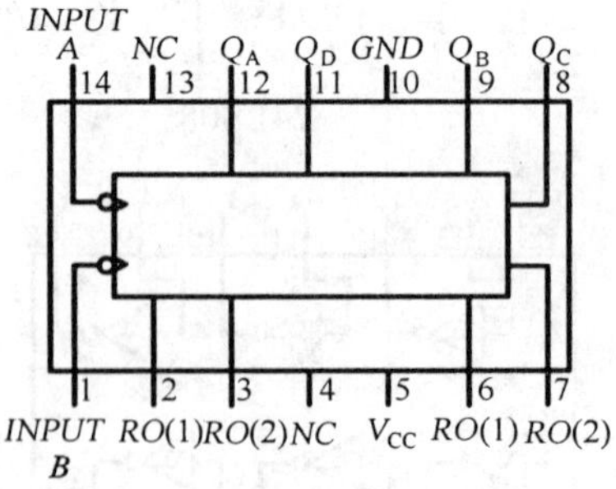

74LS90

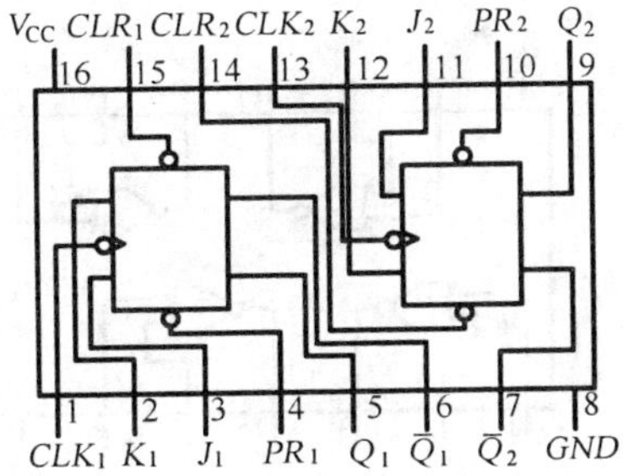

74LS112

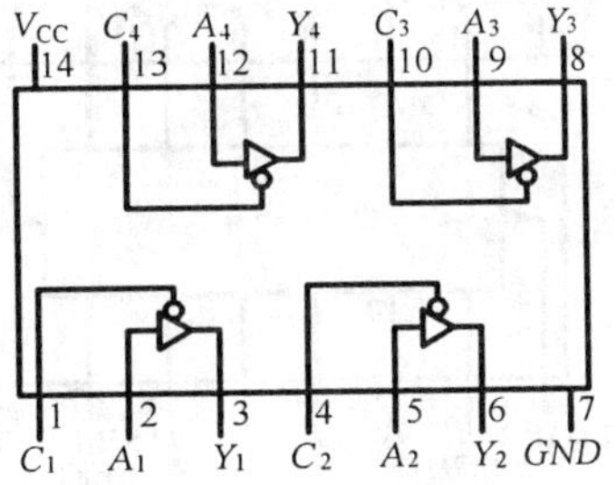

74LS125

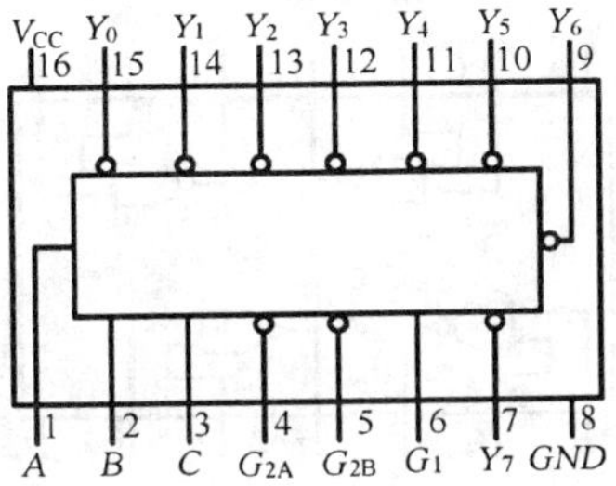

74LS138

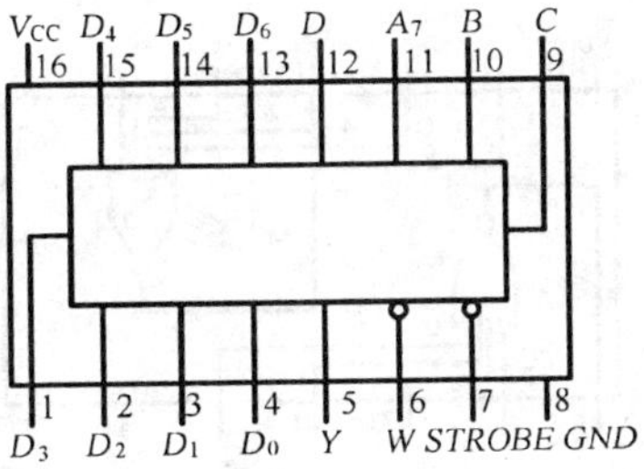

74LS151

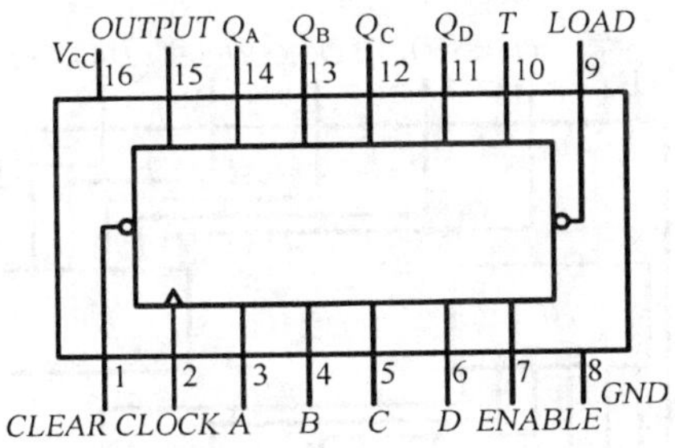

74LS161

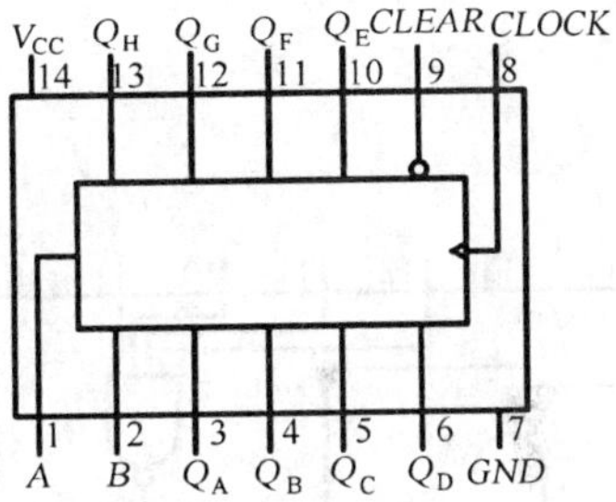

74LS164

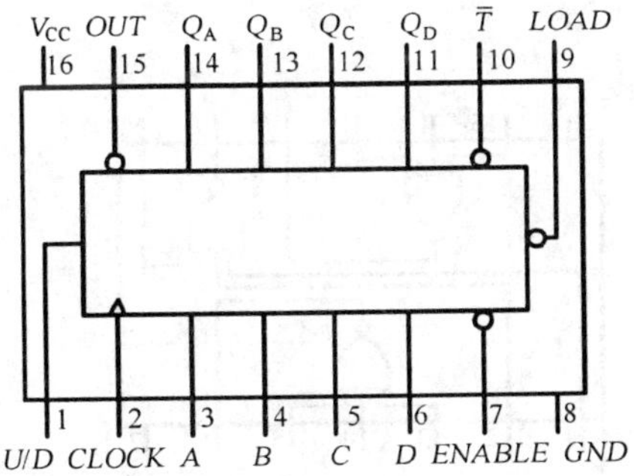

74LS169

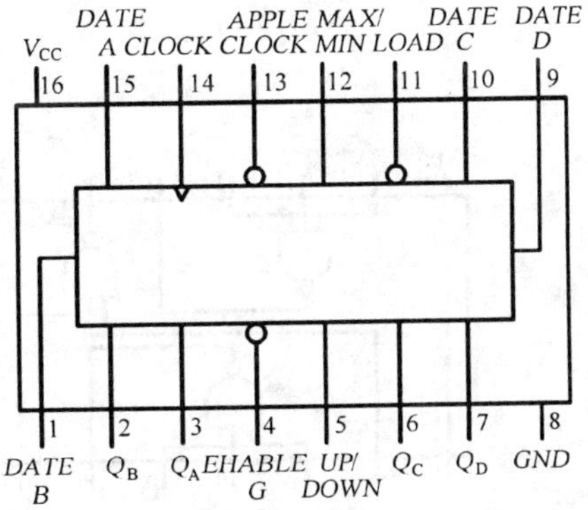

74LS190

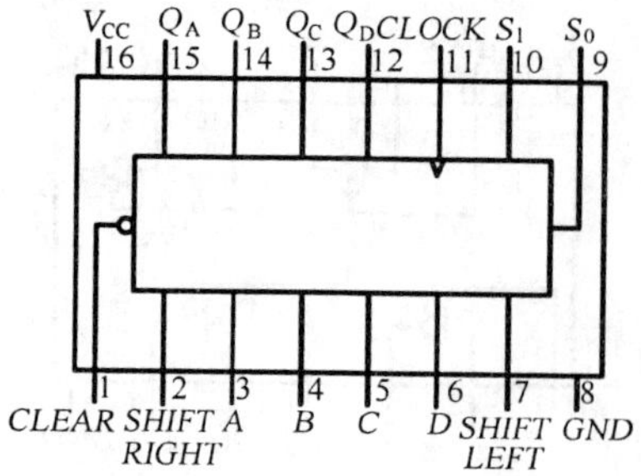

74LS194

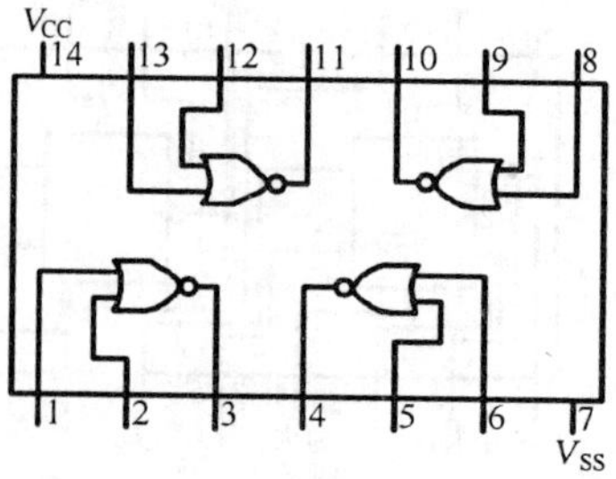

CD4001

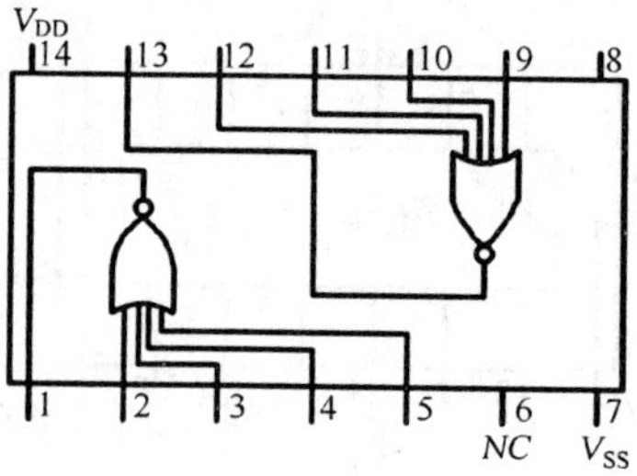

CD4002

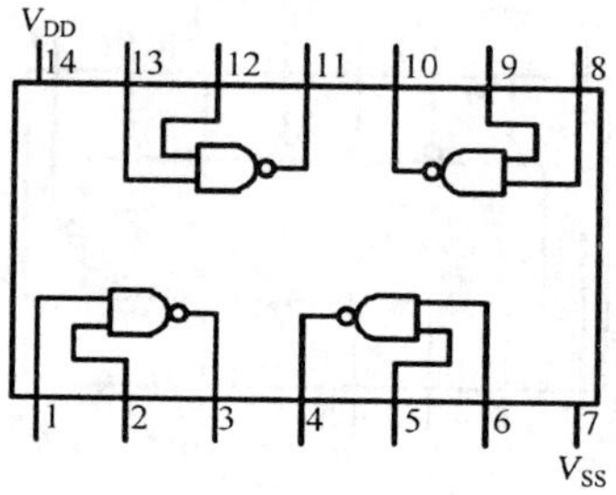

CD4011

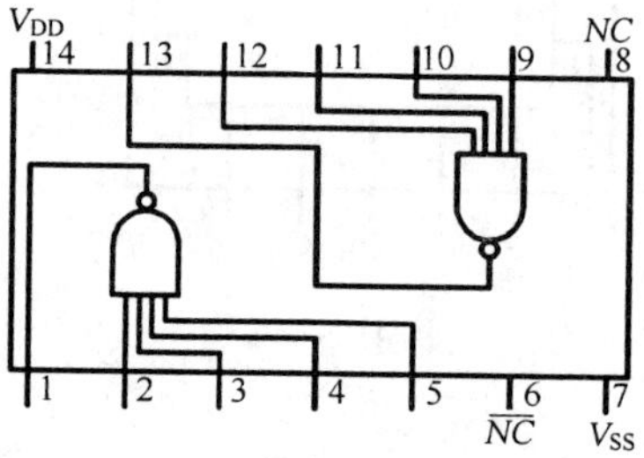

CD4012

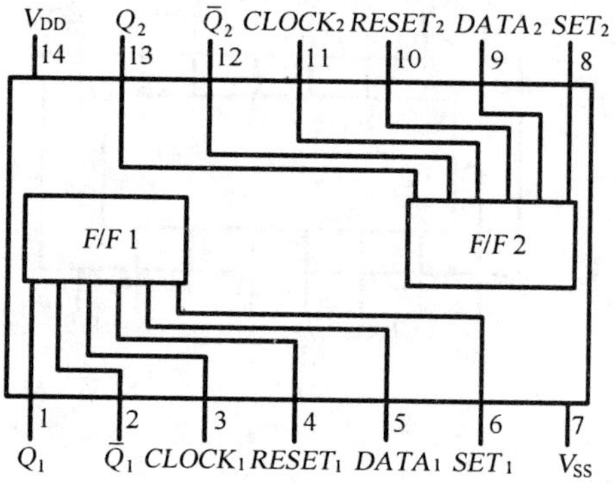

CD4013

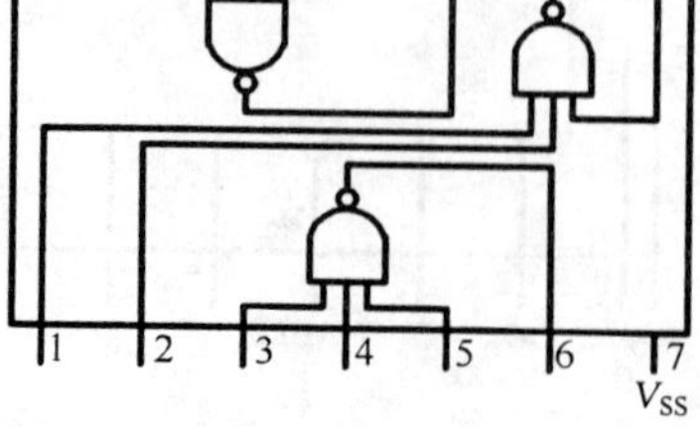

CD4023

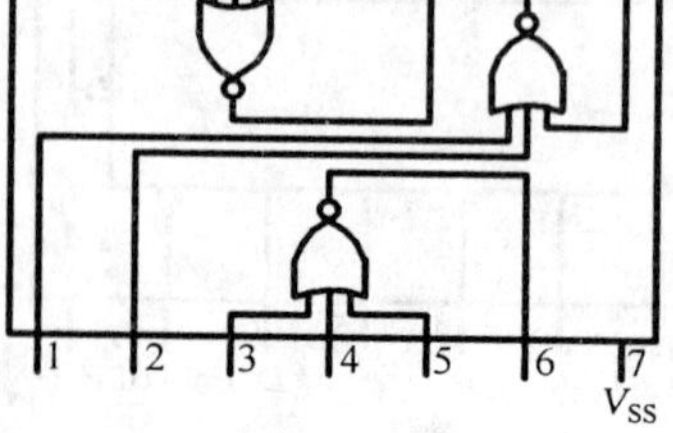

CD4025

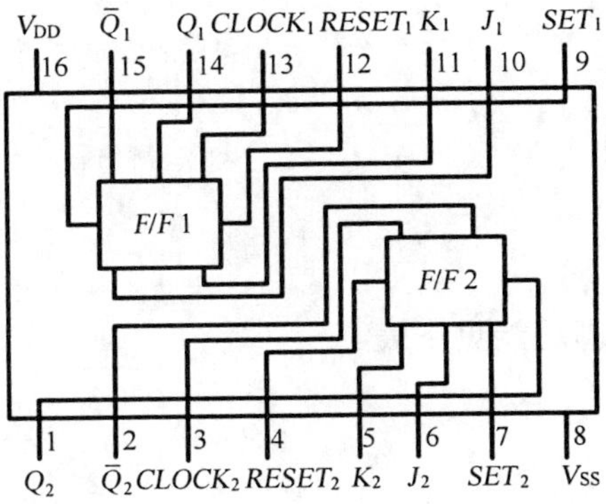

CD4027

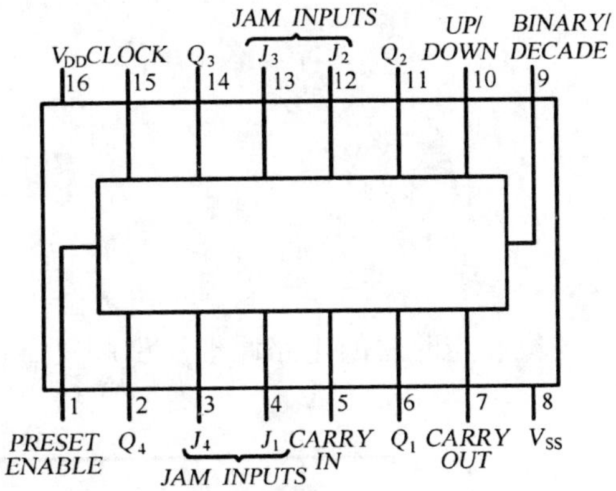

CD4029

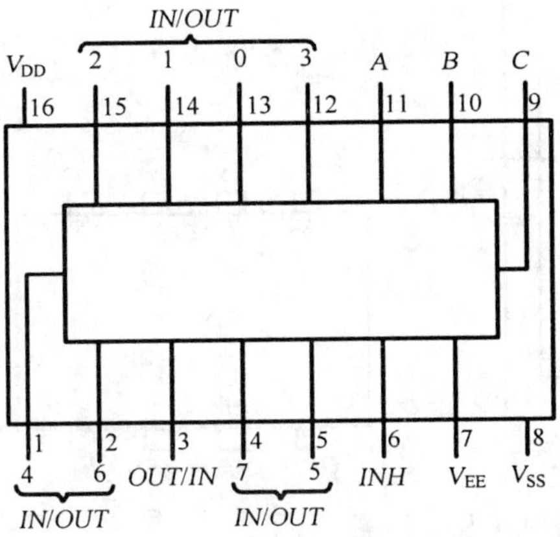

CD4051

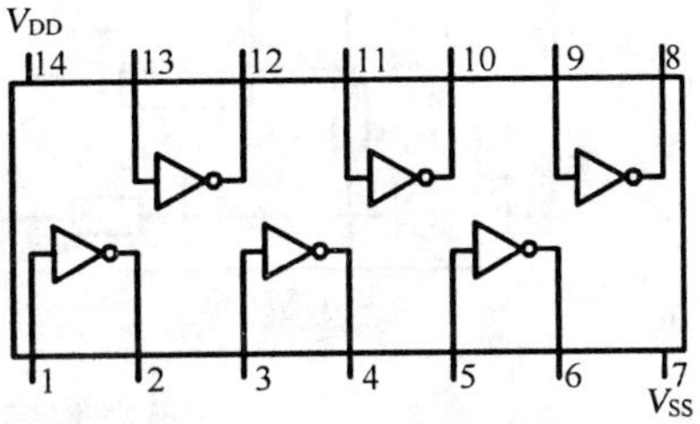

CD4069

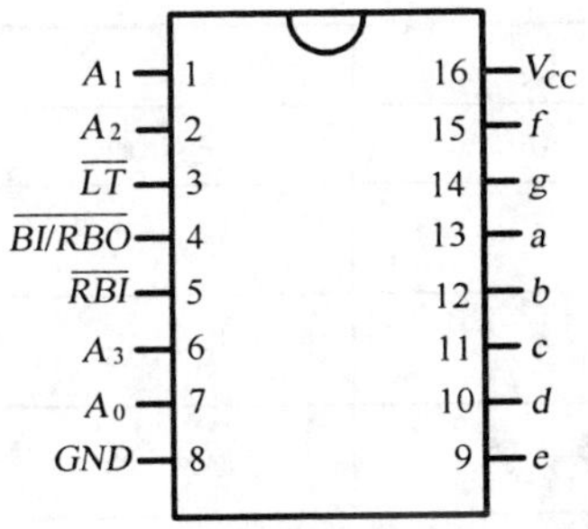

74LS48

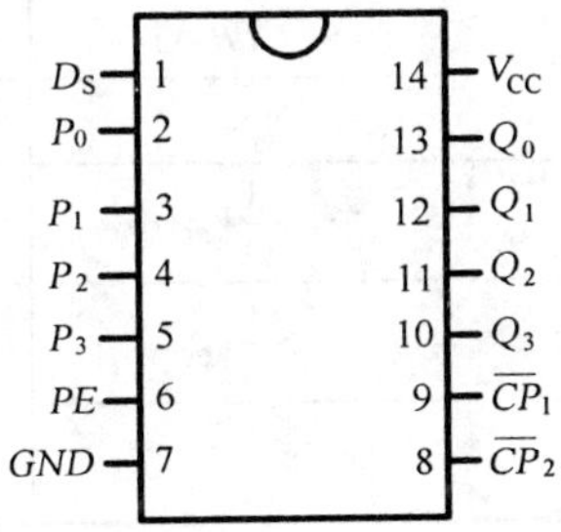

74LS95

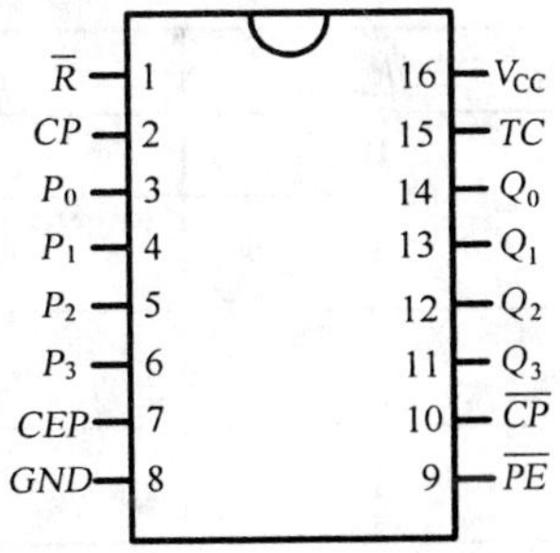

74LS160

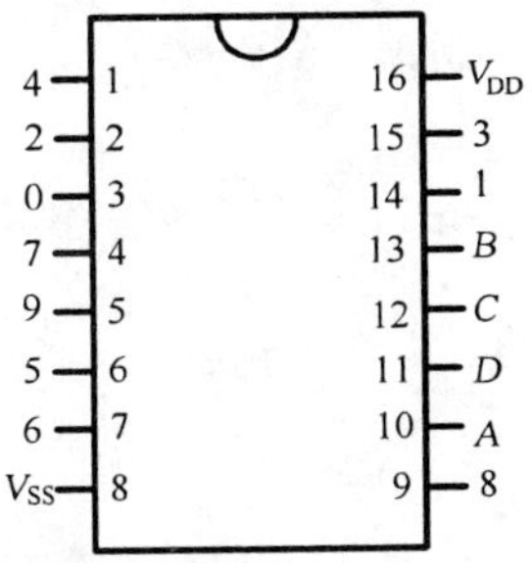

CD4028

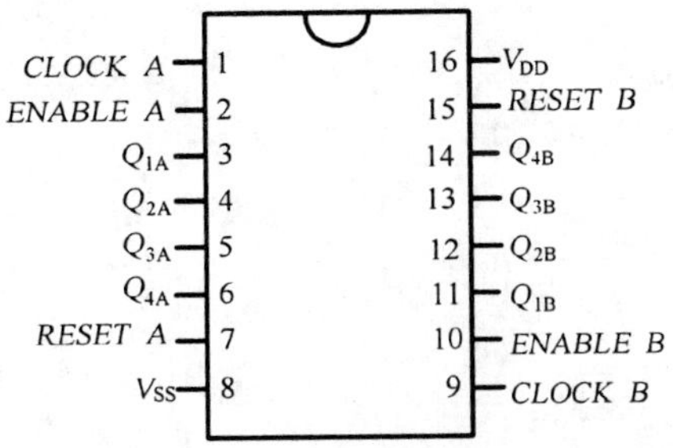

CD4518

附 录 4

555 集成定时器的电路原理及引脚见下图。各引脚功能见下表。

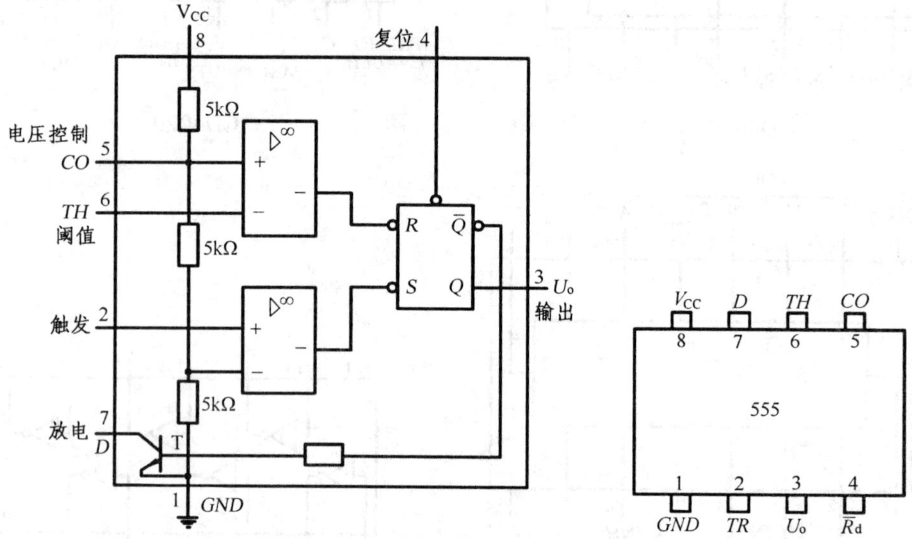

555 集成定时器电路原理及引脚图

555 集成定时器的功能表

R_d	TH	TR	U_o	T
0	×	×	0	导　通
1	$>\frac{2}{3}V_{CC}$	$>\frac{1}{3}V_{CC}$	0	导　通
1	$>\frac{2}{3}V_{CC}$	$>\frac{1}{3}V_{CC}$	1	截　止
1	$>\frac{2}{3}V_{CC}$	$>\frac{1}{3}V_{CC}$	原　态	原　态

参 考 文 献

[1] 王英．模拟电子技术基础．成都：西南交通大学出版社，2008
[2] 康华光．电子技术基础．北京：高等教育出版社，20006
[3] 华成英．模拟电子技术基本教程．北京：清华大学出版社，2006
[4] 周春阳．电子工艺实习．北京：北京大学出版社，2006
[5] 王英，曾欣荣．电工技术实验．成都：西南交通大学出版社，2004
[6] 毕满清．电子工艺实习教程．北京：国防工业出版社，2003
[7] 焦辎厚．电子工艺实习教程．哈尔滨：哈尔滨工业大学出版社，1996
[8] 王卫平．电子工艺基础．北京：电子工业出版社，2003
[9] 李敬伟，段维莲．电子工艺训练教程．北京：电子工业出版社，2005
[10] 宁铎．电子工艺实训教程．西安：西安电子科技大学出版社，2006